KB075256

정재승의
과학 콘서트

개정증보 2판

정재승의

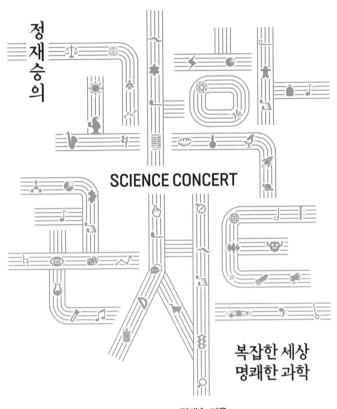

SCIENCE CONCERT

복잡한 세상
명쾌한 과학

정재승 지음

개정증보
2판

어크로스

《정재승의 과학 콘서트》가 출간된 지 정확히 19년이 지났다. 2020년 올해가 20년이다. 20년 전 스물아홉 살 젊은 물리학자가 호기롭게 쓴 이 책을 지금도 많이 사랑해주시는 독자들에게 머리 숙여 감사의 마음을 전한다. 고백건대, 나를 키운 건 8할이 '과학 콘서트'다. (어머니, 죄송합니다!)

지난 20년 동안 이 책과 함께 물리학자 정재승도 조금씩 성숙했다. 이 책을 쓸 무렵, 알츠하이머 환자의 뇌를 컴퓨터상에서 가상으로 만들어 앞으로 어떻게 증세가 악화될지 시뮬레이션을 하던 어린 물리학자는 20년이 지난 지금, 머릿속 생각만으로 컴퓨터를 컨트롤하는 '뇌-컴퓨터 인터페이스'를 연구하는 뇌공학자가 되었다. 인간 뇌를 탐구해 인간처럼 상황을 판단하고 의사결정을 하는 '뇌를 닮은 인공지능Brain-inspired Artificial Intelligence'을 가르치고 탐구하는 공학자가 되었다.

또 대학생들이 쪼르르 달려와 "《정재승의 과학 콘서트》를 읽고 과학자의 꿈을 키우게 됐어요"라고 말하며 같이 사진을 찍자고 할 때 가장 기뻐하는 철없는 교수이면서, "소음 공명 현상은 모든 소음에 대해 적용 가능한가요?" 같은 질문을 받으면 바쁜 와중에도 제일 먼저 이메일 답장을 하는 선생님이 되었다. 이렇게 이 책은 이제 내 삶을 지탱하는 든든한 버팀목이다.

이번 개정증보 2판은 10년 전 개정증보판이 나온 이후 바뀐 내용들을 점검하고, 수정할 내용들을 고쳤다. 학문적으로 새롭게 발전한 내용들은 '두 번째 커튼콜'을 통해 대거 보완했다. 20년에 부치는 개정증보 2판은 독자들에게 복잡계 과학이 꾸준히 성장하고 있음을 보여주는 학문적 나이테이자, 과학자 정재승이 독자들의 사랑으로 성장하고 성숙해지고 있음을 보여주는 학문적 주름이다. 앞으로도 개정판들을 통해 독자와 함께 책도 성장하는 모습을 이렇게 기록으로 남기고 싶다. 나이테가 쌓이고 주름이 늘어가면서, 독자들과 성숙해지는 책의 모습을 오랫동안 보여드리고 싶다.

개정증보판부터 《정재승의 과학 콘서트》를 새롭게 만들고 꾸준히 독자들과 만날 수 있게 해주신 어크로스 출판사 김형보 대표님에게 진심으로 감사드린다. 내 글을 알아봐주는 편집자와 함께 책을 내는 저자만큼 행복한 저자가 어디 있으랴! 어크로스와의 작업은 내게 그런 의미다. 내 글을 가장 먼저 읽고 정성스레 다듬어주는 박민지 편집자에게 감사드린다. 박민지 편집자를 만족시키기 위해 오늘도 나는 내 글을 고친다. 이 책이 눈 밝은 독자들에게 널리 읽힐 수 있도록 애써주시는 이연실 팀장과 김사룡 마케터에게 머리 숙여 감사드린다.

이들과 함께 전국으로 떠나는 '독자들을 위한 강연회'가 세상에서 제일 즐겁다. 아울러, 과학 콘서트 강연회에 찾아와주시는 독자들은 '지성인의 필독서'인 이 책을 알아봐주신 우리 시대 진정 '눈 밝은 지성인'들이다. 머리 숙여 감사드린다.

2020년 6월, 코로나19가 지구를 강타해 전 세계인들을 넉 달 넘게 집에 가둬놓고 있는 사상 초유의 일이 벌어지고 있다. 대규모 팬데믹으로 인해 집에서 음식을 배달시켜 먹고, 학생들은 온라인으로 수업을 듣고, 직장인들은 재택근무를 한다. 사회 전체가 위축되다 보니, 기업은 신입사원을 뽑지 않아 대학을 졸업한 젊은이들은 지원할 회사가 없어 속절없이 절망적인 상태다. 학교에 입학했으나 친구들과 제대로 즐거운 시간을 보내지 못하는 청소년들도 불안하고 답답하기 이를 데 없다. 소풍이나 꽃놀이 한 번 없이 봄을 떠나보낸 시민들은 사회적 고립으로 인해 깊은 우울감에 빠져 있다. 나 또한 마찬가지다.

'복잡한 세상, 명쾌한 과학'이라는 부제가 말해주듯이 이 책은 한 치 앞도 예측할 수 없는 복잡한 세상에서 불안해하는 젊은이들에게 세상을 이해할 만한 작은 이정표를 제시하려는 소박한 마음에서 출발했다. '세상은 복잡하지만 우리가 이해할 수 있을 만큼만 복잡하며, 인문·사회과학과 자연과학이 어우러진 균형 잡힌 시선으로 바라보면 복잡한 세상도 이해할 만하다'라는 메시지를 주고 싶었다.

두 번째 개정판을 내는 지금도 그 소박한 바람에는 변함이 없다. 세상은 더욱 알 수 없는 미래를 향해 가고 있지만, 과학 콘서트를 통해 사회에 대한 통찰을 서로 나누면서 불안이 우리의 영혼을 잠식하지 않도록 함께 애썼으면 한다. 젊은 날 혼돈과 불면의 밤에, 이 책이 '통찰이 위로가 되는' 작은 선물이었으면 한다.

2020년 6월 18일

코로나19 사태를 통과하며

차례

개정증보판 **서문**

《정재승의 과학 콘서트》가 출간된 지 정확히 10년이 지났다. 그동안
이 책에 보내준 언론과 독자들의 과분한 상찬에 저자로서 몸 둘 바
를 모르겠다. 신문과 TV, 잡지 등에서 이 책의 메시지를 중요하게 다
루어주었고, 과학책으로서는 이례적인 주목을 독자들로부터 받았다.
어느새 세상은 사회 현상을 과학의 눈으로 바라보는 데 많이 익숙해
졌고, '인문·사회과학과 자연과학이 조화롭게 협력하고 때론 열정적
으로 논쟁해야만 복잡한 사회 현상을 제대로 이해할 수 있다'는 소박
한 바람이 널리 받아들여졌다.

　그사이 복잡계 물리학은 하나의 개별 학문에서 복잡계를 다루는
다양한 과학 분야로 자연스레 스며들었으며, 복잡계 네트워크 과학
Complex Network Science이 큰 주목을 받았다. 이 책에서 처음 다루었던
'여섯 다리만 건너면 다 아는 사이'라는 과학 테제가 이제는 상식처
럼 회자되는 세상이 된 것이다. 미국 국립과학재단은 '복잡계 과학'
을 21세기의 가장 중요한 과학 분야로 선정했으며, 인류가 해결해야
할 '가장 도전적인 연구 주제 7' 중 하나로 선정한 바 있다. 또 인간

사회를 복잡적응계로 간주하고 비선형 동역학과 복잡계 물리학으로 설명하려는 이른바 '사회물리학' 분야가 과학계에 주요 이슈로 떠올랐다. 바야흐로 지난 10년간 복잡계 과학은 큰 성장의 굴곡을 겪어온 것이다.

이번 개정증보판은 출간 이후 과학계에서 일어난 지난 10년의 일을 정리하고, 새롭게 맞이할 10년을 전망하기 위해 마련됐다. 지난 10년간 편지와 엽서, 이메일과 문자, 최근 들어서는 트위터로 보내준 독자들의 응원과 질문, 그리고 따뜻한 서평과 날카로운 비평들에 대해 머리 숙여 감사드린다. 속 깊은 응원의 메시지와 따뜻한 서평은 마음속 깊이 간직하고 있으며, 날카로운 비평들은 대뇌 깊숙이 아로새겨두었다. 이번 개정증보판에 덧붙여진 '커튼콜'에 수많은 질문에 대한 대답과 날선 비판에 대한 생각들을 담아보았다. 화려했던 과학 콘서트에 대한 '10년 늦은 커튼콜' 또한 독자들께서 즐겨주길 바란다.

지난 10년간 이 책이 감사해야 할 분들은 일일이 열거하기 힘들 정도로 많지만, 가장 고마운 분은 동아시아 한성봉 사장님이다. 이 책을 제일 먼저 밝은 눈으로 알아봐주셨고, '과학 콘서트'라는 근사한 이름을 지어주셨고, 지난 10년간 《과학 콘서트》의 모든 순간을 함께해주셨다. 내게 그렇듯 자식 같았을 이 책을, 새 둥지에서 다시 태어날 수 있도록 흔쾌히 떠나보내주셔서 감사하다. 지금은 세상을 떠난 이 책의 편집자 차수연 편집장의 흔적이 모든 페이지에 묻어 있다. 항상 고맙다.

앞으로 다시 10년, 또 얼마나 많은 독자들이 이 책을 유쾌하게 읽고, 이 책의 메시지를 기꺼이 받아들이고, 책 속에 담긴 수많은 예제들을 즐겁게 음미할까? 덧붙여, 지난 10년간 삶의 성장을 이 책과 함께해온 독자들이 이 책을 다시 얼마나 찾아줄까?

지금은 중·고등학교 학생들에게 널리 읽히곤 있지만, 사실 이 책은 애초에 대학생과 일반인들을 위해 쓴 것이다. 그러니 중·고등학생 독자들에게 각별히 부탁드리고 싶다. 책을 읽어나가다 혹여 어렵다고 느껴지는 대목이 나오더라도 너무 자책하지 마시고, 종종 다시 펴보면 새롭게 보이는 구석이 많을 테니 고등학교를 졸업하더라도 오래도록 즐겨주셨으면 좋겠다.

고백건대, 이 책을 통해 가장 성장한 사람은 누구보다 과학자 정재승이다. 애송이 연구원 시절부터 이 책의 원고를 쓰면서 복잡계 과학을 포함해 거대한 인접 분야까지 과학을 바라보는 폭넓은 시야를 배울 수 있었고, 각 분야의 내공 깊은 대가들을 만날 수 있는 기회가 생겼으며, 섬세한 독자들의 더없이 소중한 가르침을 얻었다. 나의 30대는 이 책과 함께 성장했다고 해도 과언이 아니다. 덕분에 한 뼘만큼 더 좋은 과학자가 되었다.

과학 콘서트, 척박한 우리 과학 지성계에서 지난 10년을 잘 버텨와주어 고맙다. 더 깊이 있는 과학, 더 성숙한 통찰력으로 2021년의 너를 기다리마. 생일 축하한다.

2011년 7월
정재승

이 책이 MBC 〈!느낌표〉 '책책책 책을 읽읍시다'의 선정 도서가 되어 책의 판매 수익이 어린이 도서관을 건립하는 데 사용된다고 하니 작게나마 보탬이 됐으면 하는 바람이다. 그 도서관 안에 어린이들의 과학적 상상력을 자극하고 세상과 미래에 대한 통찰력을 배울 수 있는 과학도서들이 가득했으면 하는 바람 또한 가져본다.

2003년 10월의 마지막 날

세상은 얼마나 복잡한가?

> 과학이란 마치 길 건너편에서 열쇠를 잃어버리고 반대편 가로등 아래서
> 열쇠를 찾고 있는 술 취한 사람과 흡사합니다.
> 가로등 아래에 빛이 있기 때문이죠. 다른 선택은 없습니다.
> — 노암 촘스키, 언어학자

내가 다닌 경기과학고는 수원 외곽에 있는 산 중턱을 깎아 지은 기숙학교였다. 산책과 몽상이 취미였던 나는 밤이 깊으면 운동장에 나가 바쁘게 움직이는 수원 시내의 전경을 내려다보곤 했다. 도로에 늘어선 자동차들과 가로등 불빛, 들쭉날쭉 늘어선 집들과 휘청거리는 도시의 네온사인. 나는 여기 이렇게 혼자 있는데 사람들은 저기 다 모여 있는 것 같았다. 세상은 나 없이도 잘만 돌아가고 있었다.

고등학교 2학년 1학기 기말고사가 있던 7월은 폭풍 같은 날들의 연속으로 기억된다. 시험 기간이라 주말에 집에도 못 가고 학교에 남아 수학 문제를 풀고 생물 도표를 외웠다. 기말고사가 끝난 주말, 오

랜만에 집으로 가는 좌석버스에서 거의 한 달가량 지난 신문을 우연히 보았다. 그 신문에는 중국에서 총서기 후야오방이 사망하자 각지의 학생들과 노동자, 시민들이 베이징 톈안먼天安門 광장에 모여 '민주화와 자유'를 요구하며 시위를 벌였고, 체제의 위기를 느낀 덩샤오핑은 6월 4일에 이들 학생운동을 '반혁명 폭란'으로 규정하고 인민해방군을 출동시켜 전차로 돌진하고 기관총을 난사해 500여 명의 학생·시민들이 죽고 3천여 명이 부상을 당했다는 기사가 실려 있었다. 이른바 '톈안먼 사태'가 벌어진 것이다.

이 사건은 내게 깊은 비애감을 안겨주었다. 중국에서 수만 명의 학생들이 돌진하는 탱크와 무자비한 기관총에 맞서 자유와 민주화를 외치며 죽음을 맞이하고 있던 그 순간에 나는 기말고사를 위해 물리 문제를 풀고 있었다는 사실이, 그리고 그 소식을 한 달이 지나서야 묵은 신문을 통해 알게 됐다는 사실이 내게 세상으로부터 격리된 것 같은 일종의 소외감을 느끼게 했다.

고등학교를 졸업하고 대덕연구단지 한복판에 위치한 대학을 다니면서, 그리고 물리학을 전공하면서, 내가 하는 일은 점점 더 사람 사는 일과 멀어져갔다. 천체물리학을 전공하려 했던 나의 학부 졸업 논문은 'SignusX-1이라는 중성자별에 전자가 들어갔을 때 상대론적 효과에 의해 그 속도가 어떻게 변하는가에 대해 몬테카를로 시뮬레이션을 하는 것'이었다. 논문을 마무리할 때쯤 나는 좀 더 세상과 가까운 학문을 해보고 싶다는 생각이 들었다. 중성자별은 지구로부터 너무 멀리 떨어져 있었다.

사람들은 세상이 복잡하다고 말한다. 그러나 얼마나 복잡하냐고 물어보면 시원스레 대답해주는 사람이 별로 없다. 도대체 세상은 얼마나 복잡한 것일까? 우리는 결코 이 세상이 어떻게 돌아가는지 이해할 수 없는 걸까?

20년 전만 해도 물리학자들은 이런 문제에 그다지 큰 관심을 보이지 않았다. 물리학자들이 다루는 시스템은 사람들이 모여 사는 세상이 아니라 그것을 둘러싸고 있는 자연과 우주였으며, 시간이 갈수록 물리학자들의 주된 관심은 눈에 보이지 않는 미시 세계, 혹은 거대한 우주를 향해 점점 더 멀어져만 갔다.

게다가 그들은 인간 사회처럼 복잡한 시스템을 다룰 만한 학문적 체계를 가지고 있지 못했다. 불과 얼마 전까지만 해도 물리학자들은 시스템 구성요소들의 성질만 제대로 알면 그 시스템이 보이는 모든 현상을 설명할 수 있다고 믿었다. 시스템을 몇 개의 요소로 단순화해서 접근하는 시도는 그동안 많은 자연계에서 얼추 잘 들어맞았기 때문에 오랜 전통을 갖고 꾸준히 지속됐다. 그러나 인간 사회를 비롯해 자연계 대부분의 시스템은 구성요소들이 서로 영향을 주고받으며 복잡한 행동 패턴을 만들어낸다. 따라서 시스템을 몇 개의 요소로 단순화하는 데 익숙한 물리학자들에겐 복잡한 현상을 기술하는 데 필연적으로 한계가 따를 수밖에 없었다. 구성요소들 사이의 상호작용을 단순화할수록 시스템의 복잡한 행동 패턴을 이해하는 데 어려움이 있다는 것을 그들도 잘 알고 있었지만, 촘스키의 말처럼 다른 대안이 없었기 때문에 전통적인 방법을 계속 따를 수밖에 없었다. 물리학자들은 풀어야 할 문제를 풀었다기보다는 풀 수 있는 문제를 풀어왔던 것이다.

20세기 후반 일련의 과학자들에 의해 '복잡한 시스템을 다루는 과학적 패러다임', 이른바 '복잡성의 과학' 분야가 발전하면서 물리학자들은 자연에서 발견되는 복잡한 패턴들이 어떻게 형성되었으며, 그 속에 담긴 법칙들이 무엇인지 탐구하기 시작했다. 지난 20년 동안 카오스 이론과 복잡성의 과학은 그동안 과학자들이 손대지 못했던 복잡한 자연 현상들 속에서 규칙성을 찾고 그 의미를 이해하는 데 새로운 시각을 제시해왔다. 그리고 사람들이 만들어내는 행동 패턴, 다시 말해 '복잡한 사회 현상'에도 관심을 갖기 시작했다. 아직 세상을 다루기엔 부족한 점이 많지만, 물리학자들은 이제야 비로소 그것을 다룰 용기를 갖게 된 것이다.

그들은 이제 왜 피라미드 기업이 그토록 기승을 부리는지, 불규칙한 주가 곡선에는 어떤 질서가 숨어 있는지, 비틀스의 음악은 왜 아름답게 들리며 세상은 왜 그토록 시끄러운 소음으로 가득 차 있는지 설명할 수 있게 됐다. 또 그것이 아름다운 조개껍데기 무늬, 숲을 메우고 있는 나뭇가지들, 그리고 그 사이로 흐르는 시냇물 소리와 전혀 무관하지 않다는 사실을 깨닫게 됐다.

이 책은 복잡한 사회 현상의 이면에 감춰진 흥미로운 과학 이야기를 독자와 함께 나누기 위해 썼다. 나는 독자들이 이 책을 읽고 경제, 사회, 문화, 음악, 미술, 교통, 역사 등 다양한 분야에서 전혀 상관없어 보이는 사회 현상들이 서로 밀접하게 연관돼 있으며, 카오스와 프랙털, 지프의 법칙, 1/f 등 몇 개의 개념만으로 그 모든 현상들이 그럴듯하게 설명된다는 사실에 깜짝 놀라길 바란다. 그리고 그것이 우리 삶에 어떤 물음을 던지는지 함께 토론하고 고민하길 원한다.

특히 이 책에 실린 글 중에서 흥미로운 주제들에 대해 그 안에 인용된 논문을 읽어보거나 인터넷 웹페이지에 들어가보길 간절히 바란다. 이 부분은 이 책을 쓰면서 특별히 신경 썼던 점이기도 한데, 그것은 이 책에 실린 과학적 사실들이 수백 년 동안 검증받아온 고정불변의 지식이 아니라, 〈네이처〉나 〈사이언스〉 같은 과학저널에 실린 최근 논문들에 담긴 내용이기 때문이다. 과학은 우리와 동시대를 살아가는 과학자들의 '논쟁적이며 때로는 주관적일 수도 있는' 주장들에 다름 아니다. 그들이 어떤 문제에 관심을 갖고 연구하고 있으며 그 문제를 해결하기 위해 어떤 노력을 하고 있는지, 또 우리에게 아직 남아 있는 문제는 무엇인지 함께 생각해봤으면 좋겠다.

우리 주변에서 벌어지는 사회 현상을 과학적 시각으로 재조명함으로써 사람들에게 과학을 친근하게 소개한다는 점에서 이 책은 전작인《물리학자는 영화에서 과학을 본다》의 연장선에 있다고 볼 수 있다. 영화의 세계로 들어갔던 과학이 스크린을 뚫고 현실의 '세상'으로 뛰쳐나온 것이다.

좋은 글이 나올 수 있도록 오랜 시간 기다려주신 동아시아 한성봉 사장님께 진심으로 감사드리며 근사한 책을 위해 애써주신 동아시아 식구들에게도 깊이 감사드린다. 이 책의 일부분은 〈동아일보〉와 〈과학동아〉, 〈우리교육〉에 실리기도 했는데, 좋은 기회를 주신 모든 분들께 감사의 말을 전하고 싶다.

세상은 얼마나 복잡한가? 이 책에 등장하는 물리학자들은 이 질문에 대해 진지하고 따뜻한 대답을 독자들에게 들려줄 것이다. 세상은 복잡하지만, 우리가 충분히 이해할 수 있을 만큼 복잡하다고.

2001년 6월 24일

SCIENCE CONCERT

매우
빠르고
경쾌하게

제1악장
Vivace
molto

케빈 베이컨 게임

Six Degrees of Kevin Bacon

여섯 다리만 건너면
세상 사람들은 모두 아는 사이다

> 인간에 관한 과학이 자연과학을 포함하게 되는 것과 마찬가지로,
> 자연과학도 앞으로 인간에 관한 과학을 다루게 될 것이다.
> 이 두 과학은 머지않아 하나의 과학이 될 것이다.
> – 카를 마르크스

한때 미국 대학 캠퍼스에서 '케빈 베이컨의 6단계six degrees of Kevin Bacon'라는 게임이 유행했다. 케빈 베이컨은 우리에게 영화 〈자유의 댄스〉로 처음 알려진 이후, 〈일급 살인〉, 〈JFK〉, 〈리버 와일드〉, 〈슬리퍼스〉, 〈와일드 씽〉, 〈할로우맨〉에 이르기까지 수많은 영화에서 개성 있는 연기를 보여준 연기파 배우다.

정작 케빈 베이컨은 그다지 즐기지 않았다는 이 게임의 규칙은 매우 간단하다. 영화에 함께 출연한 관계를 1단계라고 했을 때, 다른 할리우드 배우들이 케빈 베이컨과 몇 단계 만에 연결되는가를 찾는 게임이다. 예를 들면 로버트 레드퍼드는 〈아웃 오브 아프리카〉에서 메릴 스트립과 함께 주연을 맡았고, 메릴 스트립은 케빈 베이컨과 〈리버 와일드〉에 함께 출연했으므로, 로버트 레드퍼드는 케빈 베이컨과 2단계 만에 연결된다. 줄리아 로버츠는 덴젤 워싱턴과 〈펠리칸 브리프〉를 찍었고, 덴젤 워싱턴은 톰 행크스와 〈필라델피아〉에 출연했으며, 톰 행크스는 케빈 베이컨과 〈아폴로 13〉에 함께 나왔으니, 줄리아

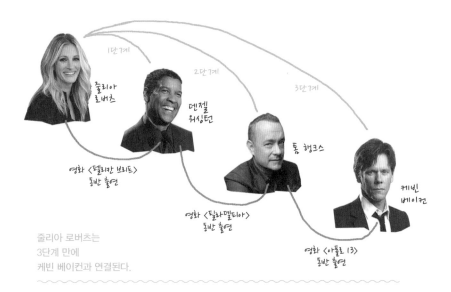

영화 〈펠리칸 브리프〉
동반 출연

영화 〈필라델피아〉
동반 출연

영화 〈아폴로 13〉
동반 출연

줄리아
로버츠

덴젤
워싱턴

톰 행크스

케빈
베이컨

1단계

2단계

3단계

줄리아 로버츠는
3단계 만에
케빈 베이컨과 연결된다.

로버츠는 3단계 만에 케빈 베이컨과 연결된다.

　이 게임의 핵심은 케빈 베이컨에 도달하는 가장 빠른 경로를 찾는 것이다. 한때 캠퍼스 곳곳에서 학생들이 모여 앉아 케빈 베이컨 게임에 열을 올리는 모습을 쉽게 볼 수 있었고, 엔딩 크레딧을 외우느라 영화가 끝나도 일어나지 않는 관객이 꽤 많았다고 한다. 버지니아대학 컴퓨터학과 학생들은 배우의 이름을 집어넣으면 케빈 베이컨과 몇 단계 만에 연결되는가를 알려주는 인터넷 사이트를 개설했을 정도로 이 게임의 인기는 대단했다.

　재미있는 사실은 이 게임에서 대부분의 할리우드 배우들이 6단계 이내에 케빈 베이컨과 연결된다는 점이다. 케빈 베이컨이 장르를 넘나들며 많은 영화에 출연하기도 했지만, 할리우드 영화계가 생각보다 좁은 사회라는 의미이기도 하리라. 배우 기근에 시달리는 한국 영화계에서 이런 게임을 한다면 어떨까? 안성기나 명계남만 거치면 두세 단계 만에 모든 배우들이 서로 연결되지 않을까?

그런데 이러한 현상이 단지 영화판에서만 벌어지는 것은 아니다. 케빈 베이컨 게임은 '여섯 다리만 건너면 지구에 사는 사람들은 모두 아는 사이 six degrees of separation'라는 서양의 오래된 통념을 반영한 놀이다(무선전신과 라디오의 발명자 굴리엘모 마르코니가 처음 이 이론을 제안했다는 주장도 있다). 우리는 간단한 수학만으로 77억 인구가 살고 있는 이 세상이 얼마나 좁은 세상이며, 배우 심은하와 내가 얼마나 가까운 사이인가를 증명할 수 있다. 예를 들어 한 사람이 알고 지내는 사람이 대략 300명 정도 된다고 가정해보자. 학창 시절 동창들만 해도 족히 수백 명은 넘으니 그다지 후하게 어림잡은 숫자는 아닐 것이다. 내가 알고 지내는 사람들도 각각 300명의 친구를 두고 있을 테니 한 다리 건너 아는 사람은 9만 명에 이르게 된다. 4단계 건너 아는 사람은 9만 명의 제곱인 81억 명. 지구에 사는 77억 인구가 4단계면 모두 아는 사이가 된다.

그러나 이 계산에는 미처 고려하지 못한 현실적인 문제가 하나 있다. 작은 메모지 한 장 분량의 이 증명 과정에는 77억 인구가 살고 있는 지구라는 거대한 사회가 하나의 균일한 집단이며, 그 구성원들은 거리의 제한 없이 다양한 인간관계를 맺고 있다는 가정이 숨어 있다. 이 가정대로라면 아프리카의 추장이 알고 있는 300명 중에는 샤론 스톤이 끼어 있을 수 있으며 북극의 에스키모와 뉴질랜드의 마오리족이 친구일 수 있어야 한다. 그러나 현실은 그렇지 못하다. 우리는 거리적으로 가까운 사람들끼리 무리 지어 살고 있으며, 다른 사회 집단과 지역적으로 혹은 인간관계 면에서 동떨어져 있는 경우가 많다. 내가 살고 있는 도시만 벗어나도 아는 사람의 수는 급격히 줄어든다.

인간관계를 주변의 아는 사람들로만 국한한다면, 계산 결과는 전혀 달라진다. 만약 내 주변에서 살고 있는 300명만을 친구로 두고 있다면, 서울 한복판에 살고 있는 내가 줄리아 로버츠의 사인을 건네받기 위해서는 1억 명의 손을 거쳐야 한다는 계산이 나온다.

실제로 우리가 현실에서 맺고 있는 인간관계는 위에서 했던 두 가정의 중간 어디쯤에 놓여 있을 것이다. 우리는 대개 주변 사람들과 인간관계를 맺고 있지만, 이민이나 이사로 먼 지방, 혹은 다른 나라 사람들과 친분을 맺기도 하고, 사업이나 여행, 소개팅이나 학회 참석 등으로 새로운 사람들을 소개받기도 한다.

작은 세상 네트워크

1996년 미국 코넬대학교 응용물리학과에서 박사과정을 밟고 있던 던컨 와츠Duncan Watts와 그의 지도 교수 스티븐 스트로가츠Steven Strogatz는 왜 할리우드 배우들이 케빈 베이컨으로부터 6단계 이상 벗어날 수 없는가를 증명해보기로 마음먹었다. 사람을 점으로 표시하고 그

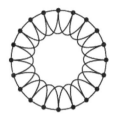  

규칙적인 네트워크   작은 세상 네트워크   무작위 네트워크

들의 관계를 선으로 표시한다면, 사람들의 인간관계에 대한 지형도는 규칙적으로 배열된 점들과 그 사이에 복잡하게 얽혀 있는 선들의 네트워크로 표현할 수 있을 것이다. 그들은 이러한 네트워크 개념을 도입해 컴퓨터 시뮬레이션 실험에 착수했다.

실제로 사람들이 얼마나 복잡한 인간관계를 맺고 있는가는 아무도 모른다. 서울에 살고 있는 사람들의 인간관계 지도를 상상해보라. 그것은 아마 서울 시내 도로 지도와는 비교도 안 될 만큼 복잡하게 뒤얽힌 모습일 것이다.

그래서 던컨 와츠는 우선 1천 명으로 이루어진 네트워크를 생각한 다음 그 각각의 사람이 바로 옆에 있는 열 명의 주변 사람들과 알고 지낸다고 가정했다. 그러면 이때 네트워크의 모양은 1천 개의 점들이 마치 소금 결정의 구조처럼 주변의 점들하고만 규칙적으로 연결된 잘 짜인 구조regular network가 될 것이다. 이론적으로, 거리와 상관없이 고르게 관계를 맺으며 선들이 완전히 뒤얽힌 네트워크random network는 3단계 만에 임의의 두 사람이 연결될 수 있는 데 반해, 주변

사람들하고만 연결된 사회regular network는 평균적으로 50단계를 거쳐
야 다른 사람과 연결될 수 있다고 한다.

1998년 6월 〈네이처〉에 실린 와츠와 스트로가츠의 시뮬레이션 결
과는 여기서부터 시작된다. 그들은 주변의 사람들하고만 연결된 잘
짜인 네트워크에서 엉뚱한 곳으로 가지를 뻗은 인간관계를 하나씩
늘려가면서, 그때마다 '다른 사람에게 도달하는 데 걸리는 단계'가 얼
마나 감소하는지를 계산해보았다. 놀랍게도 결과는 우리의 상상을
크게 벗어났다. 100개 중 하나의 가닥만 다른 지역으로 연결해도 필
요한 평균 단계 수는 10분의 1씩 줄어들었다. 잘 짜인 네트워크 연결
에서 몇 가닥만 엉뚱하게 가지를 뻗기만 해도, 이 거대한 사회가 몇
단계 만에 누구에게든 도달할 수 있는 '작은 세상'으로 바뀌는 것이
다. 그들은 몇 가닥의 무작위 연결만으로 모든 사람들과 쉽게 연결될
수 있는 이 네트워크를 '작은 세상 네트워크small world network'라고 불
렀다.

그들이 케빈 베이컨 게임에서 힌트를 얻어 자신들의 시뮬레이션
프로그램을 가장 먼저 적용한 곳은 역시 할리우드 영화계였다. 할리
우드에 정식 자료 요청을 통해 던컨 와츠는 미국 영화계에는 대략 22
만 5천 명의 배우가 있으며, 한 배우가 함께 일하는 배우의 수는 평균
61명 정도라는 사실을 알게 됐다.

실제 할리우드 데이터를 프로그램에 입력해 시뮬레이션 프로그램
을 적용했더니, 모든 배우들은 평균 3.65단계로 연결되어 있다는 결

과가 나왔다. 다시 말해 케빈 베이컨이 아니더라도 할리우드의 모든 배우들은 3.65편의 '영화'라는 아름다운 끈으로 연결된 친구라는 것이다. 이것은 버지니아대학 사이트의 통계에서 케빈 베이컨으로 가는 경로가 3, 4단계인 경우가 가장 많다는 결과와도 일치한다.

와츠와 스트로가츠의 논문이 1998년에 발표된 가장 주목받은 논문 중의 하나임엔 틀림없지만, 그들이 '작은 세상 이론small world theory'을 처음으로 내놓은 것은 아니다. 1990년대 초 샌디에이고대학 신경과학연구소의 올라프 스폰스Olaf Sporns와 그의 동료는 세상에서 가장 복잡한 네트워크라 할 수 있는 뇌의 신경세포들이 어떻게 연결되어 있는가에 관심을 가졌다. 그들은 영역에 따라 서로 다른 역할과 작용을

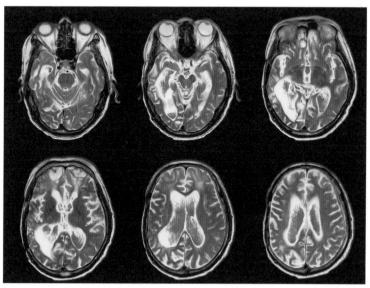

우리 뇌 또한 '작은 세상 효과'를 이용하여 빠르고 효율적으로 정보를 전송한다.

하는 뇌가 어떻게 그토록 빠르고 효율적으로 정보를 전송하고 처리하는가를 규명하고자 했던 것이다.

그들은 포유류의 뇌가 '작은 세상 효과small world effect'를 이용하고 있다는 사실을 발견했다. 뇌는 비슷한 작용을 하는 영역들의 세포들이 서로 무리를 지어서 긴밀히 연결되어 있지만, 곳곳에 큰 가지들이 무작위로 뻗어 있어서 몇 개의 신경세포만 거치면 한 신경세포에서 다른 영역의 세포로 정보를 전달할 수 있다는 것이다. 신경세포가 다른 세포들을 향해 수상돌기나 축색의 가지를 뻗을수록 뇌의 부피는 점점 커지고 그러면 에너지 소모도 커지므로, 주어진 부피 안에서 가장 효율적으로 정보를 처리하기 위해서 뇌가 작은 세상 효과를 이용하고 있는 것 같다고 그들은 설명한다.

수학자들의 공동 연구 네트워크, 에르되시 프로젝트 ——

수학 분야에서도 케빈 베이컨 게임과 유사한 프로젝트가 있다. 오클랜드대학교 제리 그로스먼Jerry Grossman 교수가 추진한 '에르되시 프로젝트Erdös Number Project'가 그것이다. 헝가리 수학자 에르되시 팔Erdös Pál(1913~1996)의 이름을 딴 이 프로젝트는 영화 대신 논문을 그 매개로 한다.

《화성에서 온 수학자》(1998)와 《우리 수학자 모두는 약간 미친 겁니다》(1998)라는 전기로 우리나라에도 잘 알려진 에르되시 팔은 헝

가리가 낳은 20세기 최고의 수학자라는 평가를 받고 있는데, 천재적인 두뇌와 수학에 대한 열정, 괴짜 같은 삶으로 더욱 유명하다. 화성에서 왔다는 소리를 들을 정도로 천재적인 두뇌를 가졌던 그는 네 살 때 음수의 개념을 스스로 깨쳤고, 열여덟 살에 '1보다 큰 임의의 수와 그 배수 사이에는 적어도 하나의 소수가 언제나 존재한다'

천재 수학자 에르되시 팔.

는 체비쇼프의 정리Chebyshev's Theorem를 간단한 방법으로 증명하면서 수학자로서 인정을 받았다.

"무한을 흠모하는 우리 수학자는 모두 광인일세"라고 말할 정도로 평생 수학의 아름다움에 빠져 살았던 그는 함수론과 기하학, 확률론 등 수학 전 분야에 걸쳐 무려 1500편의 논문을 남겼다. 1996년 바르샤바에서 열린 학회 참석 중 수학 문제와 씨름하다 신발을 신은 채 심장마비로 사망했는데, 그의 묘비명에는 "마침내 나는 더 이상 어리석어지지 않게 되었다"라고 적혀 있다고 한다. 그에게 삶이란 이해하고 알아가는 과정이 아니라 모르고 있는 것이 무엇인가를 깨달아가는 과정이었던 것이다.

에르되시는 일생 동안 세계 각국의 학자 485명과 함께 1500여 편
의 논문을 쓰면서 공동 연구의 모범을 보여주었다. 에르되시 프로젝
트는 그와 다른 연구자들과의 관계를 '에르되시 수Erdös Number'로 표
시한다. 에르되시와 함께 논문을 쓴 공동 저자라면 에르되시 수가 1,
이들 공동 저자와 함께 논문을 쓴 학자는 에르되시 수가 2가 된다. 그
로스먼의 통계에 따르면, 1998년까지 수학의 노벨상이라고 불리는
필즈상Fields Medal을 수상한 수학자는 모두 에르되시 수가 5 이하이
며, 에르되시 수가 8 이하인 노벨상 수상자도 63명이나 된다고 한다.
에르되시가 다른 수학자들에게 미친 영향이 어느 정도인지를 짐작할
수 있다.

에르되시와 함께 논문을 발표해 에르되시 수가 1인 수학자 대니얼
클라이트만Daniel Kleitman은 영화 〈굿 윌 헌팅〉의 수학 자문을 맡으면
서 영화에 잠깐 출연했는데, 함께 출연했던 여배우 미니 드라이버가
케빈 베이컨과 〈슬리퍼스〉에 출연한 적이 있어 케빈 베이컨 게임으
로도 '2단계'라는 작은 값을 가진 최초의 수학자가 되었다. 또 클라이
트만이 영화에 잠깐 출연한 덕분에 에르되시와 케빈 베이컨은 세 다
리 건너 아는 가까운 사이가 되었다. 전혀 어울리지 않는 수학자 사
회와 영화계 사이에 '클라이트만'이라는 다리가 놓이게 된 것이다. 에
르되시 프로젝트는 단순한 흥미를 넘어 독자적인 연구가 관습화되어
있는 수학 분야에서 공동 연구가 얼마나 중요한가를 나타내는 지표
로 해석되기도 한다.

경제 분야 역시 보기와는 달리 '작은 세상'이었다. 경영학자 브루스 코것Bruce Kogut은 펜실베이니아대학 경영대학원 와튼스쿨에 있을 당시 그의 동료 고든 워커Gordon Walker와 함께 독일의 대기업들을 누가 소유하고 있는가를 조사해 네트워크 형태로 표시해보았다. 기업을 하나의 점으로 표시하고 두 기업을 동시에 소유하고 있는 소유주를 두 기업을 잇는 선으로 표시하면, 독일 대기업 소유 현황을 한눈에 알아볼 수 있는 지도가 된다. 분석 결과 기업계 전 분야에 걸친 조사였음에도 불구하고 기업들은 서로 긴밀히 연결되어 있었으며 모두 4단계를 넘지 않았다. 그들은 세계화로 인해 인수 합병이 줄을 잇게 될 재계가 작은 세상의 일례가 될 수 있음을 증명했다.

지구촌이라는 작은 세상

과학자들은 몇 가닥의 무작위 연결이 국소적으로 무리 지어진 폐쇄사회를 '작은 세상'이라 불러도 좋을 만큼 열린사회로 만들 수 있다는 '작은 세상 이론'이 공학적 설계에 획기적인 변화를 가져올 것으로 조심스럽게 예측하고 있다. 작은 세상 이론을 활용하면 도로 설계를 전면 수정하지 않더라도, 몇 가닥의 고가도로와 다리만으로도 도시의 교통 흐름을 원활하게 바꾸어놓을 수 있을 것이다. 전화선이나 휴대전화 통신망에서 몇 가닥의 무작위 연결만으로도 원하는 두 지점을 빠르게 연결할 수 있으며, 인터넷에서 정보의 흐름을 효율적으로 제

어할 수도 있게 될 것이다.

1998년 9월 〈네이처〉에 실린 논문에 따르면, 인디애나주에 있는 노트르담대학의 과학자들은 인터넷에서 하나의 웹페이지에서 임의의 다른 페이지로 이동하는 데 평균 19번의 클릭이 필요하다는 사실을 알아냈다. 복잡하게 뒤얽혀 있는 수백만 개의 사이트가 19번의 클릭만으로 서로 연결된다는 사실은 인터넷 자체가 이미 작은 세상이 됐음을 알려주는 증거다. 작은 세상 이론을 적용하면, 앞으로 몇 가닥의 추가적인 연결은 인터넷의 효율성을 수십 배 더 높일 것으로 예상된다.

세상이 이처럼 지구촌이라는 이름에 걸맞게 점점 작아진다는 사실이 전적으로 즐거운 일만은 아니다. '작은 세상 이론'은 중세에 페스트가 어떻게 유럽 인구를 3분의 1이나 감소시킬 수 있었는가를 짐작하게 한다. 그리고 아프리카의 작은 부족에서 처음 발생한 에이즈가 어떻게 20년 만에 전 세계 3800만 명의 보균자들을 고통과 죽음으로 몰아넣었는가를 설명해준다. 영화 〈외계인의 침입〉에서 한 도시의 주민들이 불과 며칠 만에 모두 외계인으로 변해버리는 일이 어떻게 가능한가를 가늠케 하기도 한다.

'지구촌 세상'은 감염과 집단 발병에 취약한 세상이기도 하다. 미국 국립알레르기전염병연구소(NIAID)에서 전자현미경으로 촬영한 메르스 코로나바이러스(MERS-CoV) 입자.

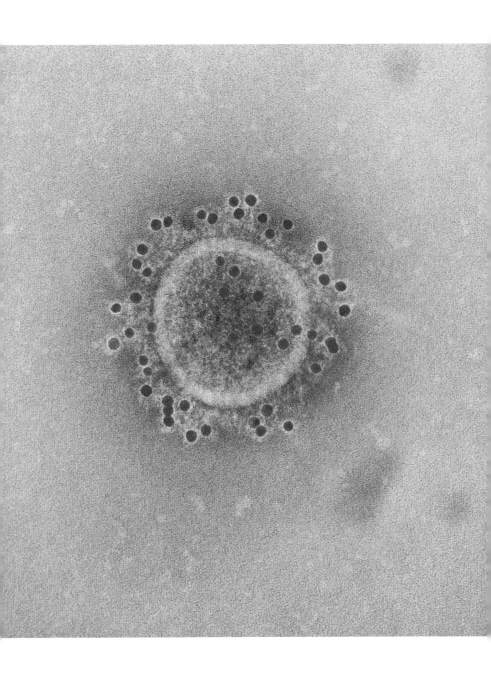

1976년 자이르(콩고민주공화국의 옛 이름)와 수단에서 아프리카 유행성 출혈열이 집단 발병하여 600명이 감염되고, 420명 이상이 사망한 사건이 있었다. 에볼라 바이러스에 의해 발병하는 이 유행성 출혈열은 인체의 장기세포를 파괴하여 5일 안에 죽음에 이르게 하는 무시무시한 병이었다. 중앙아프리카에서 집단 발병이 일어난 지 몇 주 후, 영국 남부의 월트셔 지방에서 에볼라 바이러스 환자가 발생했다. 수단과 자이르에서 집단 발병을 연구하던 한 생물학자가 병균을 몸에 실은 채 본국인 영국으로 돌아온 것이다. 다행히 그는 생명은 건졌지만 아프리카에서 발병한 전염병이 다른 대륙으로 어떻게 그렇게 빨리 건너갈 수 있는가를 극적으로 보여준 장본인이 되었다. 작은 세상 이론으로 따지자면, 무작위 연결 가지 노릇을 했다고나 할까?

교통과 통신 수단의 발달과 인터넷의 등장, 자유로운 교류와 무역, 해외여행은 반지름 6400킬로미터의 거대한 지구를 점점 '좁은 세상'으로 만들고 있다. 사회가 좁아진다는 것은 일면 긍정적으로 느껴지기도 한다. 하지만 얼굴을 마주하는 대면 접촉이 점점 줄어들고 있는 현대 사회에서 네트워크의 역학적 특성에 의해 좁아진 사회는 따뜻한 인간관계와 공동체 의식 등 좁은 사회가 가지는 긍정적인 측면은 수용하지 못한 채 부작용만을 안을 우려가 크다.

이제 우리는 한때 전국의 중고등학생들이 행운의 편지에 시달려야 했던 이유와 피라미드식 기업이 그토록 거대해질 수 있었던 이유를 이해할 수 있게 됐다. 또 연예인에 관한 고약한 유언비어가 어떻게 그

진원지도 모른 채 사실인 양 계속 퍼져갈 수 있는지도 짐작할 수 있게 됐다. 컴퓨터 바이러스가 전 세계 컴퓨터 네트워크를 교란시킬 수 있다는 주장은 더 이상 기우가 아니다. 지금 우리는 위험할 정도로 작은 세상에 살고 있는 것이다.

머피의 법칙

Murphy's Law

일상생활 속의 법칙,
과학으로 증명하다

"그렇다면 결국 이 세계가 형성된 궁극적인 목적은 무엇인가?"
캉디드가 물었다.
"우리를 괴롭히기 위함이다." 마르탱이 대답했다.
– 볼테르의 《캉디드》

살다 보면 되는 일도 있고 안 되는 일도 있다지만, 곰곰이 따져보면 안 되는 일이 더 많다. 슈퍼마켓에서 줄을 서면 꼭 다른 줄이 먼저 줄어들고, 중요한 미팅이 있는 날 하필 옷에 커피를 쏟거나 버스를 놓쳐 지각하기 일쑤다. 소풍날이면 어김없이 봄비가 내리고, 수능시험을 보는 날엔 한파가 몰아친다. "하필이면 그때…" 혹은 "일이 안 되려니까…" 같은 말을 우리는 얼마나 자주 사용하는가! 그럴 때마다 떠오르는 법칙이 있으니, 이름 하여 머피의 법칙Murphy's law. 수많은 구체적인 항목들로 이루어진 머피의 법칙을 한마디로 요약하자면 '잘될 수도 있고 잘못될 수도 있는 일은 반드시 잘못된다If anything can go wrong, It will'는 것이다.

세상이 우리에게 얼마나 가혹한지 정리해놓은 이 법칙은 불행하게도 중요한 순간에는 어김없이 들어맞는다. 대체 나는 왜 이렇게 재수가 없는 걸까 하고 낙담하지 마시라. 다른 사람들도 당신만큼 재수가 없으니까.

머피의 법칙에 대해 과학자들은 그동안 별다른 관심을 보이지 않았다. 머피의 법칙은 단지 우스갯소리일 뿐, 종종 들어맞는다는 사실조차 우연이나 착각으로 여겨왔다. 머피의 법칙을 반박할 때 그들이 즐겨 사용하는 용어가 있는데, 바로 '선택적 기억selective memory'이다. 우리의 일상은 갖가지 사건과 경험으로 가득 채워져 있지만, 대부분 스쳐 지나가는 경험일 뿐 일일이 머릿속에 남진 않는다. 그러나 공교롭게도 일이 잘 안 풀린 경우나 아주 재수가 없다고 느끼는 일은 아주 또렷하게 기억에 남는다. 결국 시간이 지나고 나면 머릿속엔 재수가 없었던 기억들이 상대적으로 많아진다는 것이다.

소풍 때마다 비가 오고 수능시험 날이면 어김없이 추위가 몰아치는 것도 이상한 일이 아니다. 봄비가 한창인 4월 무렵에 소풍날을 잡고, 안 추우면 오히려 이상한 11월 중순에 수능시험 날짜를 정해놓고, 비가 안 오고 날씨가 따뜻하기를 바라는 심보는 또 뭔가!

그러나 이 정도 설명으로는 어쩐지 만족할 수 없다. '왜 하필이면'을 연발케 하는 재수 더럽게 없는 사건들이 모두 과연 '선택적 기억'이라는 우리의 착각일까? 초등학교 6년 동안 한 해도 거르지 않고 전날까지 멀쩡하던 날씨가 어떻게 소풍날만 되면 어김없이 비가 올 수 있을까? 오죽하면 내가 다니던 학교에선 귀신 소문까지 돌았을까. 아무래도 뭔가가 있는 것 같은데 말이다.

버터 바른 토스트의 법칙

이런 찜찜한 기분을 시원하게 긁어준 과학자가 있다. 신문 칼럼니스트이자 영국 애스턴대학 정보공학과에서 방문 연구원으로 일하고 던 로버트 매슈스Robert A. J. Matthews는 선택적 기억만으로는 설명하기 어려운, 머피의 법칙이 그토록 잘 들어맞는 이유를 과학적으로 하나씩 증명해서 화제가 되었다.

그가 처음 증명했던 머피의 법칙은 '버터 바른 토스트'에 관한 것이었다. 아침 출근 전 부산을 떨며 토스트에 버터를 발라 허둥대며 먹다 보면 빵을 떨어뜨리기 쉽다. 그런데 하필이면 버터나 잼을 바른 쪽이 꼭 바닥으로 떨어진다. 그러면 빵을 다시 주워 먹기도 곤란할뿐더러 바쁜 와중에 바닥까지 닦아야 한다. 젠장할!

1991년 영국 BBC 방송의 유명한 과학 프로그램 〈Q·E·D〉에서는 '버터 바른 토스트'에 관한 머피의 법칙을 반증하기 위해 사람들에게 토스트를 공중에 던지게 하는 실험을 했다. 300번을 던진 결과, 버터를 바른 쪽이 바닥으로 떨어진 경우는 152번, 버터를 바른 쪽이 위를 향하는 경우는 148번으로 나왔다. 그들은 '확률적으로 별 차이가 없다'는 것을 보여줌으로써 머피의 법칙은 결국 우리의 착각이었다는 결론을 내렸다. 호기심 해결!

그런데 과연 그럴까? 일상에서 벌어지는 실제 상황은 토스트를 위로 던지는 경우가 아니라 대부분 식탁에서 떨어뜨리거나 손에 들고 있다가 떨어뜨리는 경우다. 이런 경우에도 위 실험과 같은 결과가 나올까? 버터를 바른 면이 위쪽을 향해 있던 토스트가 식탁에서 떨어지는 경우, 어떤 면이 바닥을 향할 것인가 하는 문제는 떨어지는 동안 토스트를 회전시키는 스핀에 의해 결정된다. 토스트를 회전시키는 힘을 물리학자들은 토크torque라고 부르는데, 이 경우 중력이 그 역할을 하게 된다. 로버트 매슈스는 식탁 높이나 사람의 손 높이에서 토스트를 떨어뜨릴 경우 토스트가 한 바퀴를 회전할 만큼 지구의 중력이 강하지 않다는 것을 간단한 계산으로 증명했다. 대부분 반 바퀴 정도만 돌고 떨어지기 때문에 버터를 바른 면이 반드시 바닥에 닿는다는 것이다. 물리적으로 계산해보면, 공기의 저항이나 얇은 버터층의 무게는 토스트의 회전에 거의 영향을 미치지 않는다고 한다. 결국 '버터 바른 면이 늘 바닥으로 떨어진다'는 머피의 법칙이 들어맞는 이유는 지구의 중력과 식탁의 마찰계수가 그럴 수밖에 없도록 만들기 때문이라는 것이다.

만약 인간의 키가 훨씬 더 컸다면, 그래서 충분히 높은 식탁에서 빵을 먹었다면, 토스트는 한 바퀴를 회전했을 것이고 버터 바른 면이 늘 위를 향해 떨어졌을 것이다. 하버드대학교 천체물리학과의 윌리엄 프레스William H. Press 교수는 양쪽 발로 서서 생활하는 인간이 지구 환경에서 넘어지지 않고 안정적으로 생활하기 위해서는 지금의 키가 가장 적당하다고 지적한 바 있다. 우리의 키는 중력이 우리를 당기고 있는 힘과 우리의 골격이 이루고 있는 화학적 결합이 평형을 이루면

토스트는 정말 버터를 바른 쪽으로 떨어질까?
로버트 매슈스가 영국의 초등학생·중학생 1천여 명과 함께 진행한 토스트 실험 장면.
자료 : Robert A. J. Matthews, *School Science Review*, September 2001, 83(302).

서 정해진다. 좀 거창하게 표현하자면, 빅뱅에 의해 결정된 우주 상수와 그것들로 결정된 지구의 역학적 특성이 인간의 키를 2미터 안팎의 높이로 만들었고, 불행히도 그 때문에 '버터 바른 토스트'에 관한 머피의 법칙이 탄생하게 된 것이다. 버터 바른 식빵을 떨어뜨리는 문제에 대해서만큼은 이 우주가 인간에게 가혹하도록 창조되었다고 할 수 있다.

불행에 대처하는 과학적 자세 ————

슈퍼마켓에서 혹은 현금 인출기 앞에 길게 늘어선 줄을 보고 '어느 줄에 설까'를 고민해보지 않은 사람은 없을 것이다. 재빠른 눈 굴림과 쪼잔한 잔머리를 동반해 '사소한 일에 목숨 거는' 고민 끝에 제일 빨리 줄어들 것 같은 줄에 서지만, 늘 다른 줄들이 먼저 줄어든다. 도대체 그 이유는 무엇일까? 다른 줄에 섰으면 지금쯤 계산이 끝났을 텐데 말이다. 젠장할!!

이 문제는 조금만 생각해보면 당연한 결과라는 것을 알 수 있다. 만약 슈퍼마켓에 12개의 계산대가 있다고 가정해보자. 공교롭게도 내가 선 줄의 계산대가 말썽을 일으킨다거나 사람들이 물건을 많이 사서 유독 계산이 느리게 진행될 수도 있겠지만, 평균적으로는 다른 줄과 별 차이가 없다고 가정할 수 있다. 다른 줄에서도 그런 일이 벌어질 가능성은 얼마든지 있으니까. 사람들은 늘 가장 짧은 줄 뒤에 서려고 할 것이므로 줄의 길이도 대개 비슷할 것이다. 그렇다면 이 경우 평균적으로 내가 선 줄이 가장 먼저 줄어들 확률은 얼마일까? 당연히 12분의 1이 될 것이다. 다시 말하면, 다른 줄이 먼저 줄어들 확률이 12분의 11이나 된다는 얘기다. 여간 운이 좋지 않다면, 어떤 줄을 선택하든 결국 나는 다른 줄이 먼저 줄어드는 것을 지켜볼 수밖에 없다.

우연히 라디오를 켰는데 비 예보가 흘러나온다. "난 정말 운도 좋지. 일기 예보를 못 들었으면 어떡할 뻔했어?" 하며 기쁘게 우산을 챙겨 집을 나서지만 이런 날이면 어김없이 하루 종일 햇볕이 쨍쨍하다. 그것도 화가 나도록 무진장 맑다. 더욱 억울한 상황은 집에 도착하고 나면 그제야 비가 오는 경우다. 일기 예보의 정확도가 80퍼센트가 넘

왜 내가 선 줄만 느리게 줄어드는 것처럼 느껴질까?

는 이 시대에 도대체 이런 일은 왜 생기는 것일까? 날씨마저도 나를 배신하는 걸까?

좀 엉뚱하게 들릴지 모르겠지만, 로버트 매슈스의 계산에 따르면 비가 온다는 일기 예보가 있더라도 우산은 안 가져가는 것이 좋다. 일기 예보의 정확도가 평균 80퍼센트가 넘는 것은 사실이지만, 더 자세히 들여다보면 사정은 달라진다. 만약 기상청에 근무하는 기상통보관이 집에서 잠만 자면서 1년 내내 무조건 '비가 안 온다'고 예보한다고 가정해보자. 이 경우 일기 예보의 정확도는 몇 퍼센트일까? 우리나라의 경우 1년 중에 비가 오는 날은 많아야 100일. 결국 기상통보관은 아무런 계산 없이 무조건 비가 안 온다고 우기기만 해도 265/365, 즉 72.6퍼센트는 맞히는 셈이 된다. 문제는 비가 오는 날보다 비가 오지 않는 날이 훨씬 많기 때문에 발생하는 것이다.

영국 기상청의 일기 예보 자료를 들여다보자. 24시간 정확한 일기 예보를 자랑하는 영국 기상청의 일기 예보 정확도는 83퍼센트(참고로 우리나라의 일기 예보 정확도 역시 83퍼센트, 미국은 약 88퍼센트다). 매시간 비가 올 확률을 전해주는데 실제로 시간당 비가 올 확률은 8퍼센트 정도다. 따라서 무조건 비가 안 온다고 우겨도 맞힐 확률은 92퍼센트다. 최근 몇 년간 통계를 보면, 영국 기상청이 비가 안 온다고 예보했을 때 실제로 비가 안 온 경우는 98.2퍼센트나 되지만, 비가 온다고 했는데 정말 비가 온 경우는 30퍼센트도 채 안 된다. 다시 말해 비가 온다는 예보는 그다지 믿을 만한 것이 못 된다.

로버트 매슈스가 약간의 수학으로 증명했던 머피의 법칙들은 우리에게 무슨 이야기를 들려주고 있는 걸까? 세상에는 되는 일보다 생각대로 안 되는 일이 훨씬 더 많다. 더 나은 상황이란 언제든지 있게 마련이니까. 일이 안 될 때마다 우리는 머피의 법칙을 떠올리며 '나는 굉장히 재수가 없구나'라고 생각하지만, 로버트 매슈스의 계산은 그것이 '재수의 문제'가 아니라는 것을 말해준다. 어쩌면 우리가 그동안 바라왔던 것들이 이 세상에서는 상당히 무리한 요구였는지도 모른다.

　우리는 그동안 열두 줄이나 길게 늘어선 계산대 앞에서 내 줄이 가장 먼저 줄어들기를 바랐고, 변덕이 죽 끓듯 하는 날씨를 상대로 하는 일기 예보에 100퍼센트의 정확도를 기대했고, 식탁 높이에서 떨어뜨린 토스트가 멋지게 한 바퀴를 돌아 버터 바른 면이 위로 온 채 완벽하게 착지하길 바랐던 것이다. 머피의 법칙은 세상이 우리에게 얼마나 가혹한가를 말해주는 법칙이 아니라, 우리가 세상에 얼마나 많은 것을 무리하게 요구하고 있는가를 지적하는 법칙이었던 것이다.

어리석은 통계학

O. J. Simpson Case

O. J. 심슨 살인 사건의 교훈

땅에 바늘을 꽂고 하늘에서 작은 씨앗을 떨어뜨려
바늘에 씨앗이 꽂힐 확률,
이 계산도 안 되는 확률로 너와 내가 만난 것이다.
– 영화 〈번지점프를 하다〉

퍼시 다이어코니스Persi Diaconis 교수는 괴짜 수학자로 통한다. 음악가 집안에서 태어난 그는 어느 날 마술의 대가 다이 버논Dai Vernon이 함께 마술 여행을 떠나자고 제안하자 줄리아드에서 9년 동안 받던 바이올린 레슨을 팽개친 채 부모 몰래 그를 따라나섰다고 한다. 천부적인 독창성으로 마술 기교를 익히고 개발하던 어느 날 친구로부터 통계학 책을 소개받고서는 통계학에 흥미를 느껴 다시 대학에 들어가 통계학을 전공하고 하버드대학에서 박사학위까지 받았다. 스탠퍼드대학교 수학과 교수로 재직 중인 그는 전직 마술사답게 '카드를 섞는 문제card shuffling'에 관해선 세계 최고의 석학이라는 찬사를 받고 있으며, 아직도 파티가 있을 때면 사람들 앞에서 마술을 선보여 동료 교수들과 학생들을 깜짝 놀라게 하는 것으로 유명하다.

데보라 베넷Deborah J. Bennet의 《확률의 함정》(1998)이란 책의 첫 장을 넘기면 퍼시 다이어코니스 교수의 말이 인용돼 있다. "인간의 뇌는 확률 문제를 푸는 데 별로 적합하지 않다." 확률론의 대가인 그가 어떤 의도에서 이런 말을 했는지 정확히 알 수는 없지만, 공감이 가는 지적이다. 내 연구 분야 가운데 하나가 통계물리 분과임에도 불구하고 확률과 통계는 어렵게 느껴지거니와 고등학교 때는 이보다 더 심했다. 확률과 통계 단원이 고등학교 교과과정의 뒷부분에 있고 특히나 가장 중요하다고 일컬어지는 미적분 단원 다음에 있어서 상대적으로 소홀히 했던 이유도 있겠지만, 경우의 수를 계산하고 어떤 사건이 일어날 확률을 구하다 보면 근본적인 개념에서부터 혼란스러운 경우가 종종 있다.

예상외로 우리는 일상생활에서 확률적인 개념을 자주 사용한다. 내일 비 올 확률에서부터 이종범의 타율이나 박찬호의 방어율, 즉석 복권과 경품 추첨, 심지어 간식 내기를 위해 사다리 타기를 하거나 동전 던지기에 이르기까지 우리는 무작위적random으로 일어나는 사건의 확률을 구한다거나 다음 사건이 일어날 확률을 예측하는 데 익숙하다(게다가 현대 사회는 점점 이런 일에 능숙한 사람이 어수룩한 사람들을 제치고 득을 보는 세상이 되어가고 있다).

그러나 때론 확률이나 통계에 대해 잘못된 지식이나 선입견이 상식처럼 혹은 과학의 이름으로 사용되는 경우를 보게 된다. 이 장에서는 통계나 확률에 얽힌 몇 가지 유명한 에피소드를 소개하면서 우리의 직관과 상반되는 확률의 기막힌 역설에 관해 함께 생각해보고자 한다.

몬티 홀 문제

우선 내가 확률 문제에 관심을 갖게 된 계기인 '몬티 홀 문제Monty Hall Problem'를 소개하고자 한다. 몬티 홀은 미국 NBCTV의 유명한 게임쇼 〈렛츠 메이크 어 딜Let's make a deal〉의 진행자였으며 이 게임의 아이디 어를 제공한 유명한 사회자다. 1963년 12월 처음 방송된 이 TV쇼는 ABC 방송을 거쳐 다른 케이블 채널을 통해 지금도 방영되고 있는 장수 프로그램이다.

게임의 규칙은 간단하다. 무대 위에는 3개의 문이 있고 문마다 커튼이 쳐져 있어 그 안에 무엇이 들어 있는지 아무도 알 수 없다. 문 뒤에는 고급 승용차 캐딜락이 있을 수도 있고, 줄에 매인 염소나 선글라스를 낀 소가 서 있을 수도 있다. 아니면 삶은 달걀이나 오물이 든 쓰레기통이 있을 수도 있다. 프로그램에 참가하는 사람들에게는 3개의 문 중 하나를 선택해 그 문 뒤에 있는 물건과 자신의 물건을 맞바꿀수 있는 자격이 주어진다. 물론 중간 중간에 다양한 게임과 오락이 양념처럼 들어가 있다.

프로그램이 시작되기 전 사회자 몬티 홀은 방청객 가운데 게임에 참여할 후보 35명을 선정한다. 이때 방청객들은 몬티 홀의 시선을 끌기 위해 현금에서부터 이상한 마술복까지 온갖 독창적인 물건을 가지고 나온다. 게임에 참가하는 사람도 의사나 대학 교수, 배관공, 비벌리힐스에 사는 부유한 주부까지 다양하다. 35명의 후보 중 여덟 명

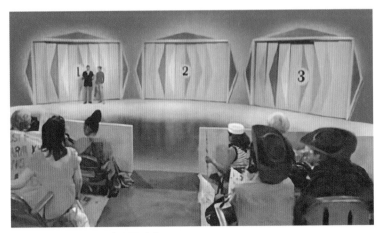

게임쇼 〈렛츠 메이크 어 딜〉의 한 장면.

정도가 게임과 함께 서너 번의 맞교환deal과 최종 빅딜big deal에 참가할 자격이 주어진다. 직접 만든 드레스나 유명한 야구 선수의 사인을 가지고 왔다가 삶은 달걀이나 쓰레기통을 뒤집어쓴 강아지와 맞바꾸게 되면 방청객들은 뒤집어진다. 어떤 물건과 맞교환하게 될지 모르는 모험과 재미가 보는 이와 참가자 모두에게 폭소를 터뜨리게 한다.

그런데 여기에 재미있는 확률 문제가 끼어들게 된다. 만약 당신이 게임쇼에 출연하여 3개의 문 중 하나를 선택하라는 요구를 받았다고 가정해보자. 하나의 문 뒤에는 값비싼 페라리 스포츠카가 있고, 다른 2개의 문 뒤에는 선글라스를 낀 염소가 앉아 있다. 당신이 1번 문을 선택하자, 모든 상황을 미리 알고 있는 사회자 몬티 홀이 1번 대신 3번 문을 열어 보인다. 거기에는 염소가 앉아 있다. 사회자는 익살맞은 표정으로 당신에게 묻는다. "지금 2번 문으로 선택을 바꾸셔도 됩니다. 바꾸시겠습니까?" 당신이라면 어떻게 하겠는가? 출연자들은 많은 경우 그냥 1번으로 하겠다고 말한다. 괜히 2번으로 바꿨다가 처음 선택했던 1번 문 뒤에 페라리가 있으면 억울해서 미칠 것이기 때문이다.

단순히 운의 문제라고 여겨졌던 이 문제는 메릴랜드주 컬럼비아에 사는 크레이그 휘테커라는 사람이 1990년 〈퍼레이드〉라는 주간지의 고정 코너 '메릴린에게 물어보세요Ask Marilyn'를 쓰고 있는 칼럼니스트 메릴린 사방Marilyn Savant에게 이를 문의하면서 좀 더 심도 있게 논의되기 시작했다. 잡지에 실린 프로필에 따르면, 메릴린 사방은 세계에서 지능지수가 가장 높은 사람으로 기네스북에 올라 있다고 한다.

메릴린의 대답은 "바꾸는 것이 유리하다"였다. 〈뉴욕 타임스〉에 따르면 이 문제는 메릴린의 대답과 함께 큰 화제가 되어 미국 CIA(중앙정보국)나 걸프전에 참전했던 전투기 조종사들 사이에 열띤 논쟁을 불러일으켰으며, MIT 수학과 교수들과 뉴멕시코에 있는 로스앨러모스 국립연구소의 컴퓨터 프로그래머들까지도 설전을 벌였을 정도라고 한다.

메릴린의 설명에 따르면, 애초에 당신이 선택한 문에서 자동차가 나올 확률은 다른 문에 염소가 있다는 것을 보든 안 보든 3분의 1이다. 따라서 당신이 처음 선택했던 문을 그대로 고수한다면 자동차를 갖게 될 확률은 3분의 1이다. 그러나 주어진 하나의 상황에서 모든

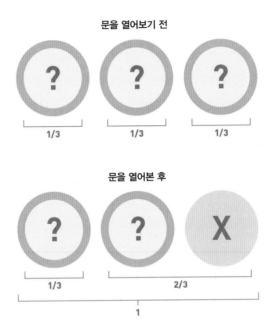

문을 열어보기 전

문을 열어본 후

메릴린 사방의 몬티 홀 문제 해법.

확률을 더한 값은 항상 1이어야 한다. 따라서 당신이 2번 문으로 선택을 바꾸었을 때 그곳에 자동차가 있을 확률은 3분의 2가 된다. 다시 말해 선택을 바꾸면 확률이 더 높아진다는 얘기다.

확률에 대한 오해가 풀어준 살인범

몬티 홀 문제 말고도 흥미로운 통계의 일면을 보여주는 사건이 있다. 미국에서 몇 년 동안 언론의 관심 세례를 받으며 20세기 10대 범죄의 하나로 선정된 O. J. 심슨 사건이 그것이다. O. J. 심슨 사건은 통계에 대한 몰이해가 살인범을 무죄로 풀어줄 수도 있다는 사실을 잘 보여 준다.

O. J. 심슨은 1970년대 미국 프로 미식축구를 주름잡았던 영웅이다. 러닝백으로 뛰었던 그는 대학 시절 뛰어난 활약을 펼쳐 1969년 서던캘리포니아대학을 전미 챔피언으로 끌어올렸고, 대학 미식축구 선수 최고의 영예인 하이즈먼 트로피를 받았다. 이후 스카우트 랭킹 1위로 명문 프로팀인 버팔로 빌스에 입단했으며, 1979년 은퇴할 때까지 샌프란시스코 포티나이너스 팀 등 명문 프로팀에서 각종 기록을 세우면서 인기를 누렸다. 은퇴한 뒤 미식축구 명예의 전당에 이름을 올렸고 NBC-TV 미식축구 해설가로 활약했으며, 영화 〈총알탄 사나이〉 시리즈에서 '노드버그'라는 흑인 형사로 출연하기도 했다.

1994년 6월 13일 로스앤젤레스의 고급 주택가 브렌트우드에 있는 대저택에서 심슨의 전처 니콜 브라운 심슨과 그녀의 남자 친구인 로널드 골드먼이 온몸이 난자당한 채 변사체로 발견됐다. 당시 목격자는 없었으며 심슨의 집에서 피묻은 장갑이 나왔고 DNA 검사 결과 희생자의 혈액임이 입증됐다.

유력한 용의자로 지목된 심슨과 경찰 사이의 100여 킬로미터에 달하는 고속도로 추격전은 TV로 생중계돼 커다란 화제를 불러일으키기도 했다. 심슨은 로버트 샤피로Robert Shapiro등 유명한 변호사들로 이른바 '드림팀'을 구성하여 장갑이 손에 맞지 않다는 사실을 부각시

키고 사건 현장이 제대로 보존되지 않았으며 담당 형사가 인종차별
주의자였다는 사실을 부각시키는 등 다양한 정황 단서들이 결정적
인 증거가 될 수 없음을 주장해 1995년 무죄 판결을 받았다. 그러나
우습게도 피해자 가족이 제기한 민사 소송에서는 유죄가 인정돼 소
송 비용과 배상금을 대느라 집은 물론 선수 시절에 받은 트로피마저
팔았다고 한다. 이 사건은 돈과 권력, 스포츠 스타, 인종 문제, 가정 폭
력, 언론의 광기가 어우러진 20세기 미국 최악의 범죄로 기록된다.

　이 사건이 확률론적으로 흥미를 끄는 대목은 심슨의 변호인단이
제기하는 몇 가지 주장이다. 피해자의 변호인단 측이 '평소 O. J. 심
슨이 아내를 때리고 폭언을 일삼았다'는 증인들의 증언을 토대로 O.
J. 심슨의 살인 가능성을 주장하자, 심슨의 변호사 중 하나인 앨런 더
쇼위츠Alan Dershowitz는 이에 맞서 줄기차게 다음과 같은 주장을 했다.
실제로 남편에게 폭행을 당하는 아내 가운데 그 남편에 의해 살해당
한 경우는 1천 명 중 한 명, 즉 0.1퍼센트도 안 된다는 것이다. 따라서
O. J. 심슨이 평소 아내를 때렸다는 사실은 O. J. 심슨이 아내를 살인
했을 가능성에 대해 아무런 단서를 제공하지 못한다고 주장했다.

　과연 그럴까? 템플대학교 수학과 교수이자 우리에겐 《수학자의 신
문 읽기A Mathematician Reads the Newspaper》(1995)로 유명한 수학 이야기
꾼 존 앨런 파울로스John Allen Paulos 교수가 이 문제에 대해 〈필라델피
아 인콰이어러〉에 다음과 같은 사실을 지적한 바 있다. 그의 주장에
따르면, 이러한 계산은 우리가 일상에서 흔히 저지르는 오류다. 만약

매 맞는 아내가 있다고 하자. 이 여자가 자신을 때리는 남편에게 살해당할 확률은 얼마일까? 이 문제에 대해서라면 심슨의 변호사가 주장하는 내용이 맞다. 0.1퍼센트밖에 안 될 것이다. 그러나 O. J. 심슨 사건의 경우에는 이미 아내가 죽었다. 따라서 이 경우에는 '매 맞던 아내가 죽었을 때 평소 그녀를 때리던 남편이 범인일 확률'을 계산해야 한다. 그럴 확률은 무려 80퍼센트가 넘는다. 따라서 심슨이 평소 아내를 때렸다는 사실은 심슨을 살인범으로 볼 만한 충분한 단서가 된다.

범행 현장에서는 심슨과 발 사이즈가 같은 발자국도 발견됐다. 이것도 증거로 제시됐다. 또 범행 현장 바닥에는 범인의 발자국 왼쪽에 범인이 흘린 핏자국이 있었다. 그런데 O. J. 심슨 역시 왼손에 칼에 베인 자국이 있었다. 이 역시 중요한 증거로 제시되었다. 그러나 심슨의 변호인단은 심슨과 같은 발 사이즈를 가진 사람이 굉장히 많기 때문에 발 사이즈가 같다는 것은 증거가 되지 못하며, 왼손을 다친 사람의 수도 충분히 많기 때문에 같은 이유로 이러한 흔적들이 살인의 증거가 될 수 없다고 주장했다. 과연 그럴까?

존 앨런 파울로스는 그의 책 《원스 어폰 어 넘버Once Upon a Number》 (1998)에서 이 문제 역시 심슨 변호인단의 확률에 대한 무지를 드러내는 대목이라고 비판했다. 심슨과 같은 발 사이즈를 가진 사람이 넉넉잡아 열다섯 명에 한 명꼴로 있다고 가정해보자. 또 하필 심슨처럼 그 시기에 왼손에 상처가 난 사람이 1만 명 중 한 명쯤 있다고 가정해

(왼쪽) 존 앨런 파울로스 교수.
(오른쪽) O. J. 심슨 변호인단의 주장을 수학적으로 논박한 그의 책 《원스 어폰 어 넘버》.

보자. 존 앨런 파울로스는 1천 명 중의 한 명으로 가정했으나 1000분
의 1은 너무 높은 확률이다. 그렇다면 심슨처럼 당시 왼손에 상처가
나 있고 발 사이즈도 심슨과 같은 사람은 몇 명쯤 될까? 15만 명 중 한
명에 불과하다. 각각에 대해서는 일어날 확률이 높지만 독립된 두 사
건이 동시에 일어날 확률은 그 곱에 의해 표현되기 때문에 발생 확률
이 급격히 떨어진다. 따라서 이 단서 역시 중요한 증거가 될 수 있다.

 O. J. 심슨 사건에서 사용되어 큰 주목을 받았던 DNA 테스트 역
시 확률 문제를 내포하고 있었다. 아내의 피살 현장에서 채취된 DNA
는 심슨의 것과 일치했다. 통상 DNA 분석에서 두 사람의 DNA가 우

연히 일치할 확률은 1만 분의 1이라고 한다. 검사 측은 심슨이 살인 범일 확률이 99.99퍼센트라고 몰아붙였지만, 변호사 측은 로스앤젤레스 인근의 인구가 300만 명이고 이 중 약 300명이 DNA가 일치할 수 있으므로 심슨이 살인자라는 결론이 오판일 확률은 99.7퍼센트(299/300)라고 주장했다. 이 주장은 옳은 것일까?

물론 그럴 수 있다. 하지만 이런 상황을 생각해보자. 인구 100만 명의 도시에 오직 두 명만이 하얀 턱수염을 기른다고 가정해보자. 이 도시에 살인 사건이 벌어졌는데 현장에서 하얀 턱수염이 발견됐다. 따라서 하얀 턱수염을 가진 두 사람 중 한 명이 살인자이며, 다른 한 명은 무고한 사람이다. 따라서 하얀 턱수염을 가진 사람 중에서 무고한 사람은 두 명 중 한 명이므로 50퍼센트다. 그러나 무고한 사람이 하얀 턱수염을 가질 확률은 얼마일까? 무고한 사람 99만 9999명 중에서 한 명만이 하얀 턱수염을 가졌으므로 그 확률은 극히 미미하다. 이처럼 O. J. 심슨의 변호인단은 아주 중요한 문제를 착각하고 있다. 그들은 '아무 죄가 없는 사람이 자신에게 불리한 증거를 여러 가지 가질 확률'이 매우 낮다는 사실은 외면한 채, '자신에게 불리한 증거를 여러 가지 가진 사람이 아무 죄가 없을 확률이 높다'는 사실을 부각시켜 심슨의 무죄를 주장한 것이다. 그런데 안타깝게도 재판부는 O. J. 심슨 측의 손을 들어주는 오판을 저지르고 말았다. 확률에 관한 오해로 인해 재판부가 변호인단의 말장난에 넘어가 살인자를 무죄 석방한 것이다.

행운과 인연의 확률 ———

O. J. 심슨 사건처럼 거창한 사건은 아니지만, 흔하게 범하는 오류가 하나 더 있다. 1990년 〈뉴욕 타임스〉에 다음과 같은 기사가 실렸다. "17조 분의 1 확률의 우연의 일치! 그러나 불가능은 없다." 내용인즉 슨, 뉴저지주에 사는 한 여성이 4개월 간격으로 복권에 두 번이나 당첨됐는데, 이런 일이 일어날 확률은 17조 분의 1이라는 것이었다. 그러나 실제로는 복권을 구입하는 사람이 워낙 많기 때문에 미국에서 이런 일이 일어날 확률은 30분의 1이나 된다. 따라서 그녀에게 그 일이 일어난 것은 굉장한 행운이지만 그런 일이 발생했다는 사실 자체는 기막힌 뉴스는 아니라는 얘기다.

비슷한 예로, 대부분의 사람들은 자신과 생일이 같은 사람을 만나는 것을 매우 희귀한 일이라고 생각한다. 그러나 25명 중에 생일이 같은 사람이 적어도 한 쌍 이상 섞여 있을 확률은 50퍼센트가 넘는다. 다시 말해 어떤 일이 '내게' 일어날 확률은 매우 낮을 수 있지만 그렇다고 해서 그런 사건이 일어날 확률 자체가 낮다는 것을 의미하진 않는다.

이 글 첫머리에 인용한 문장은 영화 〈번지점프를 하다〉에 나오는 대사다. 우리는 사랑하는 사람과의 만남이 '인연'이라는 말로밖에 설명할 수 없는 극적인 사건이라고 생각한다. 이 넓은 지구 위에서 너와 내가 만날 확률을 따져본다면, 계산도 안 되는 작은 확률이라는 사실에 감격해할 것이다. 물론 나는 사랑하는 두 사람의 극적인 만남을 일상적인 사건으로 환원하고 싶은 마음은 조금도 없다. 다만, 대부분의 사람들은 최소한 인생에서 한두 번쯤은 좋은 사람을 만나 사랑도 하고 결혼도 한다. 너와 내가 만난 사건은 작은 씨앗이 바늘에 꽂힐 확률만큼 작은 확률이지만, 우리가 살면서 누군가에게 이런 말을 하며 감격적인 사랑에 빠질 확률은 경험적으로 거의 100퍼센트에 가깝다는 것만은 부인할 수 없다.

아나톨 프랑스는 이런 말을 했다. "우연이란 신이 서명하고 싶지 않을 때 쓰는 가명이다." 우리는 구체적인 원인 없이 무작위적으로 일어나는 사건을 우연이라고 부른다. 어쩌면 원인이 있는데도 우리가 알지 못하기 때문에 막연히 우연이라고 부르는 것일지도 모른다. 이 세상은 명확한 법칙으로 예측할 수 없는 사건들로 가득하며, 따라서 우연적인 사건을 기술하는 확률과 통계에 익숙하지 않으면 안 된다. 그렇지 않으면 확률적으로 충분히 일어날 수 있는 사건이 재수나 인연이라는 이름으로 둔갑하거나, 확률에 관한 오해가 살인자를 무죄로 풀어주는 어리석음을 범할 수도 있기 때문이다.

웃음의 사회학

Sociology of Laughter

토크쇼의 방청객들은
왜 모두 여자일까?

웃어라, 그러면 세상도 함께 웃어줄 것이다.
울어라, 그러면 너 혼자 울게 되리라.
– 엘라 휠러 윌콕스의 시 〈고독〉

1962년 동아프리카 탄자니아에서 이상한 사건이 발생했다. 기숙학교에 다니던 12~18세의 여학생들이 전염병에 걸린 것이다. 아프리카에서 전염병이 발병하는 것은 그다지 새로울 것도 없지만 이번엔 달랐다. 이 병의 증세는 '웃음을 참을 수 없다'는 것. 한번 터지기 시작한 웃음은 짧게는 몇 분에서 길게는 몇 시간 동안 그칠 줄 몰랐고 아무리 애를 써도 이 웃음을 막을 순 없었다.

더욱 황당무계한 것은 이 '병적 웃음pathological laughter'이 옆사람들에게도 전염된다는 사실이었다. 그해 1월 30일 세 명의 여학생에게서 처음 시작된 이 병은 순식간에 98명의 여학생들을 걷잡을 수 없는 웃음바다로 몰아넣었고, 증세는 더욱 심해져 두 달 반 만에 학교 문을 닫아야 하는 사태에 이르렀다. 집으로 돌아간 학생들은 본의 아니게 자신의 마을에 이 전염병을 퍼뜨리는 역할을 하게 됐고, 중앙아프리카에 있는 학교의 학생들까지 이 병에 걸려 그 후 2년 반 동안 무려 1천여 명의 사람들이 '웃음을 참지 못하는 병'을 앓게 됐다고 한다. 증세는 무려 6개월 동안 지속되는 경우도 있었다.

이 믿을 수 없는 사건의 원인은 과연 무엇이었을까? 물론 아직 밝혀진 바는 없다. 그러나 신경과학자들은 이 사건이 '웃음도 전염된다'는 우리의 일상적인 경험과 관련이 있을 것으로 보고 있다. 우리는 일상적인 대화에서 종종 다른 사람이 웃으면 나도 따라 웃게 되는 것을 경험한다.

TV 시트콤에서 재미있을 만한 장면에 '녹음된 웃음소리laugh track'를 삽입하는 것도 시청자들의 웃음을 유도하기 위해서다. 녹음된 웃음소리를 최초로 사용한 시트콤은 1950년 9월 9일 저녁 7시에 방송됐던 〈행크 맥쿤 쇼The Hank McCune Show〉(행크 맥쿤이라는 얼빠진 악동의 포복절도 대소동을 다룬 시트콤)로 알려져 있다. 그전까지 시트콤은 주로 방청객 앞에서 생방송으로 진행됐기 때문에 자연스럽게 웃음이 터져 나오고 간간이 박수갈채를 받기도 했는데, 이 시트콤의 경우 방청객 없이 녹화로 진행하게 되자 분위기가 썰렁할까 봐 '녹음된 웃음소리'를 넣게 됐다고 한다.

우리 뇌의 웃음 감지 영역

어떤 신경과학자들은 다른 사람이 웃으면 따라 웃게 되는 것은 우리의 뇌에 웃음소리에만 반응하는 웃음 감지 영역이 있기 때문이라고 주장한다. 그들은 청각 신호를 담당하는 뇌 영역 어딘가에 이러한 부

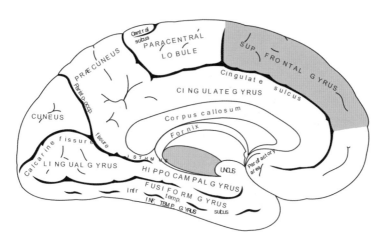

웃음을 유발하는 신경회로 '왼쪽 상전두회'.
이곳을 자극하면 웃으면서 웃음의 이유를 스스로 만들어낸다.

분이 있을 것으로 추정하면서, 다른 사람이 하품할 때 덩달아 하품하게 되는 것도 시각 영역 어딘가에 '하품하는 모습'에만 반응하는 뇌 영역이 존재하기 때문이라고 주장한다. 그들의 가설에 따르면, 다른 사람의 웃음소리를 들으면 나의 웃음 감지 영역이 흥분하게 되고, 이 신호는 웃음 발생 영역으로 전달돼 결국 나도 따라 웃게 된다는 것이다. 아직은 '믿거나 말거나'지만 말이다.

아닌게 아니라, 실제로 1998년 2월 인간의 뇌에 웃음을 유발하는 영역이 있다는 연구 결과가 〈네이처〉에 발표되어 화제가 됐다. A. K.라 불리는 16세 소녀(환자의 개인 정보 보호를 위해 학술논문에서는 환자 이름을 이니셜로 표기한다)는 간질 수술을 받기 위해 미국 캘리포니

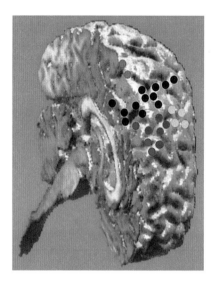

환자 A. K.의 뇌 MRI 이미지.
붉은색으로 표시된 영역을 자극하자
웃음 반응을 보였다.

자료 : Fried, I., Wilson, C., MacDonald, K.
et al. "Electric current stimulates laughter"
Nature 391, 650 (1998).

아주립대학 병원(로스앤젤레스 소재)에 입원했다. 이츠하크 프라이드 Itzhak Fried 박사와 그의 동료 신경외과 의사들은 간질 발작을 일으키는 부위를 찾기 위해 A. K.의 두개골을 연 후 대뇌피질에 전극을 부착해 미약한 전기 자극을 주었다. 흥미롭게도 89개의 전극 중 왼쪽 상전두회left superior frontal gyrus에 위치한 전극에 전류를 흘려 보내자 A. K.가 갑자기 웃기 시작했다. 전극을 삽입한 채 두개골을 봉합한 뒤 전기 자극 실험은 계속됐다. 그녀는 이 부분을 자극할 때마다 웃음을 참지 못했다. 이츠하크 프라이드 박사와 그의 동료들은 이 연구 결과를 〈네이처〉에 발표하면서 아마도 자신들이 A. K.의 '웃음을 유발하는 신경 회로'에 전기 자극을 가한 것 같다고 추측했다.

재미있는 점은 전기 자극을 기할 때마다 웃는 그녀에게 왜 웃느냐고 물으면 '뭔가 재미있는 생각이 떠올랐다'고 대답하는데, 구체적으로 말해달라고 하면 그제야 재미있는 생각을 만들어내곤 했다는 것이다. 전기 자극을 줄 때마다 '재미있는 생각'의 내용은 매번 달랐지만 실제로 그녀가 그 생각 때문에 웃은 것은 아니었다. 사람들은 보통 재미있는 생각이 떠오르면 웃지만 그녀는 웃고 나서 재미있는 생각을 만들어냈던 것이다.

미국 로체스터 의대 신경방사선과의 딘 시바타Dean K. Shibata 교수 연구팀은 2000년 11월 시카고에서 열린 미국방사선협회 연례 학회에서 fMRI(기능형 핵자기공명영상)를 이용해 뇌의 어느 부위가 웃음에 관여하는지 촬영했다고 발표했다. 연구팀은 열세 명의 피험자들에게 우스운 이야기나 만화를 보여줄 때, 그리고 다른 사람의 웃음소리를 녹음한 테이프를 들려주었을 때 뇌가 어떤 반응을 보이는지 fMRI로 촬영했다. 그 결과 웃을 때 오른쪽 이마 뒤쪽에 있는 뇌의 '전두엽 하단'이 활발하게 활동한다는 사실을 알아냈다. 실제로 뇌출혈 등으로 이 영역이 손상된 사람은 유머를 이해하고 웃는 능력을 잃어버렸다고 한다.

그들이 발견한 웃음 유발 중추는 이츠하크 프라이드 박사의 연구 결과와도 일맥상통하는 내용이었다. 그들의 연구 결과에서 공통적으로 웃음 유발 영역으로 지목된 전두엽은 사회적 행동이나 감정적 판단, 의사소통 등을 관장하는 영역으로서 고등동물일수록 발달한 영역이다. 시바타 박사에 따르면, 우울증 환자들은 전두엽 하단이 정상적으로 반응하지 않는다고 한다.

미국 캘리포니아 의대(샌프란시스코 소재)의 폴 에크먼Paul Ekman 박사는 입꼬리를 올리고 억지로 웃는 시늉을 하기만 해도 기분이 좋아질 수 있다는 것을 실험으로 보여주었다. 그가 주장하는 대로라면, 인위적으로 특정한 감정을 만들어내면 몸도 거기에 따른 생리적 변화를 보인다. 일례로, 슬픈 역할을 오랫동안 맡은 배우는 실제로도 우울증에 걸릴 위험이 높다고 한다. "세상에서 가장 심하게 고통받는 동물이 웃음을 발명했다"라는 니체의 말처럼 인간은 행복해서 웃는 것이 아니라 웃기 때문에 행복한 것이다.

웃음의 상호작용

위에서 본 바와 같이, 웃음을 생리학적 관점에서 연구하는 웃음생리학gelotology은 웃음을 유머나 간지럼, 혹은 재미있는 상황이나 행동에 대해 인간이 보여주는 즉각적이고 생리적인 반응으로 간주한다. 그러나 그것이 웃음의 모든 것을 설명해주진 못한다. 실제로 우리가 일주일 동안 웃는 횟수를 조사해보면 그중 유머나 재미있는 상황 때문에 웃음이 터지는 경우는 10~20퍼센트밖에 안 된다.

메릴랜드주립대학교 심리학과 및 신경과학과 교수인 로버트 프로빈Robert R. Provine(1943~2019)은《웃음, 그에 관한 과학적 탐구Laughter: A Scientific Investigation》(2000)라는 책을 출간해 학계뿐 아니라 대중들에게도 커다란 주목을 받았다. 이 책은 지금까지 나온 웃음에 관한 책 중에서 '가장 광범위한 주제들을 다루고 있으면서도 체계적이고 과학적인 접근이 돋보이는 책'으로 평가받고 있다. 로버트 프로빈 교수는 이 책에서 웃음은 그저 유머에 대한 생리적 반응이 아니라 인간관계를 돈독하게 해주는 사회적 신호라고 주장한다.

그가 이렇게 주장하는 데에는 몇 가지 근거가 있다. 그는 메릴랜드 주립대학교 광장과 근처 거리에서 웃고 떠드는 사람들 1200명의 대화 내용을 분석해 몇 가지 흥미로운 사실을 발견했다. 사람들이 농담이나 재미있는 이야기 때문에 웃는 경우는 10~20퍼센트에 불과하며, '그동안 어디 있었니?' 혹은 '만나서 반가워요' 같은 일상적인 대화를 나눌 때 가장 많이 웃는다는 것이다. 가장 큰 웃음이 터진 대화들을 분석해봐도 그다지 포복절도할 내용은 아니었다고 한다. 게다가 농담을 듣는 사람보다 농담을 하는 사람이 1.5배 이상 더 많이 웃는다는 사실도 발견했다. 결국 친밀감이나 호감을 느끼는 상대와 대화를 나누는 것 자체가 즐거워서 웃는 것이지, 농담을 주고받아야만 웃음이 넘치는 건 아니라는 얘기다.

그는 자신이 가르치는 심리학과 학생들에게도 흥미로운 실험을 했다. 재미있는 TV 프로그램이나 코미디 영화를 혼자 볼 때와 여럿이 볼 때 웃음의 빈도가 어떻게 달라지는지 알아보았다. 놀랍게도 혼자 있을 때보다 여럿이 함께 영화를 볼 때 무려 30배나 더 많은 웃음이 터져 나왔다. 혼자 있을 때는 재미있는 장면에서 그저 미소를 짓는 경

로버트 프로빈 교수는 사람들이 농담이나 재미있는 이야기 때문에
웃는 경우는 10~20퍼센트에 불과하며, 오히려 일상적인 대화를 나눌 때
가장 많이 웃는다는 것을 발견했다.

우가 많았으며 무의식중에 크게 웃다가도 이 웃음을 들어줄 사람이 주변에 없다는 사실을 인식하고 나면 이내 웃음이 입가에서 사라진다는 것이다.

웃음이 인간관계를 위한 사회적 신호라는 사실은 웃음의 성격이나 빈도가 이성과 함께 있느냐 혹은 동성 친구와 함께 있느냐에 따라 현격히 달라진다는 데서도 확인할 수 있다. 프로빈 교수는 남성과 여성이 대화를 나눌 때 여성이 남성보다 1.3배 더 많이 웃는다는 사실을 발견했다. 그는 이것을 '이성과 대화할 때 남성은 여성을 웃기려는 경향이 있으며, 따라서 여성이 더 많이 웃게 되는 것 같다'고 해석했다.

남성이 여성보다 남을 웃기려는 경향이 더 강하다는 사실은 프로빈 교수의 연구 결과뿐 아니라 다른 폭넓은 연구에서도 비슷하게 나타난다. 중·고등학교 수업 시간 때 아이들을 웃기거나 익살맞은 행동을 하는 학생은 주로 남학생이며, 남자 코미디언이 여자 코미디언보다 훨씬 많다는 사실도 이러한 경향의 간접적인 증거가 된다. 또 남성들은 '유머 감각이 있는 여자'보다는 '잘 웃는 여자' 혹은 '웃을 때 예쁜 여자'를 이상형으로 자주 꼽는 반면, 여성들은 '유머 감각이 있는 남자'를 선호한다는 것도 이것으로 설명할 수 있다. 프로빈 교수는 〈볼티모어 선Baltimore Sun〉을 비롯한 8개 신문(1996년 4월 28일자)에 실린 3745개의 '애인 구함' 광고를 분석해보았다. 그 결과 여성들의 62퍼센트가 '유머 감각이 있는 남자'를 원한다는 조건을 적어 넣었으며, 남성들은 자신이 유머 감각이 있다고 소개하는 경우가 많았다고 한다. 카를 그람마Karl Grammar 박사와 그의 동료들은 독일의 성인 남녀에게 미팅을 시켜준 다음 그들의 대화를 분석했는데, 여성들은 마음에 든다고 표시한 남자 앞에서 더 많이 웃었으며, 남성들은 자기가 한 이야기에 많이 웃어준 여성을 선호하는 경향이 있었다고 기술한 바 있다.

밴더빌트대학교 심리학과 조-앤 바코로프스키Jo-Anne Bachorowski 교수가 실행한 실험도 흥미롭다. 조-앤과 코넬대학에서 연구하는 그녀의 동료들은 남성과 여성이 웃음에 대해 어떻게 반응하며 웃음을 어떻게 이용하는지를 알아보기 위해 재미있는 실험을 했다. 우선 조-앤은 남녀 피험자에게 다양한 웃음소리를 들려준 뒤 호감도를 조사

혼자 있을 때보다 여럿이 함께 영화를 볼 때 큰 웃음이 더져 나온다.

했다. 조용하고 가벼운 웃음소리에서부터 발을 구르고 뒤로 넘어가는 박장대소까지 다양한 웃음소리를 들려준 후 이 중에서 사귀고 싶은 사람의 웃음소리는 어떤 것이냐고 물었다. 그 결과 노래를 하는 듯한 높은 톤의 여성 웃음소리는 모든 사람에게 큰 호감을 주었으며, 코를 킁킁거리면서 웃는 폭소나 지나치게 큰 소리로 웃는 것은 남녀 누구에게도 매력적이지 않았다. 웃음소리가 그 사람에 대한 호감도에 영향을 미친다는 사실은, 사람들이 의식하지는 못하지만 웃음소리를 통해 자신에 대한 호감도를 높이려고 노력할 수 있음을 시사한다.

웃음이 남녀 인간관계에 어떤 영향을 미치는지 좀 더 자세히 알아보기 위해 조-앤은 피험자들을 이성이나 동성 친구, 혹은 낯선 사람과 한 방에 들어가게 한 다음 로맨틱 코미디 영화 〈해리가 샐리를 만났을 때〉의 클라이맥스라고 할 수 있는 '맥 라이언이 레스토랑에서 거짓으로 오르가슴을 흉내 내는 장면'을 보여주었다. 과연 그들은 어떻게 웃었을까?

그 장면을 본 사람들은 모두 크게 웃었지만 누구와 함께 들어갔느냐에 따라 차이가 났다. 여자들은 같은 여자와 함께 영화를 볼 때보다 남자와 함께 볼 때 더 많이 웃었다. 재미있는 점은 여자들은 모르는 남자와 함께 영화를 볼 때 더 크게 웃는다는 것이었다. 반면 혼자 영화를 보거나 같은 여자들과 영화를 볼 때는 웃음소리가 점점 잦아들더라는 것이 조-앤의 관찰 결과다. 남자들은 여자들과 많이 달랐다. 남자들은 남자 동료들과 함께 있을 때 가장 크게 웃었으며, 여성과 함께 있거나 낯선 사람과 있을 때 웃음소리가 작았다.

조-앤과 그녀의 동료들은 이러한 결과를 어떻게 해석했을까? 그들은 웃음소리가 사회적 신호이며 남자와 여자가 인간관계를 대하는 방식이 다르듯 웃음을 이용하는 방식 또한 다르다고 설명했다. 남자들은 크게 웃거나 소리치는 모습이 그다지 매력적으로 보이지 않기 때문에 여자들 앞에서 자제하지만, 남자들 사이에선 커다란 웃음이 서로를 결속시켜주기 때문에 남자 동료들과 있을 때는 크게 웃는다. 웃음은 상대방에 대한 호감을 나타내면서 미소와는 달리 억지로 만들 수 없기 때문에 상대방으로 하여금 편안함과 함께 동지애를 유발할 수 있다고 한다. 반면 여자들은 자신의 웃음이 낯선 사람이나 남자와 함께 있을 때 방 안에 감도는 어색함이나 긴장감을 깨줄 수 있다는 것을 잘 알고 있다. 그래서 남자와 함께 있을 때, 특히 낯선 사람과 함께 있을 때 더 크게 웃는다. 다시 말해 이런 상황에서 여성의 웃음은 타인에 대한 배려라고 할 수 있다.

여기서 한 발짝 더 나아가, 조-앤은 남자와 여자가 이런 방식으로 웃음을 이용하게 된 것을 진화론적 관점에서 설명했다. 사냥이나 농사를 위해 공동체 생활을 해야만 했던 남자에겐 사회적 유대가 굉장히 중요한 것이 되었고, 그래서 동료 간 결속력을 강화하기 위해 친구들과 함께 있을 때 무의식적으로 크게 웃는다는 것이다. 반면 여성들은 육체적으로나 성적으로 위협이 될 수 있는 낯선 남성에게 긍정적인 감성을 심어주기 위한 무의식적인 반응을 보이도록 진화했다는 해석이다. 그러나 이러한 설명은 증명하기도 어려울뿐더러 정치적으로도 그리 올바른 내용은 아니므로 더 자세히 다루지는 않겠다.

웃음은 전염된다?

그렇다면 아직 답하지 않은, 이 글의 제목이 던지는 질문으로 돌아가보자. 토크쇼 방청객은 왜 모두 여자일까? 토크쇼에서 방청객의 역할은 시트콤의 '녹음된 웃음소리'처럼 초대 손님이 어설픈 농담을 하거나 썰렁한 개그를 할 때에도 웃어주는 것이다. 그들은 PD나 FD의 수신호에 맞춰 웃음과 박수, 때로는 비명과 야유를 적재적소에 내지르는 임무를 부여받는다. 물론 그 대가로 약간의 돈을 받는다.

방송국 PD들에 따르면, 여성 방청객들이 남성 방청객들과 함께 앉아 있으면 웃음소리가 60퍼센트 정도밖에 안 나온다고 한다. 그래서 토크쇼 방청석을 모두 여성으로 채운다고 한다. 조-앤의 연구대로 여성들의 웃음은 어색한 분위기를 바꿔주고 초대 손님의 긴장을 완화해주는 역할을 한다는 측면에서는 일리가 있는 얘기다. 그러나 여성 방청객이 남성 방청객들과 함께 있으면 웃음소리가 작아진다고? 그것도 낯선 남자들과 함께인데도? 그건 기존의 연구 결과와 크게 다르지 않은가?

도대체 왜 그럴까? 그것은 방청객의 웃음이 자연스러운 진짜 웃음이 아니라 맥 라이언의 오르가슴처럼 가짜이기 때문이다. 60퍼센트밖에 안 나온다는 바로 그 웃음소리가 사실은 진짜 웃음소리이며 그 웃음소리는 어쩌면 평소 그들이 집에서 웃을 때보다 더 큰 소리일지도 모른다. 그러나 방송 관계자들은 이에 만족하지 않고 더 큰 웃음을 얻기 위해 그들에게서 나머지 40퍼센트의 웃음소리를 돈 주고 산다. 방청객의 웃음소리는 '신호에 따라 터지고 대가가 지불되는 사회적 약속'이라는 점에서 '진짜' 사회적 신호다.

'웃음은 전염된다'는 가설을 이용해 시청자의 웃음을 유도하려는 방송국 PD들에게, 토크쇼 방청객의 억지 웃음소리와 어설픈 코미디에 삽입된 웃음소리 녹음을 계속 쓸 의향이 있는 PD들에게 한마디 조언을 드리고 싶다. '웃음이 전염된다'는 가설의 기본 가정은 농담이 재미있을 때 옆에 사람이 있으면 더 크게 웃는다는 의미이지, 재미없는 농담이라도 옆 사람이 웃으면 따라 웃는다는 얘기가 아니다. 전혀 안 웃긴데 옆 사람이 계속 웃으면 짜증나서 그를 때리거나 TV를 끌수도 있다. 우리는 방송을 즐기는 방청객과 함께 TV를 보고 싶다.

더 알아보기

기능형 핵자기공명영상법

산소와 결합한 헤모글로빈과 산소와 결합하지 않은 헤모글로빈이 서로 다른 전자기적 성실을 갖는 것을 이용해 산소를 필요로 하는 뇌의

'활동 영역'을 감지하는 뇌영상법.

웃음이 약이다?

웃음에 대한 생리학적 연구들이 밝혀낸 핵심 연구 결과는 한마디로 '웃음이 명약이다Laughter is the best medicine'라는 서양 속담으로 요약될 수 있다. 영화 〈패치 아담스〉에서 로빈 윌리엄스가 주장하듯이, 웃음은 15개의 안면 근육을 동시에 수축하게 하고 몸 속에 있는 650여 개의 근육 가운데 230여 개를 움직이게 만드는 '자연적인 운동'이며 몸의 저항력을 키워주는 명약이다. 1996년 미국 캘리포니아주 로마린다 의대 리 버크Lee Burke와 스탠리 탄Stanley Tan 교수팀은 성인 60명을 대상으로 편안한 상태에서의 혈액과 한 시간 동안 코미디 프로그램을 시청한 후의 혈액을 비교해보았다. 그랬더니 코미디 시청 후 세균에 저항할 수 있는 백혈구의 양이 증가하고, 면역 기능을 둔화시키고 스트레스 상황에서 분비되는 호르몬인 코르티솔cortisol의 양은 줄어들었다. 체내 독성 물질과 싸우는 면역 세포 중 하나인 자연살해세포natural killer cell의 활동 영역도 넓어졌다. 자주 웃는 사람이 질병에 대한 면역력이나 스트레스를 이겨내는 힘이 훨씬 강하다는 얘기다.

웃음과 수명의 관계

웃음이 명약이라고 해서 반드시 많이 웃는 사람이 더 오래 사는 것은 아니다. 한 과학적 분석에 따르면 결과는 그 반대다. 미국 캘리포니아

대학(리버사이드 소재) 심리학과 하워드 프리드먼Howard Friedman 교수
는 광범위한 표본 집단을 대상으로 실시한 조사에서 어렸을 때부터
긍정적인 사고를 하고 유머 감각을 가진 사람이 오히려 수명이 짧다
는 사실을 발견했다. 긍정적인 사고가 때론 '지나치게 작동해' 모험을
즐기는 일에 과감하게 만들기 때문이라는 것이다.

인간은 언제 웃을까?

이 문제에 대해 가장 널리 알려진 이론은 플라톤 이래 수많은 철학자
들이 주장한 '우월성 이론'이다. 사람들은 타인에게서 실수나 결점을
발견했을 때 혹은 뭔가 모자라는 듯한 행동을 보면 웃는다는 것이다.
토머스 홉스Thomas Hobbes는 그의 저서《리바이어던》(1651)에서 "웃음
의 감정은 타인의 약점을 자신의 약점과 비교해 우월감을 느꼈을 때
나타나는 갑작스러운 승리감에 지나지 않는다"라고 표현했다. 예를
들어 광대의 익살맞은 행동을 볼 때 우리가 터뜨리는 웃음에는 '나는
너보다 우월해'라는 잠재의식이 깔려 있다는 것이다. 개그맨 심형래
나 이창훈이 영구와 맹구 캐릭터로 사람들에게 웃음을 유도하는 방
법도 이것을 이용한 전략이다. 한편 '모순 이론'에 따르면 논리적으로
잘 연결되지 않거나 전혀 예상치 못한 상황이 벌어질 때도 사람들은
웃음을 터뜨린다고 한다. 19세기 영국 빅토리아 시대의 철학자 허버
트 스펜서Herbert Spencer는 "의식이 굉장한 일에서 사소한 일로 전이할
때 감정과 감각은 신체 운동을 일으킨다"라고 이를 표현했다. 〈개그

콘서트〉 같은 코미디 프로그램에 자주 등장하는 '뒤통수를 치는 반전'이 바로 이를 이용한 것이다. 예상외의 허탈한 결말이 웃음을 자아내는 개그가 인기를 끄는 것도 이 이론으로 설명할 수 있다.

아인슈타인의 뇌

Einstein's Brain

과학이라는 이름의 상식,
혹은 거짓말

과학은 그 자체로는 거짓말을 하는 법이 없다.
거짓말을 하는 것은 과학을 빙자한 인간들이다.
— 세르반테스

진시황이 북방 흉노족을 막기 위해 건설했다는 만리장성. 중국의 노동력과 중앙집권적 통치력을 한껏 과시하기 위해 건설된, 길이 6300킬로미터의 성벽인 만리장성을 설명할 때 늘 따라다니는 수식어가 있다. '달에서도 보이는 유일한 인공 건축물.' 만리장성의 웅장함을 설명하는 데 이보다 멋진 수식어는 없다.

그러나 실제로 달에서 만리장성은 보이지 않는다. 날씨에 상관없이. 나사NASA의 한 우주 비행사에 따르면, 누가 언제 이런 말을 만들어냈는지는 모르지만 이 말이 미국의 인기 퀴즈쇼 〈제퍼디Jeopardy!〉에 인용되면서 대중에게 널리 퍼지게 됐다고 한다. 그러나 달에 훨씬 못 미치는 거리에서도 지구상의 인공 건축물들은 전혀 보이지 않는다.

이처럼 우리 주변에는 종종 근거 없는 이야기들이 '과학'이라는 이름으로 상식처럼 받아들여질 때가 있다. 누가 시작했는지, 누가 발견했는지도 모른 채, 꼬리에 꼬리를 물고 퍼져 어느새 사실처럼 굳어버린 이야기들. 그런 이야기들이 모두 진실은 아니다.

과학 상식으로 꼽히는 이야기 중에서 만리장성만큼이나 엉뚱한 거짓말이 또 있다. 인간은 죽을 때까지 뇌의 10퍼센트도 채 못 쓰고 죽는다는 것. 아인슈타인도 자신의 뇌를 15퍼센트밖에 못 쓰고 죽었다는 얘기를 들어보았을 것이다. 두뇌 계발에는 끝이 없다는 이야기를 할 때 늘 따라붙는 예다. 두뇌 계발에 끝이 없는 것은 사실이겠지만, 아인슈타인이 자신의 뇌를 15퍼센트밖에 못 쓰고 죽었다는 것은 말도 안 되는 거짓말이다.

아인슈타인이 자신의 뇌를 15퍼센트밖에 못 쓰고 죽었다는 이야기가 어떻게 가능할 수 있을까? 이를 증명하려면 어떤 증거가 필요할까를 먼저 생각해보자. 만약 아인슈타인 사후에 뇌를 꺼내어 보았더니 한 번도 사용되지 않은 영역이 85퍼센트나 됐다면, 우리는 그렇게 말할 수도 있다. 그러나 사실은 전혀 그렇지 않다.

fMRI와 PET(양전자 단층 촬영) 같은 뇌 촬영 영상기술로, 우리는 두개골을 열지 않고도 뇌가 사고를 할 때 어느 영역이 얼마나 활동하는지 알 수 있게 됐다. 이들 영상기술에 따르면, 아주 단순한 사고 작용을 수행할 때도 뇌의 다양한 영역이 활발히 활동하며, 우리는 일상생활에서 항상 뇌 전체를 골고루 사용한다고 한다.

현대물리학에 거대한 족적을 남긴 이론물리학자 알베르트 아인슈타인.
광양자실, 브라운 운동 이론, 특수상대성이론, 일반상대성이론 등을 발표하며
물질과 시공간에 대한 기존의 이해를 바꾸어놓았다.

　물론 아인슈타인의 뇌도 예외는 아니다. 1955년 프린스턴대학 근처 자택에서 아인슈타인이 사망했을 때, 그의 뇌는 일반인들의 뇌와 어떻게 다른지에 대한 과학적 검토를 위해 병리학자인 토머스 하비Thomas Harvey(1912~2007) 박사의 손에 넘겨졌다. 하비 박사는 아인슈타인의 뇌를 보관하면서 그 해부학적인 구조를 관찰했다. 1995년 이후 하비 박사의 건강이 나빠지자 아인슈타인의 뇌는 캐나다 맥마스터대학 신경과학과의 샌드라 위틀슨Sandra Witelson 박사의 손에 넘겨졌고, 아인슈타인의 뇌에 대한 연구는 계속되었다.

　그들의 연구에 따르면, 아인슈타인의 뇌는 대체로 보통 사람의 뇌와 매우 유사하다고 한다. 다만 뇌의 위쪽 가운데 부분(두정엽parietal lobe)과 양쪽 옆부분(측두엽temporal lobe)을 가르는 실비안 주름Sylvian fissure이 보통 사람들에 비해 커서 하두정엽inferior parietal lobe이라 불리는 영역이 상대적으로 크다고 한다. 하지만 아인슈타인도 의심할 여지 없이 ― 우리와 마찬가지로 ― 평생 자신의 뇌를 한껏 사용하며 살았다.

　잠깐 짚고 넘어가자면, 신경과학자들은 이 논문에는 몇 가지 문제점이 있다고 말한다. 2001년까지 인간의 지적 능력general intelligence과 뇌의 크기를 비교한 논문으로는 8편이 학계에 보고되었다. 그들 논문에 따르면, 같은 종, 같은 성별 안에서 비교할 때 MRI로 촬영한 뇌의 크기(혹은 특정 부위의 크기)와 지능지수는 어느 정도 상관관계가 있다고 한다. 다시 말해 뇌가 크면 지능지수도 높은 경향이 있다는 것이

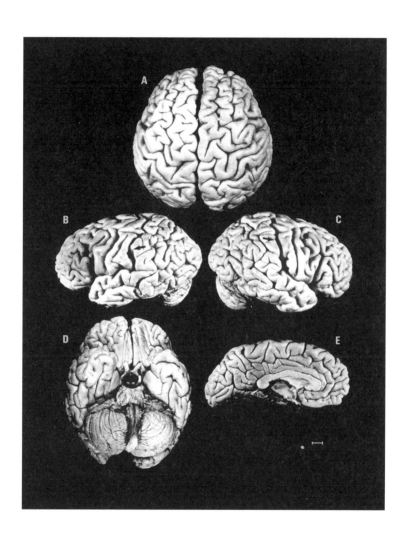

아인슈타인의 뇌.

자료: Sandra F Witelson, Debra L Kigar, Thomas Harvey, "The exceptional brain of Albert Einstein", *The Lancet* 353(9170): 2149–53 (1999).

다(절대 겉으로 본 머리의 크기가 아니다!). 다만 여성은 남성에 비해 뇌의 크기가 작으나 지능지수에는 별 차이가 없고 코끼리는 인간에 비해 뇌가 크지만 지능에선 인간을 따라오지 못하기 때문에, 종 간 혹은 성별 간 비교에선 뇌의 크기와 지능지수는 아무런 상관관계가 없었다. 그런데 샌드라 위틀슨 박사가 주장한 실비안 주름은 아직 학계에서 지능과 관련된 영역이라는 보고가 없다고 한다. 기존의 연구 결과와 일맥상통하지 않는다는 얘기다. 샌드라 위틀슨 박사는 실비안 주름이 위치한 영역이 시각적 이미지를 떠올리거나 3차원 물체를 지각하고, 수학적 직감을 다루는 곳이라고 주장하지만 아직 확증은 없다고 한다. 게다가 뇌의 보관 상태가 별로 좋지 않아 결과의 신빙성에도 심각한 문제점이 제기됐다. 이런 이유로 이 논문은 저널에 공식 발표되기까지 무려 다섯 번이나 다른 저널에서 거절당했다.

다시 본론으로 돌아와서, 만약 뇌의 90퍼센트를 도려낸 상태로도 정상적인 기능을 하며 살아갈 수 있다면 우리가 뇌를 10퍼센트밖에 사용하지 않는다고 말할 수도 있을 것이다. 그러나 신경과학자들의 연구에 따르면, 그것 역시 사실과 다르다. 뇌의 각 영역은 특정한 사고 기능을 담당하고 있으며 추론이나 창의력 같은 복잡한 사고 과정의 경우 각각의 영역들이 서로 정보를 주고받으면서 유기적으로 활동하기 때문에, 만약 뇌의 한 부분이라도 손상을 입게 된다면 우리는 정상적인 생활을 영위하지 못할 것임에 틀림없다. 지금도 정신병동에는 사고로 뇌를 다쳐 말을 잃었거나, 가족을 알아보지 못하거나, 논리적 사고를 하지 못하는 사람이 입원해 치료를 받고 있다.

아인슈타인의 뇌가 발휘할 수 있는 최대 성능을 측정할 수 있으며 아인슈타인의 업적이 그것의 약 15퍼센트 정도밖에 미치지 못했다면, 아인슈타인이 자신의 뇌를 15퍼센트밖에 사용하지 못했다고 말할 수도 있을 것이다. 그러나 뇌의 잠재력을 어떻게 측정할 수 있을까? 결국 아인슈타인이 뇌의 15퍼센트밖에 사용하지 않았다는 주장은 아무런 근거가 없는 낭설일 뿐이다.

보름달과 늑대 인간의 전설

아인슈타인의 뇌 이야기만큼 유명하지는 않지만, 서양에는 아주 오래된 전설이 있다. 달의 주기가 사람의 감정 상태를 조절한다는 것이다. 그래서 보름달이 뜨면 인간이 늑대로 변해 사람들을 공격한다는 '늑대 인간의 전설'이 아직도 심심치 않게 영화로 만들어진다. 우리나라에서도 〈전설의 고향〉 속 귀신들은 꼭 그믐달 밤에 나타난다. 이런 전설을 오늘날 누가 믿을까 싶지만, 의외로 서양에선 아직도 보름달이 불길한 존재로 여겨지고 있다.

달이 인간의 감정 상태를 조절한다는 전설에는 그럴듯한 과학적인 설명도 있다. 달의 인력이 조수간만의 차이를 만들어내듯 인체 내에서 호르몬의 변화biological tides, 생물학적 조수 변화를 야기한다는 것이다. 여성의 생리 주기가 양력보다 음력에 더 잘 맞는다는 사실은 이 이론을 뒷받침하는 증거로 빠지지 않고 인용된다.

실제로 1980년대 초, 달의 인력이 인체 호르몬에 미치는 영향을 조사한 과학자가 있었다. 늑대 인간의 진설이 영화 속 이야기만은 아니라는 사실을 역설적으로 말해주는 것이다. 미국의 아널드 리버Arnold Lieber 박사는 자신의 책에서 '생물학적 조수 변화'라는 가설을 처음으로 주장했다. 그의 가설에 따르면, 75퍼센트가 물로 이루어진 인간의 신체 역시 바다와 마찬가지로 달의 인력으로부터 자유로울 수 없다는 것이다. 그래서 달의 인력과 태양의 인력이 최고조에 달하는 보름달과 그믐달이 뜨는 날이 되면 심리적 안정을 잃고 정신병적 상태가 될 수 있다는 것이다. 덧붙여 그는 10년간 마이애미와 클리블랜드 지역에서 수집한 통계 자료를 분석한 결과, 보름달이나 그믐달이 떴을 때 살인 사건이 일어나는 빈도가 가장 높았다고 밝혔다.

1985년 클리블랜드에 있는 케이스웨스턴리저브대학의 천문학자 니컬러스 샌덜럭Nicholas Sanduleak(1933~1990)은 리버 박사의 책을 읽고 즉각 그의 가설을 검증해보기로 마음먹었다. 1971년부터 1981년까지 클리블랜드에서 발생한 살인 사건에 관한 정부의 통계 자료를 면밀히 조사해본 결과, 10년 동안 3370건의 살인 사건이 발생했지만 달의 주기와는 아무런 상관관계가 없다는 사실을 알아냈다. 그는 "살인 사건이 일어나는 빈도수는 어떤 규칙성을 찾을 수 없을 만큼 무작위적이었다"라고 미국의 과학 잡지 〈스켑티컬 인콰이어러Skeptical Inquirer〉(UFO, 외세인, 소능력 등 초과학적인 이야기들의 허구성을 기존의 과학으로 신랄하게 비판하는 미국의 과학 잡지)에 발표했다. 대신 그는 살인 사건이 술을 마실 일이 잦은 주말에 상대적으로 많았다는 결과를 제시하면서, 술과 살인 사건이 어느 정도 상관관계가 있음을 지적했다. 그로부터 얼마 후 리버 박사의 통계 자료에 문제가 있다는 사실이 다른 연구자에 의해 폭로되면서 이 연구는 일단락되었다.

이처럼 우리 주위에는 근거 없는 과학 이야기들이 많다. 과학의 탈을 쓰고 우리 앞에 찾아온 이야기는 그럴듯해 보여서 쉽게 우리 근처에 머문다. 우리에게 필요한 것은 과학 지식이 아니라 논리적이고 합리적으로 생각하는 능력이 아닐까 싶다.

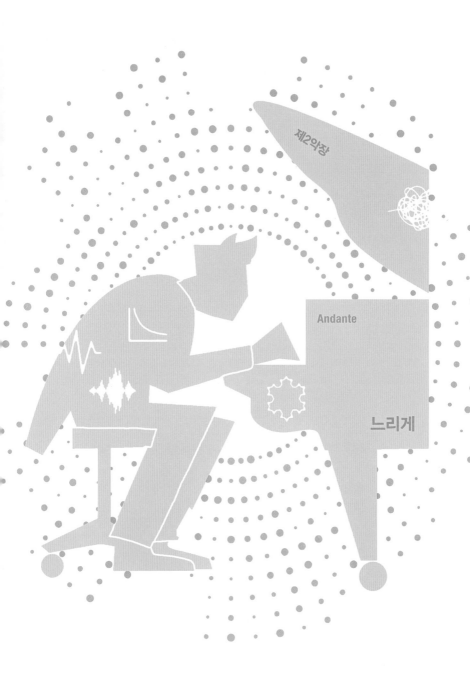

제2악장

Andante

느리게

잭슨 폴록
Jackson Pollock

캔버스에서 카오스를 발견한
현대 미술가

미국의 현대 미술가 잭슨 폴록Jackson Pollock(1912~1956)은 흔히 미술계의 제임스 딘으로 불린다. 1940년대 후반 그는 바닥에 펼친 캔버스에 물감을 뿌리고 흘리고 붓는, 이른바 드립 페인팅drip painting으로 작품을 제작해 서양 회화사에 일대 혁신을 가져온 미술가다. 당시 2차 세계대전이 남긴 상처는 이성에 대한 신뢰를 바탕으로 한 자로 잰 듯한 기하학적 추상 대신, 감성과 무의식에 기댄 폴록의 액션 페인팅action painting에 미술가들을 열광하게 만들었다. 입체파나 야수파, 기하학적 추상 등 어지간한 '추상'에 익숙해진 유럽 관객들에게도 바닥에 캔버스를 깔아놓고 붓도 대지 않은 채 물감통에 구멍을 뚫어 물감을 흘려 그린 그림은 그야말로 충격이었다. 그의 독특한 작업 방식이 대중매체를 통해 널리 소개되면서 폴록은 대중적 관심과 인기를 한 몸에 받았다.

잭슨 폴록이 제임스 딘에 비유되는 데에는 그의 괴팍스럽고 반항적인 행동과 비극적인 삶도 한몫을 차지한다. 평생에 걸친 음주와 일련의 반사회적 행동으로 감옥과 정신병원을 번갈아 드나들었던 그는 광폭한 영혼의 소유자였다. 현대 미술가의 후원자였던 페기 구겐하임의 벽난로에 소변을 본다던가, 만찬 식탁을 뒤엎는다던가, 바에서 패싸움을 벌인 일 등으로 그는 늘 구설수에 올랐다. 1956년 8월 11일, 친구들과 술을 마신 뒤 과속으로 운전하다 자동차 전복 사고로 생을 마감했을 때 그의 나이는 44세. 알코올 중독자이면서 정신분열증 환자 그리고 신비주의자였던 그는 '미술계의 제임스 딘' 혹은 '도발적이고 반항적인 전위 미술가'의 상징으로 대중에게 인식되었다.

폴록과 드 쿠닝의 추상표현주의abstract expressionism는 역사상 처음으로 전 세계를 평정한 미술사조였다. 20세기 들어 인상파, 야수파 등이 큰 인기를 누렸으나 그것은 유럽인들의 유행이었다. 뉴욕에서 출발한 추상표현주의는 대서양을 건너 유럽을 휩쓸었고 남미와 아시아에까지 영향을 미쳤다. 문화 수신자였던 미국을 단번에 문화 발신자로 변신시킨 주역이면서 서양 미술의 중심을 구대륙에서 신대륙으로 옮기는 단초를 마련한 것이 바로 추상표현주의였다. 폴록에 의해 시작된 세계 미술의 중심축 이동은 1960년대 미국의 전위 미술가 로버트 라우셴버그가 베니스 비엔날레에서 마침내 대상을 수상하면서 완결됐다고 미술평론가들은 말한다. 여기에는 잭슨 폴록에 대한 CIA의 배후 지원설이 끊이지 않을 정도로 미국 정부의 후원이 있었음은 물론이다.

잭슨 폴록, 〈One: Number 31〉, 1950, MoMA.

잭슨 폴록과 '카오스' ———

그리나 폴록은 당시 비평가들로부터 환대를 받지는 못했다. '그린다'라는 회화의 고전적 임무를 내팽개친 채 우연성을 강조한 그의 작업 방식은 대중적 관심을 끌기 위한 제스처로 끊임없이 의심받았다. 다른 한편으로는 화가의 무의식과 감성에만 몰두하느라 대상을 화면에서 완전히 지워버림으로써 일반인과 미술 사이의 거리를 그만큼 벌려놓았다는 비판도 늘 따라다녔다.

　그중에서도 가장 끔찍한 비유는 한 미술 대중 잡지에 소개된 '잭 더 드리퍼Jack The Dripper'라는 표현이다. '물감을 질질 흘리는 잭슨'쯤으로 해석되는 이 표현은 19세기 영국의 전설적인 살인마 '잭 더 리퍼Jack The Ripper'에서 따온 말이다. 매춘부만 골라 사지를 찢어 죽여 한동안 런던의 사창가를 꽁꽁 얼어붙게 했으나 끝내 잡히지 않은 연쇄 살인범이다. 19세기의 잭이 사람들을 잔인하게 죽였다면 총을 쏘듯 캔버스에 물감을 난사했던 20세기 '서부의 붓잡이' 잭은 '현대 회화'를 죽음으로 몰아넣었다는 것이다.

　1950년 11월 20일자 〈타임〉에는 "빌어먹을 카오스Chaos, damn it!"라는 제목으로 잭슨의 작품에 대한 혹독한 비평 기사가 실렸다. 잭슨의 뿌리기 기법은 완전히 무의미한 혼돈의 극치, 다시 말해 '카오스 그 자체'라는 내용이었다. 평소 평론가들의 냉정한 비판에도 아랑곳하지 않던 폴록은 다음 달 11일자 같은 잡지에 "No chaos, damnit!"이

그림을 그리고 있는 잭슨 폴록.

라는 제목으로 반박의 글을 썼다.

　두 글을 읽어보지 않더라도, 이들 제목을 장식하고 있는 '카오스'라는 단어가 얼마나 부정적인 의미로 사용되고 있는지 쉽게 짐작할 것이다. 이들에게 카오스는 '어떠한 질서나 잘 짜인 구도도 없이 그저 혼란스럽고 뒤죽박죽 엉킨 상태'를 의미했다. 그렇다면 정말 그의 작품은 그저 '카오스'에 지나지 않았을까?

　폴록이 사망한 지 40년이 지나 현대 물리학자들은 최신 물리학 이론으로 그의 작품을 새롭게 조명하기 시작했다. 그들에 따르면, 폴록의 작품이 '카오스'인 것은 사실이지만 여기서 '카오스'란 일반적으로 사용되는 사전적 의미로서의 카오스가 아니다. 모든 자연 현상에 본질적으로 내재된 특징 중 하나인 '카오스와 프랙털fractal'이 놀랍도록 정교하게 반영된 작품이라는 것이다.

17세기 영국의 물리학자 뉴턴이 발견한 만유인력 법칙에 의해 사과나무에서 사과가 떨어지는 것과 달이 지구를 도는 원리를 하나로 설명할 수 있다는 사실을 깨닫게 됐을 때, 물리학자들은 이 거대한 우주가 역학적인 법칙에 의해 정교하게 돌아가는 거대한 '톱니바퀴'와 같다고 생각했다. 우리가 그 법칙들을 모두 이해하게 된다면 먼 미래에 일어날 일들을 정확히 예측할 수 있다고 믿었다. 더 나아가 우주를 지배하는 법칙들을 찾아내는 것도 시간문제라고 낙관했다. 우리가 발을 딛고 있는 이 우주를 결정론적인 시스템deterministic system으로 여

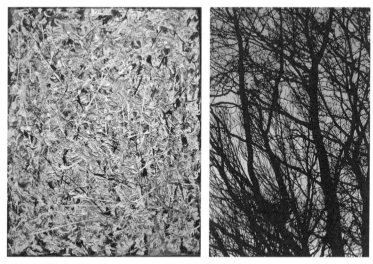

자연에서 잭슨 폴록의 작품과 유사한 형태를 찾아보기란 어렵지 않다.
(좌) 잭슨 폴록, 〈White Light〉, 1954, MoMA.

졌던 것이다.

　그러나 18세기가 넘어가면서 절대적인 자연의 법칙으로부터 벗어나 있는 시스템들을 하나씩 발견하게 되었다. 대표적인 예가 바로 주사위 던지기다. 주사위를 던졌을 때 어떤 숫자가 나올지는 아무도 예측할 수 없다. 나오는 숫자는 그전에 어떤 숫자가 나왔는가와도 아무런 연관성이 없으며, 일정한 패턴이 존재하는 것도 아니다. 전문 도박꾼들의 전폭적인 후원으로 주사위 던지기와 카드패 섞기를 연구했던 일련의 수학자들은 너무 많은 변수들이 관여하는 시스템(이런 시스템을 랜덤 시스템random system, 즉 무작위 시스템이라 부른다)의 경우에는 그 법칙을 이해하는 것이 불가능하며, 미래에 일어날 사건은 단지 확률적으로 기술될 수밖에 없다는 사실을 알아냈다. 던져진 주사위는 만유인력 법칙의 지배를 받지만, 주사위를 던지는 도박사의 손놀림에서부터 바닥에 부딪쳐 회전하는 주사위의 움직임까지 그 모든 것을 정확하게 기술하기 위해서는 거의 무한대에 가까운 변수들이 필요하다. 이 경우 정확한 예측은 불가능하며, 다음에 나올 숫자는 그저 6분의 1이라는 확률로 예측될 수밖에 없다는 것이다.

　20세기 중엽 과학자들은 이전의 과학자들이 미처 발견하지 못한 새로운 시스템을 발견하게 된다. 기상학자 에드워드 로렌츠Edward Lorenz(1917~2008)는 날씨를 예측하기 위해, 위치에 따른 압력과 온도와의 관계를 나타내는 살츠만 방정식(나비에-스토크스 방정식의 변형)에 변수 값을 넣은 후 결과를 기다리고 있었다. 그런데 흥미로운 부분이 있어서 프로그램을 다시 돌려보았더니 처음 결과와 전혀 다른 값들이 나오는 것이 아닌가! 그는 다시 계산할 때 결과를 빨리 얻기 위해 소수점 몇 자리를 대충 반올림한 후 변수 값으로 대입했는데, 그것이 전혀 다른 결과를 만들어낸 것이다. 소수점 이하 몇 사리는 거의 영향을 주지 않을 거라 믿었던 로렌츠는 살츠만 방정식의 비선형 항들이 소수점 이하의 작은 차이들을 제곱 혹은 세제곱으로 증폭시킨다는 사실을 알아냈다.

그 후 물리학자들은 '초기 조건의 민감성'이라는 비선형 방정식의 특성이 얼마나 복잡하고 다양한 양상을 가져올 수 있는지 증명했다. 그들은 미분 방정식으로 기술될 만큼 정교한 법칙의 지배를 받는 시스템이라 하더라도, 그 방정식에 비선형 항이 포함돼 있으면 초기 조건에 민감해 장기 예측이 전혀 불가능하다는 것을 알았다. 우리 눈에는 확률로 기술해야 할 만큼 복잡하고 '무작위'적으로 보이지만, 사실은 몇 개의 간단한 비선형 방정식으로 기술될 수 있는 이 시스템을 물리학자들은 카오스 시스템chaotic system이라고 불렀다. 시스템을 지배하는 법칙이 존재하고 그것을 통해 미래에 일어날 일을 충분히 예측할 수 있는 '결정론적 시스템'과, 법칙이 존재하지 않아—실제로는 무한개의 법칙이 지배하여—통계와 확률로밖에 기술할 수 없는 '무작위적인 시스템' 사이에, 법칙이 존재하긴 하지만 초기 조건에 너무 민감해서 정확한 예측이 불가능한 카오스 시스템이 존재한다는 것을 알아낸 것이다.

1980년대에는 우리가 그 양상이 너무 복잡해서 법칙이 없다고 간주했던 기존의 시스템에 사실은 법칙이 존재한다는 논문이 여러 분야에서 하루에도 몇 편씩 쏟아져 나왔다. 덕분에 우리는 규칙적인 운동을 하는 것처럼 보이는 심장도 사실은 불규칙적이고 카오스적인 양상을 보이며('심장의 생리학' 참조) 건강한 심장일수록 더 카오스적이라는 사실을 알아냈다. 또 하루에도 몇 번씩 오르락내리락하는 주식 시세도 마구잡이로 변하는 것처럼 보이지만, 사실은 그 안에 법칙이 존재한다는 사실을 발견했다('금융공학' 참조). 일기 예보는 수십 년씩 계속 해오던 터라 이제는 잘 맞힐 만도 한데 왜 번번이 틀리는지, 그리고 내일 날씨는 잘 알아맞히면서 일주일 후 일기 예보는 왜 그렇게 틀리는지도 이해하게 됐다.

잭슨 폴록의 드립 페인팅은 물리학자들에겐 잘 알려진 고전적인 시스템이었다. 그는 헛간 바닥에 커다란 캔버스를 깔고 천장에는 길이가 1~2미터 정도 되는 줄로 물감통을 매달았다. 물감통 바닥에 구멍을 뚫어 물감이 흘러내리게 한 다음, 손이나 어깨 혹은 몸으로 물감통을 이리저리 치면서 물감통의 운동을 조절했다. 그러면 물감통에서 흘러내린 물감들이 캔버스에 알 수 없는 궤적들을 그리게 된다. 그는 추의 주기 운동에 몸으로 충격을 가하는 방식으로 그림을 그렸던 것이다. 무의식적 몸놀림과 물감통의 흔들림이 빚어내는 그 궤적들 속에서 그는 '무의식이 발현된 창조적 이미지'를 찾아내길 희망했을 것이다.

형태를 알 수 없는 그림에 숨겨진 패턴 ——

한편 물리학자 로비트 쇼Robert Shaw는 수도꼭지에서 똑똑 떨어지는 물방울의 시간 간격이 카오스적이라는 사실을 알아냈다. 그의 유명한 책《카오스 모델 시스템으로서의 수도꼭지 물 흐름The Dripping Faucet as a Model Chaotic System》(1984)에 이 실험 내용이 담겨 있다. 수도꼭지를 꽉 조인 상태에서 조금씩 풀면 물방울이 떨어지기 시작한다. 처음에는 시간 간격도 길고 규칙적인 양상을 보이지만, 수도꼭지를 좀 더 풀면 시간 간격이 줄어들면서 불규칙적으로 변한다. 그러다가 꼭지가 완전히 열리면 물방울들의 간격이 사라지면서 물줄기가 되어 나온다. 물방울이 떨어지는 운동은 물방울을 아래로 잡아당기는 중력과 계속 수도꼭지 끝에 붙어 있으려는 물방울의 점성에 의해 결정된다. 로버트 쇼에 따르면, 물방울이 떨어지는 시간 간격의 흐름은 굉장히 불규칙해 보이지만, 사실은 그 안에 비선형 방정식으로 표현되는 간단한 법칙이 존재한다는 것이다.

오스트레일리아 뉴사우스웨일스대학교 연구원을 지낸 리처드 테일러Richard Taylor 박사와 그의 동료들은 이 실험에서 힌트를 얻어 폴록의 그림이 '처음도 끝도 없는 무작위 패턴'인지 아니면 '카오스적인 패턴'인지 계산해보기로 했다(오스트레일리아는 폴록의 그림 중 가장 뛰어나다는 평을 듣는 〈Blue Poles: Number 11〉을 현대 미술 사상 최고가인 200만 달러에 영구 대여해 전시하고 있다). 그들은 폴록의 그림을 컴퓨터

파일로 옮긴 후 그 안에 프랙털적 특성이 있는지 알아보았다. 카오스 시스템이 공간적인 분포를 이룰 때 보이는 가장 중요한 특징이 바로 '프랙털' 특성이기 때문이다.

예일대학교 수학과 석좌 명예교수였던 브누아 망델브로Benoît Mandelbrot(1924~2010)가 IBM에 재직할 때 만들어낸 프랙털이라는 말은 자연에 존재하는 패턴들을 이해하는 데 가장 중요한 단어로 여겨진다. 우리 주변을 둘러싸고 있는 자연의 패턴들, 예를 들면 인간의 지문이나 해안선의 모양, 숲에 나뭇가지가 뻗어 있는 모양, 조개껍데기의 아름다운 무늬 등은 일견 아주 복잡해 보이지만 나름의 규칙성을 가지고 있음을 알 수 있다. 한 귀퉁이를 떼어내어 보더라도 전체 구조와 비슷한 구조를 하고 있기 때문이다. 예를 들어 지도를 조금씩 확대해가면서 해안선을 관찰해보자. 구불구불한 해안선이 보일 것이다. 그중 한 부분을 확대해 들여다보자. 해안선의 굴곡이 드러나면서 좀 더 구불구불한 해안선의 윤곽이 드러날 것이다. 큰 스케일에서 봤을 때 그저 직선이던 해안선도 더 자세히 들여다보면, 그 안에는 미세하게 구불구불한 곡선이 전체와 비슷한 모양으로 존재한다는 것을 알 수 있다. 현미경으로 들여다보아도 모래알 분자 수준에서 이러한 특성을 관찰할 수 있을 것이다. 아무리 작은 스케일에서 들여다보더라도 미세한 부분들이 전체 구조와 유사한 구조를 무한히 되풀이하는 양상(이것을 자기 유사성self-similarity이라고 부른다)은 자연의 패턴들이 보여주는 가장 중요한 특징 중 하나다. 망델브로는 이것을 프랙털이라고 불렀다.

　자기 유사성 구조를 갖는 패턴들은 단순히 1차원의 선이나 2차원의 면으로 구성되지 않고, 그 중간인 '소수점 차원'의 기하학적 구조를 가진다. 유한한 공간인 육지를 감싸면서 구불구불한 내부 구조를 무한히 가진, 길이가 무한대인 해안선을 어떻게 1차원이라 부를 수 있을까! 자기 유사성을 끊임없이 이루면서 3차원 숲을 채워가는 나뭇가지들의 패턴은 아마도 2차원과 3차원 중간 어디쯤에 존재한다고 어렴풋이 짐작할 수 있다.

　리처드 테일러는 먼저 컴퓨터로 스캔한 폴록의 그림을 유심히 관찰했다. 폴록의 그림에는 두 가지 요소가 변수로 작용하고 있었는데, 하나는 폴록이 자신의 몸으로 물감통을 치는 행위이고, 다른 하나는 물감이 통에서 흘러내리는 운동이다. 이 두 가지 운동은 서로 다른 스케일로 그림의 궤적에 영향을 미쳤다. 그의 몸이 만들어내는 궤적은 움직임이 컸기 때문에 5센티미터와 2.5미터 사이에서 긴 궤적들을 만들어내는 반면, 물감이 떨어지는 운동은 1밀리미터와 5센티미터 사이의 궤적들을 만들어냈다. 테일러는 이 두 스케일을 구분해서 그림의 차원을 계산해보았다. 박스카운팅box-counting이라는 고전적인 방법으로 계산된 폴록의 그림은 작은 스케일에서는 1.1~1.3의 차원을 만들어내는 한편, 큰 스케일에서는 2와 3 사이의 차원을 가지고 있었다. 그는 이것을 통해 폴록이 처음에 굵은 궤적으로 전체적인 밑그림을 그린 후, 수많은 자기 유사성 구조의 궤적을 통해 그림을 정교하고 섬세하게 다듬어갔다고 주장했다. 폴록의 그림은 우연한 결과가 아니라 자기 유사성을 직관적으로 이해한 화가의 세밀한 계획에 따라 만들어진 작품이라는 것이다. 형태를 알 수 없는 그의 그림에는 물감의 점성과 흔들리는 물감통의 속도, 물감을 떨어뜨리는 각도와 높이 등이 만들어낸 정교한 자연의 패턴이 들어 있었던 것이다.

더욱 재미있는 것은 ─〈네이처〉에 발표된 그들의 논문에 따르면 ─시간이 흐를수록 폴록의 작품들의 차원이 꾸준히 증가한다는 것이다. 〈Untitled: Composition with Pouring II〉(1943)의 경우에는 한 겹의 궤적이 0.35제곱미터의 캔버스를 약 20퍼센트 정도만 채우면서 1에 가까운 차원을 가지고 있는 데 반해, 〈Number 14〉(1948)는 1.45의 차원, 〈Autumn Rhythm: Number 30〉(1950)은 1.67의 차원을 가지고 있다. 〈Blue Poles: Number 11〉(1952)은 여러 겹의 궤적들이 9.96제곱미터의 캔버스를 90퍼센트 가까이 채우며 1.72의 차원을 가지고 있다.

그림이 만든 리듬

미술 평론가들에 따르면, 1945년 화가 리 크레이스너와 결혼해 롱아일랜드 스프링스로 이주한 폴록은 헛간을 개조한 작업실에서 그 유명한 뿌리기 회화를 제작하기 시작했다고 한다. 그가 처음 뿌리기 기법을 접한 것은 1930년대 말 시퀘이로스의 실험 공방에서였다. 이후 뿌리기 기법이 실험적 의미를 넘어 무의식적 이미지를 이끌어내는 형식 언어로서의 의미를 부여받게 된 것은 2차 세계대전 때 뉴욕에 망명 중이던 초현실주의자들과 만나 '무의식의 흐름에 의한 자동기술법psychic automatism'에 한껏 매료되면서부터였냈고 한다.

처음에 폴록은 그린 이미지를 붓으로 다듬거나 기존의 이미지를 제거하기 위해 물감을 흘리는 방법을 썼다. 그러다가 점차 막대기나 붓으로 또는 아예 물감통을 이용해서 뿌리는 기법을 전면적으로 구사하기 시작했다. 그는 화폭을 바닥에 깔고 그 위에 격렬한 액션이 가는 대로 물감을 흩뿌림으로써 데생과 채색이 하나로 융합된 세계를 만들었고, 그런 다음 화폭을 잘라내고 틀에 끼움으로써 순수한 회화면이 화면 전체를 뒤덮는 강렬한 인상을 연출했다. 이 시기의 대표적인 작품들이 바로 〈Number 14〉, 〈Number 32〉(1950), 〈One: Number 31〉(1950), 〈Autumn Rhythm: Number 30〉, 〈Blue Poles: Number 11〉 등이다.

신화와 상징, 그리고 1930년대 아메리카 원주민의 전통 미술에 내포된 영혼성에 큰 감명을 받았으며, 또한 알코올 중독을 치료하기 위해 시작한 구스타프 융의 정신분석 기법에서도 영향을 받은 폴록은 점점 더 폭력적인 작품을 그리기 시작했다고 당시 미술 평론가들은 기술하고 있다. 그의 붓놀림이 더욱 강렬해지고 폭발적이 되어감에 따라 그림에서 형태가 사라지고 추상의 세계로 점점 침잠해 들어갔다고 폴록의 동료들은 술회한다. 프랙털 차원이 증폭되던 기간이

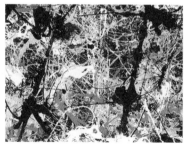

(왼쪽) 잭슨 폴록, 〈Blue Poles: Number 11〉(부분), 1952, National Gallery of Australia. (오른쪽) 폴록의 화풍을 따라 한 학생들의 모작. 패턴 분석 결과 학생들의 작품에서는 프랙털 패턴이 나타나지 않았다. 테일러 박사는 "폴록의 프랙털 패턴은 우연의 산물이 아니라 작가의 고유한 특징이자 기술"이라고 설명했다.

자료: Taylor, R. "Personal reflections on Jackson Pollock's fractal paintings", *História, Ciências, Saúde-Manguinhos*, v. 13 (supplement), October 2006, p. 108-23.

었다.

테일러 박사는 여기에서 한 걸음 더 나아가 컴퓨터 시뮬레이션을 통해 가상의 물감통을 매달아 그림을 그렸다. 아주 복잡하지만 규칙적인 패턴을 가진 그림과 프랙털 구조를 갖는 카오스 패턴의 그림을 만든 후 사람들에게 어떤 그림이 더 마음에 드는지visually appealing를 물었다. 그랬더니 120명 중에서 113명이 카오스 패턴의 그림이 더 마음에 든다고 대답했다. 더욱 재미있는 것은 카오스 패턴의 그림이 얼핏 보기에는 마치 폴록의 그림 같았다는 사실이다. 폴록의 그림은 실타래처럼 혼란스럽게 얽혀 있는 것처럼 보이지만, 적당히 얽혀 있어 나름의 질서를 가진 카오스 구조이기 때문에 우리에게 아름답고 신비하게 느껴졌던 것이다.

대중매체에 소개된 그의 작업 방식이나 평론가들의 설명대로, 그가 정말 자신의 몸짓과 물감통의 반복 운동이 만들어낸 궤적들을 통해 '무의식의 세계'를 캔버스 위에 드러내려 했는지는 알 수 없다. 다만 캔버스의 한계를 넘어, 그리는 '과정' 혹은 그리는 '행위'를 중시하는 퍼포먼스의 길을 제시했다는 평론가들의 지적은 설득력이 있다. 폴록은 지시성이나 방향성을 갖는 형상을 거부하고 우연성이 빚어낸 패턴에 주목했지만, 그의 3차원 몸놀림이 만들어낸 2차원 궤적에는 자연의 가장 중요한 특성인 카오스와 프랙털이 지문처럼 찍혀 있다. 그는 풍경화를 그리지는 않았지만, 거미줄처럼 엉킨 그의 그림 안에는 자연이 통째로 들어 있는 것이다.

폴록이 사망한 후 수십 년 동안 많은 화가들이 새로운 화법을 개발하려고 시도했다. 물감이 담긴 주머니를 총으로 쏘아 캔버스 위로 흘러내리게 하는가 하면, 모종삽으로 물감을 떠서 몇 센티미터 두께로 캔버스 위에 쌓아올리거나, 캔버스를 난도질하기도 했다. 모델의 알몸에 물감을 칠한 뒤 바닥에 펴놓은 캔버스 위에서 몸부림치게 하기도 했다. 무대에서 사람의 신체 일부를 칼로 벤 후 그 피로 그림을 찍어내는 론 애시Ron Athey의 행위예술까지 갖가지 기발한 화법이 지금도 난무하고 있다. 그러나 어느 누구도 폴록만큼 영향력을 발휘하지는 못했다. 그들은 폴록의 제스처에 주목했지만, 그의 그림에서 들리는 '자연의 리듬'에는 그다지 주목하지 않았던 것 같다.

액션 페인팅

2차 세계대전 이후 미국 화단에서 일어난 가장 중요하고 영향력 있는 회화 양식. 전쟁 전의 기하학적인 추상과 대비를 이루며, 형식적으로는 추상적이나 내용적으로는 표현주의적이라는 의미에서 '추상표현주의'라는 명칭이 붙었다. 이 말은 1940년대에 〈뉴요커〉의 기자 로버트 코츠가 잭슨 폴록과 드 쿠닝의 작품에 사용하면서 일반화되었다고 한다. 이 경향의 화가들은 캔버스 속에 들어가 물감을 떨어뜨리는 기법을 사용하면서 회화가 '그린다고 하는 순수한 행위'로까지 환원되는 것을 주장했기 때문에, 비평가인 해럴드 로젠버그가 '액션 페인팅'이라고 명명하면서 세계적으로 통용되기에 이르렀다. 폴록, 바넷 뉴먼, 마크 로스코, 클리퍼드 스틸 등이 전형적인 액션 페인팅 작가이며, 한스 호프만, 드 쿠닝, 프란츠 클라인 등은 형태성을 갖고 있긴 하지만 일반적으로는 액션 페인팅 작가로 분류된다.

아프리카 문화

African Fractals

서태지의 머리에는
프랙털이 산다

세상에는 우월한 문화도 열등한 문화도 없다.
다만 생존하기 위해 적응한 다양한 문화가 있을 뿐이다.
– 클로드 레비–스트로스, 인류학자

음반을 발표할 때마다 새로운 음악적 시도와 파격적인 스타일로 가요계의 변화를 주도했던 서태지가 지난 2000년 가을 새 앨범으로 우리 앞에 다시 나타났다. 〈울트라맨이야〉를 타이틀곡으로 한 새 앨범 재킷의 색깔은 빨간색. 파괴적인 사운드와 폭발적인 에너지, 기성세대에 대한 분노 등 '록의 정신'을 담기에 이보다 더 좋은 색은 없다. 탱크를 뒤로한 채 벌어진 컴백 무대에 나타난 그의 헤어스타일 역시 빨간색으로 물들인 흑인 스타일의 땋은 머리. 그가 열광적인 관객들의 환호와 하드코어 사운드에 맞춰 헤드뱅잉을 했을 때, 서기 2000년 대한민국의 가을은 강렬한 젊음의 에너지로 빨갛게 물들고 있었다.

그런데 물리학자들은 서태지의 앨범 재킷과 헤어스타일에서 또 하나의 공통점을 발견한다. 서태지의 정성스레 땋아 내린 머리의 매듭이 프랙털 구조라는 것. 그리고 앨범 표지에 그려진 난해한 그림 또한 '프랙털 도형'이라는 사실이다.

프랙털이란 앞 장에서 설명했듯이 자세히 들여다보면 세부 구조들이 끊임없이 전체 구조를 되풀이하고 있는 형상을 말한다. 나무는 자라면서 큰 줄기에서 잔가지로 뻗고, 잔가지는 더 작은 가지로 뻗어나간다. 작은 가지에 매달린 나뭇잎들의 무늬 역시 줄기에서 뻗어 나온 가지들의 모양과 유사하다.

눈 결정도 마찬가지다. 끝없이 확대해도 육각형 결정 구조들이 계속 되풀이되는 것을 발견할 수 있다. 조개껍데기에 새겨진 화려한 패턴과 소라의 소용돌이 구조, 브로콜리의 모양에서도 프랙털 패턴은 아름다운 자태를 뽐낸다.

서태지 앨범의 표지 그림은 망델브로 집합Mandelbrot set이라고 불리는 도형이다. 간단한 수식으로 표현되는 도형이지만, 가장자리의 소용돌이 무늬는 세부적으로 들어갈수록 복잡하게 얽혀 있으면서 같은 구조를 반복하고 있다. 흑인 스타일로 땋아 내린 서태지 머리의 매듭 무늬도 마찬가지. 땋아 내린 머리의 매듭은 겉에서 보면 Y자 모양인데, 아래로 내려갈수록 그 크기가 작고 가늘어지지만 형태는 흐트러짐 없이 되풀이되고 있다.

흑인 스타일의 땋은 머리가 프랙털 패턴이라는 사실은 렌셀러 종합과학기술원에서 '과학기술이 사회 문화에 미치는 영향'을 연구한 론 이글래시Ron Eglash 교수에 의해 처음 발견됐다. 아프리카 서해안에 위치한 기니 지방에 사는 요루바족은 머리카락을 여러 갈래로 나눈 뒤 두피에 바싹 붙여 Y자 매듭으로 땋아 내린다. 그들은 이러한 헤어스타일을 '이파코 엘레데Ipako elede'라고 부르는데, '수퇘지의 목덜미'

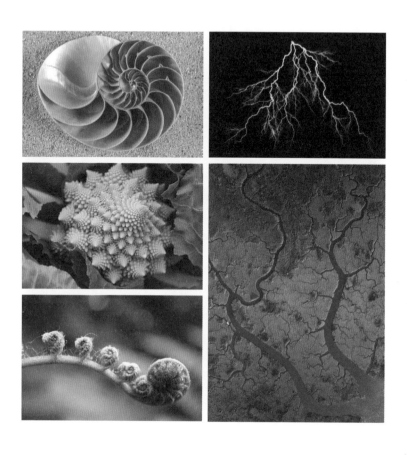

자연에서 찾아볼 수 있는 프랙털 패턴.

라는 뜻이다. 기니 지방에 사는 수퇘지의 목덜미에 난 뻣뻣한 털이 만들어낸 무늬가 요루바족의 헤어스타일과 유사하다고 해서 붙여진 이름이다. 이 매듭의 모양이 마치 옥수수 알이 길게 늘어선 모양과 비슷해서 미국 사람들은 '옥수수 배열 머리cornrow styles'라고도 부른다.

이글래시 교수는 컴퓨터 시뮬레이션을 통해 '이파코 엘레데'가 전형적인 프랙털 패턴임을 보여주었다. 그는 흑인의 전통적인 헤어스타일이 대부분 프랙털 구조를 가지고 있다는 사실 또한 알아냈다. 그러나 이글래시 교수가 주목한 것은 아프리카 흑인들의 머리 모양만이 아니다. 그는 1980년대 후반에 아프리카 문화를 연구하기 시작한 이래 그 속에 풍부하게 간직돼온 프랙털 패턴을 밝혀내 학계에서 오랫동안 주목받아왔다.

아프리카 전통 가옥의 특별한 구조 ——

그가 처음 아프리카 문화에 관심을 갖게 된 것은 1988년 산타크루스 소재 캘리포니아주립대학에서 박사 과정을 밟고 있을 때였다. 그는 우연히 비행기에서 찍은 탄자니아 지방의 전통적인 마을 사진을 보다가, 이들 마을에 줄지어 선 가옥들의 배치가 아주 특별한 패턴을 가지고 있다는 사실을 한눈에 알아챘다. 탄자니아 부족의 집은 초가지붕이었는데, 지붕의 모양이 둥근 집들은 둥글게 늘어서 있고 네모난 초가지붕의 집들은 사각형 구도로 배치돼 있었다. 한때 실리콘밸리

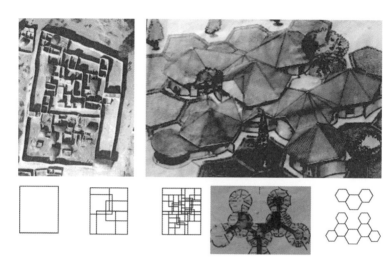

탄자니아 부족의 가옥 배치. 네모난 초가지붕의 집들은 사각형 구도로, 둥근 지붕의 집들은 둥글게 늘어서 있다.

에서 컴퓨터 엔지니어로 일하기도 했던 그는 즉시 사진을 디지털 파일로 전환한 뒤 전체 구조가 세부적으로도 되풀이되는지 알아보았다. 이미지들의 공간 스펙트럼을 구해 로그 스케일로 바꿔 기울기를 계산해보면 전체 구조가 세부 구조 속에 되풀이되는지를 확인할 수 있다. 결과는 그의 예상과 정확히 맞아떨어졌다.

의식의 역사를 연구하는 학제 간 프로그램에서 공부하던 그는 우연히 '제3세계의 발전과 여성'에 관한 논문 모음집을 뒤적이다 '탄자니아 지방의 가옥과 여성의 자치권 박탈'에 관한 논문을 읽게 됐다. 아프리카 부족들은 전통적으로 가옥의 위치를 여성이 결정한다. 그런데 언제부터인가 아프리카에 현대화 바람이 불면서 가옥 배치가

에티오피아의 행렬용 십자가 문양.
마름모꼴의 사각형이 크기가 줄어들면서 계속 반복된다.

전통적인 양식에서 벗어나 효율성을 강조하는 바둑판 모양의 획일화
된 구조로 바뀌고 있다는 내용이었다.

마침 박사학위 논문 주제를 찾고 있던 그는 이 문제를 연구 주제로
정하고, 아프리카 문화 속에 나타난 프랙털 구조에 관한 본격적인 연
구에 착수하게 된다. 그리고 그는 아프리카에 살고 있는 다양한 부족
들의 가옥 배치에서부터 전통적인 조각상들의 모양, 손으로 짠 타일
의 무늬, 매듭으로 땋아 내린 헤어스타일에 이르기까지, 프랙털이 아
프리카 문화 속에서 오랫동안 살아 숨 쉬고 있었다는 사실을 발견하
게 된다.

그렇다면 다른 지역의 원시 문화에서도 프랙털 패턴을 발견할 수
있을까? 이 질문에 답하기 위해 그는 아메리카와 유럽, 아시아 지역
의 토착 문화에 나타난 패턴들을 비교 분석해보았다. 그러나 다른 문
화권에서 프랙털 패턴을 찾는 일은 결코 쉽지 않았다.

아메리카의 전통적인 가옥 배치에는 프랙털 패턴이 없다. 미국 뉴

멕시코 북서부 지방에는 옛날 아나사지족이 세운 푸에블로 보니토 Pueblo Bonito라 불리는 유적지가 남아 있다. 이 유적지를 조사해보면, 큰 원형 터전에 사각형으로 블록이 나누어져 있고 그 안에 집들이 배열된 흔적을 발견할 수 있다. 그 후 아메리카 지역의 가옥 배치는 이 유적지의 구조를 본떠 원형과 사각형의 대칭 구조로 이루어진 질서 정연한 형태로 자리 잡게 됐다. 가옥의 배치뿐 아니라 주전자에 새겨진 무늬, 실로 짠 옷의 문양 등에서도 이 같은 구조를 발견할 수 있다.

그는 전 세계 토착 문화 속에 나타난 패턴들을 조사해본 결과, 아프리카와 인도 남부 일부 지방에서만 프랙털 패턴을 발견할 수 있었다. 다시 말해 토착 문화 속에 내재한 프랙털 패턴은 인간 문화의 보편적인 형태가 아니라 아프리카 사람들의 문화에만 존재하는 특수한 패턴이었다.

도대체 아프리카 부족들은 어떻게 자신의 문화 속에 프랙털 패턴을 받아들이게 된 것일까? 이 문제를 연구하기 위해 1993년 박사학위 논문을 끝낸 론 이글래시는 풀브라이트 연구비를 지원받아 1년 동안 아프리카를 직접 탐방하고 돌아왔다. 이 기간 동안 그는 아프리카 중서부 지방의 여러 나라를 돌며 프랙털 구조를 찾아 나섰고, 프랙털 패턴이 발견될 때면 어김없이 부족 주민을 찾아가 프랙털 패턴으로 설계한 이유에 대해 물었다.

우리 문화가 왜 여백의 미를 중요하게 여기게 됐는지, 왜 20세기 중반 미국은 로큰롤에 열광하게 됐는지를 한 가지 이유로 설명할 순 없

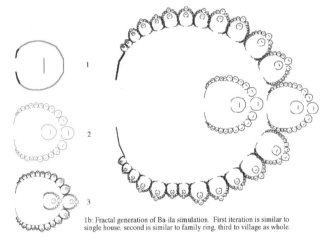

1b: Fractal generation of Ba-ila simulation. First iteration is similar to single house, second is similar to family ring, third to village as whole.

잠비아 남부 일라족 마을의 가옥 배치. 세부 구조가 전체 구조를 되풀이하는 프랙털 패턴으로 설계되어 있다.

자료: Ron Eglash, "Fractals in African settlement architecture", *Complexity* 4(2):21–29, November 1998.

다. 아프리카 문화 속에 프랙털이 깃들게 된 사연 역시 하나의 이유로 설명하긴 힘들다. 어떤 경우 프랙털 패턴은 '그저 아름답기 때문에'라는 심미적 이유로 사용되었고, 또 부족 주민들조차 왜 프랙털 패턴으로 설계되었는지 이해하지 못하는 경우도 있었다. 그러나 많은 경우 프랙털 패턴은 아프리카 부족민들에 의해 치밀하게 계산된 후 설계됐다. 때로는 우리가 상상할 수 없을 만큼 복잡한 계산으로 얻은 산물인 경우도 있었다.

한 사례로, 아프리카 사헬 지역에서 바람을 막는 천막의 모양과 배치가 프랙털 구조로 되어 있다. 이곳은 사하라 사막으로부터 불어오는 강풍이 주기적으로 모래를 휩쓸고 지나간다. 마을 주민들은 이 지역에서 나는 조나 수수의 대를 이용해 천막을 만들어 바람으로 인한 피해를 막으려 했다. 이 천막을 직조한 기술공은 론 이글래시 교수와의 인터뷰에서 사하라 강풍을 막기 위한 가장 효과적인 천막 구조가 프랙털 구조라고 자신 있게 말했다. 많은 노동력과 비싼 자재가 필요했지만 가장 튼튼한 천막을 설계하기 위해 노력했고, 그 결과가 바로 프랙털 구조였다는 것이다.

그렇다면 검은 대륙 아프리카의 문화 속에서 현대 수학의 결정체인 프랙털 구조가 발견된다는 사실은 무엇을 의미할까? 우리는 오랫동안 아프리카를 포함해 제3세계 문화는 야만적이고 원시적이라는 선입견을 가져왔다. '원시적'이라는 단어는 비과학적이고 비합리적이라는 의미의 다른 이름이 아니었던가! 그러나 이글래시 교수의 연구는 그것이 전혀 사실이 아니라고 말한다.

서양 수학자들이 일찍부터 흥미를 가진 유클리드 기하학은 질서정연하고 명확한 구조를 가지고 있다. 이에 반해 프랙털 패턴은 쉽게 발견하거나 만들어내기 어려우며 그 특징을 정량화하기도 쉽지 않다. 서양의 수학자들이 1970년대 중반에야 자연에서 프랙털을 발견하기 시작했다는 사실이 이를 뒷받침한다. 그러나 아프리카 사람들은 오래전부터 프랙털 구조를 의식해왔고 자신들의 문화 속에서 발전시켜왔다. 그들은 우연히 자연의 패턴을 이해하게 된 것이 아니라 치밀한 계산을 통해 프랙털 구조의 의미를 깨달았던 것이다. 우리와 전혀 다른 접근을 통해서 말이다.

이러한 사실은 "흑인은 백인에 비해 수학적 능력이 떨어진다"는 서양의 오랜 통념 역시 문화적 차이를 간과한 선입견일 뿐이라는 점을 시사한다. 이글래시 교수는 흑인들의 수학 점수가 백인들에 비해 떨어지는 것은 그들이 수학적 능력이 모자라서가 아니라 백인 위주의 교육 방식과 테스트 방식 때문이라고 주장한다.

현재 그가 수행하고 있는 프로젝트 중의 하나는 소수 인종, 특히 아프리카계 미국인들이 중·고등학교에서 흥미롭게 수학을 배울 수 있는 프로그램을 개발하는 것이다. 그는 요즘 유명한 수학 교사이자 수학 교재를 개발하는 회사를 운영하고 있는 글로리아 길머Gloria F. Gilmer와 함께 아프리카계 미국인들을 위한 수학 교재를 개발 중에 있다.

론 이글래시 교수는 프랙털이라는 창을 통해 놀랍도록 정교한 수
학적 구조 위에 세워진 아프리카 문화를 바라보는 새로운 시각을 제
공하고 있다. 그리고 이제 백인들에게 새로운 가르침 하나를 남겨주
었다. 그들은 흑인들에게 항상 "당신들의 유산은 노래와 춤의 땅에서
온 것"이라고 말해왔다. 이제 그들은 아프리카인들에게 새로운 이야
기 하나를 더 들려주어야 할 것이다. 그들의 문화유산은 놀랍도록 정
교한 수학의 땅에서 온 것이라고.

프랙털 음악

Fractal Music

바흐에서 비틀스까지,
히트한 음악에는 공통적인 패턴이 있다

갈대의 나부낌에도 음악이 있다. 시냇물의 흐름에도 음악이 있다.
귀가 있다면 누구나 모든 사물에서 음악을 들을 수 있다.
– 바이런

미국에서 박사 후 연구원으로 일하고 있을 때였다. 연구실에서 신승훈의 '가잖아'를 틀어놓고 있으면, 지나가던 미국인 친구들이 하나같이 노래가 좋다며 한마디씩 건넨다. 미국 사람들의 귀에도 신승훈의 노래는 감미롭게 들리는 모양이다. 그런데 재미있는 것은 '널 사랑하니까', '그 후로 오랫동안', '오랜 이별 뒤에' 등 신승훈의 예전 히트곡들을 들려주면 너무 비슷해서 구별하기 힘들다고 말한다는 사실이다. 같은 노래로 착각하기도 한다. 우리가 듣기에도 신승훈의 노래는 신승훈만의 스타일이 있다. 신승훈의 음반이 매번 100만 장 이상 팔렸던 이유도 신승훈만의 독특한 음악 스타일을 대중이 좋아하기 때문일 것이다.

클래식 음악을 잘 모르는 사람도 모차르트의 음악을 들으면 모차르트의 곡이라는 것 정도는 짐작할 수 있다. 하이든의 교향곡은 말러의 교향곡과 다르며, 쇼팽의 피아노곡은 베토벤의 피아노곡과 확연히 다르다. 설령 곡을 모른다 해도 작곡가를 맞히는 것은 그다지 어려운 일이 아니다. 뭐라 설명하기 힘들지만 그들만의 색깔과 스타일, 이른바 '풍'이라는 것이 있기 때문이다.

그렇다면 그들의 음악에는 어떤 공통점이 있으며, 다른 사람들의 음악과 구별되는 어떤 특징이 있을까? 이 문제는 1970년대 물리학자들 사이에서 중요한 관심거리 중의 하나였다. 만약 대중적으로 사랑받는 곡들의 음악적 특징을 객관적으로 기술할 수 있다면, 그래서 이 히트곡들과 대중에게 잊혀간 수많은 곡들 간의 차이를 객관적인 물리량으로 비교할 수만 있다면 얼마나 좋을까? 그럴 수 있다면, 우리는 음악의 '무엇'이 사람들에게 그토록 감동을 주는지도 알게 될 것이다. 더 나아가 그 원리를 이용해 히트곡을 무수히 만들어낼 수도 있을 것이다.

귀를 사로잡는 히트곡의 비밀

캘리포니아주립대학(버클리 소재) 물리학과의 리처드 보스Richard F. Voss 박사와 존 클라크John Clarke 박사도 이 문제에 관심을 가졌다. 평소 음악을 좋아했던 그들은 멜로디의 변화 패턴을 파워 스펙트럼(주파수 분석법)으로 분석해보면 무언가 공통점을 찾을 수 있지 않을까 생각했다.

예를 들어 피아노곡은 피아노 건반의 위치 변화(멜로디)와 음들의 지속 시간(박자), 동시에 발생된 음들이 만들어낸 조화(화음), 피아노

건반을 두드리는 강약 등에 의해 곡의 특징이 결정된다. 작곡가의 스타일이란 아마도 이런 것들 속에 지문처럼 묻어 있으리라. 물리적 관점에서 보면, 멜로디나 화음에 따라 음파의 주파수가 결정되고 키를 두드리는 강도에 따라 음파의 진폭이 달라진다. 또 박자는 하나의 음파가 지속되는 시간을 결정한다. 따라서 음들의 주파수가 어떻게 변하는지를 분석해보면 곡의 특징을 객관적으로 나타낼 수 있지 않을까 하는 것이 그들의 아이디어였다.

그들은 먼저 클래식 음악 라디오 채널의 방송과 록 음악 전문 방송을 각각 열두 시간 동안 녹음했다. 그들은 음의 높낮이 분포보다는 음들이 어떻게 '변화'하는가에 관심을 가지고, 음 높이의 '변화'에 관한 파워 스펙트럼을 그려보았다. 먼저 음악들의 음 높이를 숫자로 표시하면 음악은 숫자들의 연속적인 나열로 표현될 것이다. 이렇게 해서 얻은 데이터에 대해 파워 스펙트럼을 구하면 음의 변화에 관한 정보를 얻을 수 있다. 이때 고주파수는 음의 변화가 큰 경우를 말하며, 저주파수는 음의 변화가 작은 경우를 의미한다.

클래식 음악은 곡이 전개될 때 음의 변화 폭이 그다지 크지 않았다. 대개 다음 음은 근처의 낮은 음이나 높은 음으로 옮겨간다. 음폭이 크게 변하는 경우는 상대적으로 적었다. 그런데 신기한 점은 그 빈도가 주파수와 정확하게 반비례한다는 것이었다. 다시 말해 음정의 변화 폭이 클수록 한 곡에서 나오는 횟수는 점점 비례적으로 줄어들었다. 이런 음악을 '1/f 음악'이라고 부른다(f는 주파수를 뜻하는 'frequency'

의 약자다). 더욱 재미있는 점은 대중적인 인기를 끄는 곡일수록 1/f에 정확히 일치한다는 것이었다. 반면 록 음악의 경우엔 고주파수 영역이 상내적으로 컸다. 한 곡을 듣다 보면 음이 크게 변하는 경우가 자주 나온다는 것이다. 그것이 록 음악의 특징이 아닌가!

1975년 그들의 연구 결과가 〈네이처〉에 발표되자 많은 물리학자들이 음악에 대한 음향학적 분석에 나섰다. 다양한 장르의 곡들을 대상으로 스펙트럼 분석이 시도됐고, 히트한 곡과 그렇지 못한 곡들에 대한 분석이 이어졌다. 분석 결과는 보스와 클라크의 연구 결과와 비슷했다. 사람들이 아름답다고 느끼는 곡일수록 1/f에 가까웠다.

또 음악뿐 아니라 새들이 지저귀는 소리, 시냇물이 흐르는 소리, 심장 박동 소리 등 자연의 소리도 대부분 1/f의 패턴을 가진다는 놀라운 사실이 발견됐다. 어떤 물리학자는 로키산맥에 줄지어 선 산봉우리들의 높낮이를 소리로 변환해 아주 그럴듯한 음악을 작곡하기도 했다. 그래서 컴퓨터 음악을 전공하는 사람들 중에는 자연의 패턴을 음악으로 변환해 작곡하는 경우도 늘어났는데, 이런 장르를 '프랙털 음악fractal music'이라고 부른다. 일련의 과학자들은 대부분의 음악이 1/f 음악인 이유가 바로 자연의 소리를 모방했기 때문이라고 설명하면서, 음악이 자연의 소리와 유사한 1/f 패턴일 때, 인간은 본능적으로 그것을 들으며 아름답다고 느낀다고 해석하기도 했다.

그렇다면 왜 인간은 1/f 음악을 들을 때 아름다움을 느끼는 걸까? 비르바우머N. Birbaumer 박사와 그의 동료들은 컴퓨터 음악을 이용해

프랙털 음악 작곡가들은 자연의 패턴을 음악으로 변환한다.

실험을 해보기로 했다. 컴퓨터 프로그램에서 1부터 10까지 10개의 면을 가진 주사위 100개를 던진다고 가정해보자. 이때 나오는 눈의 합으로 음의 높이를 정한다. 예를 들어 260이라는 값이 나오면 260헤르츠의 주파수에 해당하는 '도'가 첫 음이 된다. 그리고 다음 음을 정하기 위해 다시 100개의 주사위를 던진다. 이런 일을 계속 반복하면 우리는 무작위적으로 결정된 하나의 곡을 만들 수 있다. 던져진 주사위의 값은 매우 불규칙한 패턴을 그릴 것이므로 이 곡의 전개 또한 들쑥날쑥할 것이나. 또 음정 변화의 폭이 큰 경우도 자주 등장할 것이다.

이번에는 약간 변화를 주어보자. 먼저 100개의 주사위를 던져 음높이를 정한 후, 다음 음은 그중 50개만을 새로 던진다. 그러면 나머지 50개 주사위의 눈은 변하지 않고, 거기에 새로 던져진 50개 주사위의 합이 더해질 것이다. 이 경우 다음 음의 높이는 바로 전 음과 다소 비슷할 것이다. 이렇게 만들어진 음악은 음들 사이의 변화가 처음의 경우보다 훨씬 작다.

같은 방식으로 음정들 사이의 변화가 거의 없는 곡을 만들 수도 있다. 100개의 주사위를 던져 첫 번째 음을 만드는 것은 똑같다. 하지만 이번엔 100개의 주사위 중 하나만 다시 던진 후 100개 주사위의 눈을 합한다. 그러면 다음 음은 기껏해야 0에서 9 정도만 달라질 것이다. 이렇게 만들어진 음악은 별다른 변화 없이 매우 완만한 방식으로 전개된다.

이런 식으로 새로 던지는 주사위의 개수를 달리하면, 음정 변화를 조절해 다양한 방식으로 전개되는 음악을 만들 수 있게 된다. 이렇게 해서 만들어진 여러 종류의 음악을 사람들에게 들려주었을 때 과연 그들은 어떤 음악을 가장 좋은 음악이라고 꼽았을까? 그들은 한결같이 '약 30개 징도의 주사위만을 새로 던져 만들어진 음악'이 가장 들

음정 변화가 완만하게 전개되는 1/f 음악은 클래식 음악과 비슷한 느낌을 준다.

기 좋았다고 답했다. 실제로 그렇게 해서 만들어진 음악은 기존의 클래식 음악과 비슷한 느낌을 주었다. 이 음악의 스펙트럼을 구해본 결과, 1/f 패턴을 가진다는 사실을 알아냈다.

이 실험 결과가 시사하는 바는 무엇일까? 우리는 음악을 들을 때 자기도 모르게 종종 음의 흐름을 따라가는 경향이 있다고 물리학자들은 말한다. 곡이 너무 뻔해서 예측하기가 쉬우면 재미가 없고 졸리며, 반대로 너무 엉뚱한 방식으로 전개되면 짜증이 난다.

자장가를 한번 생각해보자. "잘 자라 우리 아가/ 앞뜰과 뒷동산에/ 새들도 아기 양도/ 다들 자는데…." 이 곡은 음들이 계단처럼 순차적으로 변한다. 하나의 음은 바로 다음 높이의 음으로 끊임없이 이어진다. 그러면 사람들은 들으면서 밋밋하다고 느끼게 되고, 재미가 없으니 졸음이 쏟아진다.

헤비메탈의 경우엔 이와 반대다. 아주 높은 괴성의 음들이 들쑥날쑥 전개되는 헤비메틸 음악을 늘었을 때, 즉각적인 반응은 대개 '짜증'이 난다는 것이다. 헤비메탈을 즐기는 사람이 절대적으로 적은 이유다. 헤비메탈을 좋아하는 사람들은 대체로 그 통쾌함에 매료되는 경우가 많으며, 자신이 즐겨 듣는 곡들이 아름답다고 느끼는 경우는 많지 않다. 또 아름답다고 느끼는 경우는 대개 여러 번 들어서 음의 전개와 멜로디가 귀에 충분히 익었을 때다.

반복성과 의외성의 절묘한 비율

우리가 1/f 음악을 아름답다고 느끼는 것도 이 때문이라고 물리학자들은 설명한다. 우리는 음악을 들으면서 끊임없이 질서(규칙성)와 의외성(불규칙성)을 즐긴다. 아주 잘 짜여 있으면서도 어딘지 모르게 새로움이 느껴질 때 우리는 그 음악을 좋아하고 아름답다고 느낀다.

히트하는 대중가요를 떠올려보자. 처음부터 귀에 쏙 들어오는 곡이 있다. 처음 듣지만 귀에 익은 멜로디가 전개되기 때문이다. 하지만 그렇다고 해서 완전히 귀에 익어 뻔한 것만도 아니다. 가끔 새롭고 신선한 부분이 들어 있다. 사람들은 잘 짜인 부드러운 전개(질서) 속에서 편안함을 느끼면서, 동시에 새롭고 예측하지 못했던 부분이 주는 참신함을 즐긴다.

처음엔 어려운 곡이지만, 많이 들어보고 그래서 나름의 질서를 파악하고 나면 좋아지는 것도 그 때문이요, 아무리 좋은 곡도 자주 들으면 음의 전개가 뻔하게 느껴져 싫증이 나는 이유도 이것으로 설명할 수 있다. 1/f 음악은 불규칙한 음폭의 변화가 점점 줄어드는 특징이 있어 질서와 의외성이 잘 어우러지는 점 때문에 사람들이 아름답다고 느끼는 것이 아닐까? 그런 점에서 1/f 음악은 헤비메탈과 자장가의 어느 중간쯤에 있는 곡이다.

'인간은 왜 음악을 들으면 감동하는가'에 대한 연구는 음악이라는 파동의 물리적 특성을 연구하는 일뿐 아니라, 그것이 우리의 뇌에서 어떤 생물학적 반응을 유발하는가에 대한 연구와 함께 진행돼야 한다. 안타깝게도 신경과학자들은 아직 이 문제에 대해 그럴듯한 해답을 내놓지 못하고 있다. 그것은 인간의 '감정'이 과학적으로 다루기 힘든 분야인 탓도 있지만, 지금까지 음악 감상에 대한 과학적 접근이 시도조차 되지 않았다는 점에서도 원인을 찾을 수 있다.

최근 미국에서는 음악이 뇌에 미치는 영향에 대한 관심이 커지게 된 사건이 있었다. 1990년대부터 미국에는 재정적인 이유로 음악 수업을 중단하는 고등학교가 늘고 있다고 한다. 악기를 살 돈이 부족하고 특별 활동을 지원할 재정이 여의치 않다는 이유로 음악 시간을 줄이고 있다는 것이다.

그러자 미국의 음악 전문 케이블 TV 방송사인 VH1에서는 1996년부터 '음악을 구하자Save the Music'라는 구호 아래 음악 교육의 필요성을 강조하는 캠페인을 벌였다. 그들은 음악이 자라나는 청소년들의 두뇌 발달을 촉진할 뿐 아니라 집중력을 높이는 등 성장기 청소년에게 꼭 필요하기 때문에 음악 교육은 필수적이라고 주장한다. 에릭 클랩튼과 윈턴 마셜리스, 셰릴 크로, 글로리아 에스티펀 등 세계적인 팝 아티스트들도 음악 교육을 위한 기금 마련 공연을 열고 고등학교에 악기를 보내주는 운동을 벌였다.

음악 교육의 필요성이 사회적 이슈가 되자, 2000년 5월 뉴욕과학 아카데미는 음악이 뇌에 미치는 영향을 연구하는 재단The Biological Foundations of Music을 설립하여 본격적인 연구에 들어가기로 했다. 그들은 우리의 뇌가 어떤 방식으로 음악을 듣고 감상하는가에 대한 과학적 연구에 연구비를 투자할 계획이다.

음악을 감상하는 동안 우리의 뇌는 정말로 음이 전개되는 패턴을 쫓아가며 질서와 의외성 속에서 아름다움을 즐기는 것일까? 만약 그렇다면 1/f 패턴은 어떻게 우리의 뇌에서 '감동'이라는 감정 상태를 이끌어낼까? 1/f 패턴에 과연 음악의 아름다움이 숨어 있는 것일까? 이제 이 문제는 신경과학자들의 연구 재단이 풀어야 할 숙제로 남게 되었다.

더 알아보기

프랙털 음악

앞서 설명했듯이 작은 구조가 전체 구조와 유사한 형태로 끝없이 되풀이되는 구조를 프랙털이라고 한다. 놀랍게도 프랙털 패턴을 공간 주파수로 바꾸어 파워 스펙트럼을 구해보면 $1/f$ 패턴을 가진다는 것을 알 수 있다. 그래서 $1/f$ 패턴을 갖는 자연의 음악을 '프랙털 음악'이라고 부르기도 한다. 프랙털은 자연이 만들어낸 가장 중요한 내재적인 특징 중의 하나이며, 우리는 그 속에서 아름다움을 느낀다고 물리학자들은 믿고 있다. 바흐가 작곡한 곡의 악보를 자세히 들여다보면 음표들의 분포가 매우 질서정연하며, 전체 패턴이 하나의 악절, 심지어는 한 마디 안에서도 유사한 구조로 되풀이되는 것을 발견할 수 있다.

지프의 법칙

Zipf's Law

미국 사람들이
가장 많이 사용하는 단어는?

우리나라 사람들이 가장 많이 사용하는 단어는 무엇일까? 이 흥미로운 질문의 답을 찾는 과정은 여간 힘든 일이 아닐 것이다. 책이나 신문, 잡지 등에 실린 글을 전부 컴퓨터로 데이터베이스화한 후 각 단어의 사용 빈도를 세야 하기 때문이다.

지난 2000년, 7년에 걸친 노력 끝에 이 지루하고 힘든 작업을 완수한 연구팀이 있다. 고려대학교 국문과 김흥규 교수와 언어과학과 강범모 교수팀은 1990년대 전반에 나온 신문기사·논설, 잡지, 소설, 수필, 인문교양 서적, 자연과학 서적 등 127종을 토대로 우리말과 글 150만 개 어절을 정리해 컴퓨터로 분석함으로써 한국어 어휘의 사용 빈도를 조사했다.

고려대 연구팀이 낸 보고서 〈한국어 형태소 및 어휘 사용 빈도의 분석 1〉(2000)에 따르면, 한국인이 가장 즐겨 사용하는 단어는 일반명사의 경우 '사람', 고유명사의 경우 '한국', 동사는 '하다', 형용사는 '없다', 접속사는 '그러나'였다. 또 일반명사의 경우, '사람'에 이어 때,

일, 말, 사회, 속, 문제, 문화, 집, 경우가 10위 안에 들었고, 고유명사는
'한국' 다음으로 서울, 일본, 미국, 중국, 북한, 고려, 조선, 신라 등이
뒤를 이었다. 감탄사는 '참', '그래', '아니', '글쎄'기 선두 그룹을 형성
한 가운데, '어머', '제기랄' 등이 30위 안에 들었다.

재미있는 것은, 사용 빈도 상위 1천 개의 단어만 알면 누구든 한국
어의 75퍼센트를 이해할 수 있다는 사실이다. 우리가 일상생활에서
주로 사용하는 단어는 대략 1천 개 안팎으로 한정돼 있다는 의미다.
국립국어원의《표준국어대사전》에 실린 단어가 약 30만 개라고 하
니, 우리가 주로 사용하는 단어는 한국어 전체 어휘의 0.3퍼센트 정
도밖에 안 되는 셈이다.

우리가 자주 쓰는 단어의 비밀　　　　　——

미국에서도 이와 비슷한 연구가 있었다. 우리나라처럼 방대한 자료
를 토대로 얻은 데이터는 아니지만 그 결과는 자못 흥미롭다. 하버드
대학교의 언어학자 조지 킹슬리 지프George Kingsley Zipf(1902~1950)는
영어로 된 책(현대어 성경이나《백경》등)에 나오는 단어들을 모두 세어
그 빈노를 소사했다. 그 결과 미국 사람들이 가장 많이 사용하는 단
어는 'the'였으며, 'of', 'and', 'to'가 그 뒤를 이었다. 의미를 가진 단어
대신 두 단어를 연결하는 전치사나 단어 앞에 붙는 관사 등 기능어가
상위권을 차지했다.

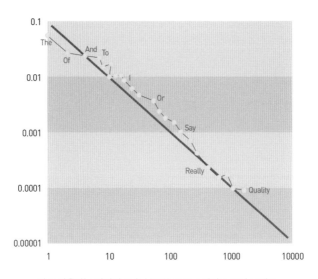

자주 사용하는 단어의 도수 분포를 로그 스케일로 그린 그래프.

흥미로운 것은 순위가 내려갈수록 사용 빈도가 기하급수적으로 떨어진다는 사실이다. 예를 들어 한 권의 책에 수록된 단어를 조사해본 결과 가장 많이 사용된 단어인 'the'가 1천 번 등장했다면, 두 번째로 많이 사용된 'of'는 'the'가 나온 빈도의 2분의 1인 약 500번, 세 번째로 많이 나온 'and'는 'the'가 나온 빈도의 3분의 1, 네 번째로 많이 나온 'to'는 'the'가 나온 빈도의 4분의 1만큼 등장한다는 것이다. 이렇게 점점 줄어들어서 나머지 대부분의 단어들은 제한적인 횟수만 사용되더라는 것이다. 즉 자주 사용하는 단어는 소수에 불과하고, 나머지 단어들은 비슷하게 적은 횟수로 쓰인다는 얘기다.

이것을 수식으로 표시해 사용 빈도를 Y, 순위를 X라고 하면 이들

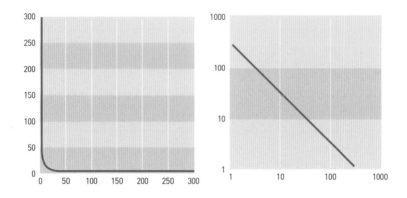

왼쪽은 지프의 법칙을 선형 그래프로 나타낸 것이고,
오른쪽은 그것을 로그 스케일로 그린 그래프다.

사이의 관계는 $Y = cX^{-a}$로 표현된다(이때 c와 a는 상수이며, a값은 1을 가진다). 이것을 로그-로그 그래프(2차원 평면에 logX와 logY에 대해 그린 그래프)로 그려보면 a를 기울기로 갖는 직선 그래프를 얻게 된다. 두 변수의 관계가 위와 같은 그래프로 표현될 때 이것을 수학에서는 '베키의 법칙Becky's law'이라고 부르는데 일반적으로 '멱법칙power law'이라는 말을 더 많이 쓴다. 우리가 일상생활에서 무의식중에 사용하는 단어들의 빈도에도 이렇게 정교한 법칙이 있었다니 얼마나 놀라운 일인가! 한국어 문석에서도 상위 1천 개의 난어로 75퍼센트 이상을 기술할 수 있다는 결과는 이 법칙과 일맥상통하는 것이다.

더욱 놀라운 점은 이러한 특성이 영어 단어와 전혀 상관없는 곳에서도 발견된다는 사실이다. 예를 들어 세상에 돌고 도는 돈은 다 누

경제 분야에서 멱법칙은 소득 불평등으로 나타난다.
브라질 상루이스의 빈민가와 도심.

구 주머니에 들어 있는지 생각해보자. 미국 환경학자 도넬라 메도스 Donella Meadows(1941~2001)는 자신의 조사 결과를 바탕으로 한 글이 자, 지금은 "세계가 만일 100명의 마을이라면If the world were a village of 100 people"이라는 제목으로 더 잘 알려진 글에서 전 세계 고소득층 상위 20퍼센트가 전체 재산의 75퍼센트를 소유하고 있으며 최하위 20 퍼센트는 겨우 2퍼센트만을 소유하고 있다고 말했다.

세계은행에 따르면 1960년에는 재산 보유 상위 20퍼센트가 하위 20퍼센트보다 약 30배의 재산을 가졌으나 점점 그 격차가 벌어져 2000년에는 무려 74배가 됐다고 한다. 꾸준한 경제 성장에도 불구하고 빈부 간의 소득 격차는 더욱 벌어진 것이다. 빈부 격차만 커진 것이 아니다. 절대 빈곤층도 늘어났다. 2000년에 세계 인구의 절반인

30억 명이 하루에 2달러에도 못 미치는 생계비로 연명했으며, 그 가운데 13억 명은 하루 1달러의 생계비도 쓰지 못했다. 1987년에는 하루 1달러 이하로 사는 사람이 12억 명이었다는 점을 감안하면 10여 년 만에 1억 명이 늘어난 셈이다(경제가 성장하고 생산량이 늘어난다고 해서 빈곤 문제가 해결되는 것은 아니라는 점을 단적으로 보여주는 증거다).

건국 이래 최고의 경제 호황이라는 미국도 상황은 크게 다르지 않다. 워싱턴 소재 비영리 연구기관인 '예산-정책 우선순위를 위한 센터Center on Budget and Policy priority'가 1977~1999년 미국 내 소득 분포를 조사했더니, 소득 상위 1퍼센트(270만 명)의 총 소득액(6200억 달러)이 하위 38퍼센트(1억 명)의 소득을 전부 합친 것과 맞먹는 것으로 나타났다. 상위 1퍼센트의 평균소득은 22년 사이에 23만 4700달러(1977)에서 51만 5600달러(1999)로 119.7퍼센트 뛴 반면, 하위 20퍼센트는 평균 1만 달러(1977)에서 8800달러(1999)로 12퍼센트 감소했으며 물가 상승을 감안하면 전체 인구의 하위 60퍼센트가 오히려 소득이 줄었다고 한다. 사상 최악의 부익부빈익빈 현상이 나타난 것이다.

우리나라는 어떤가? 국세청이 밝힌 '1992~1996년간 종합소득세 신고현황'에 따르면 1990년대 중반에 종합소득이 연간 1억 원을 넘는 고소득자는 이미 2만여 명. 이들은 수적으로는 전체 종합소득세 납세자의 1.9퍼센트에 불과하지만 소득 금액으로는 22퍼센트를 차지했다. 고액 소득자 분포를 보면 연간 소득이 1억~3억 원인 사람은

2만 13명, 3억~5억 원인 사람은 1829명, 5억 원 이상도 무려 1376명이나 됐다. 전체적으로 보면 고소득자 20퍼센트가 대한민국 전체 소득의 80퍼센트 이상을 차지했다고 한다. 부동산의 경우는 더 심해서 상위 10퍼센트 부자들이 대한민국 땅덩어리의 90퍼센트 이상을 소유하고 있다는 통계도 나온 바 있다.

이처럼 — 언어학 분야에 지프의 법칙이 있듯이 — 경제학에서 상위 20퍼센트 부자들이 80퍼센트 이상의 소득을 독점하고 있는 특성을 '파레토의 법칙Pareto's law'이라고 부른다. 이 법칙을 발견한 프랑스 파리 태생의 이탈리아 경제학자 빌프레도 파레토Vilfredo Pareto의 이름을 딴 것이다. 파레토의 법칙은 경제학의 멱법칙인 셈이다(파레토의 법칙에선 지프의 법칙과 달리 직선의 기울기 a값이 1이 아닌 2~3 사이의 값을 가진다).

불균형이 반복되는 세상

지프의 법칙이나 파레토의 법칙처럼 멱법칙을 충족하는 특성은 도처에서 발견된다. 한 나라의 도시를 인구가 많은 순서대로 나열했을 때 인구수와 순위의 관계를 표시하면 영어 단어처럼 로그-로그 그래프에서 직선 형태를 띤다. 중국의 경우 베이징, 상하이, 톈진, 칭다오 등 대도시에 많은 사람들이 밀집해 사는 반면 나머지 도시나 마을에 사는 사람들의 수는 급격히 떨어져 대다수의 도시는 인구수에서 별 차이가 없다. 우리나라를 봐도 그렇다. 서울에 전체 인구의 4분의 1이 모여 살고 있으며, 나머지 부산, 대구, 인천으로 갈수록 그 수는 급격히 떨어지고 대다수의 지방도시에는 대체로 비슷한 수의 사람들이 모여 산다. 미국에서도 뉴욕과 로스앤젤레스, 시카고가 차례로 줄지어 서 있고 나머지 도시들의 인구 분포도 지프의 법칙과 비슷한 멱법칙 양상을 보인다.

웹페이지에서도 이런 현상을 관찰할 수 있다. 사람들이 얼마나 많이 방문했는가를 나타낸 조회 수별로 웹페이지의 순위를 매겨보면, 조회 순위가 떨어질수록 조회 수도 기하급수로 떨어져 대부분의 웹페이지들은 몇몇 사람들만이 들어갔다 나오는 정도다. 맥주 소비량의 경우도 전체 인구의 20퍼센트가 전체 맥주 소비량의 80퍼센트를 소비한다.

언어학에서 지프의 법칙, 경제학에서 파레토의 법칙, 베키의 법칙과 무수한 멱법칙. 이들은 각각 다른 이름으로 불리지만 공통적인 특성을 가지고 있다. 바로 불평등과 불균형이다. 경제나 맥주 소비, 웹페이지 사용 빈도, 도시 인구 등 시스템은 다르지만 각 시스템은 특정한 몇몇 개체에 대부분의 숫자가 몰려 있고 대다수를 차지하는 나머지의 역할(빈도)은 미약하나는 것이다.

또 이런 양상은 어떤 스케일에서 관찰하든 같은 패턴을 보인다는 특성이 있다. 예를 들어 지프의 법칙의 경우, 한 권의 책에 등장하는 단어들에서 이런 특성이 보일 뿐 아니라 영어로 된 모든 소설, 혹은 모든 문학 작품, 혹은 더 넓게 모든 활자매체의 글을 조사해봐도 똑같은 특징을 보인다는 것이다. 도시의 인구 분포도 한 나라뿐 아니라 아시아 또는 전 지구적으로 범위를 넓힌다고 해도 같은 모양의 그래프를 얻을 수 있다. 이렇게 스케일과 무관하게 같은 구조를 되풀이하는 것을 자기 유사성이라고 부른다.

이 단어를 듣는 순간 앞 장에서 기술한 프랙털 음악이 떠올랐다면 당신은 날카로운 통찰력을 지닌 사람이다. 프랙털 음악 역시 한 곡 안에서 두 음 사이의 간격이 작을수록 그 빈도는 굉장히 많고, 간격이 넓어 변화가 심할수록 등장 횟수가 현저히 떨어지는 멱법칙 특성을 가졌다. 그렇기 때문에 자기 유사성을 가진 기하학적 구조를 지칭하는 프랙털이라는 이름을 얻게 된 것이다. 나뭇잎 무늬가 나뭇가지가 되고 그것이 숲을 이루면서도 그 구조의 유사성을 간직하는 자연의 법칙 '프랙털'이, 사람이 모여 마을을 만들고 도시를 이루고 국가가 되고 전 지구적 세계가 탄생하는 인간의 법칙에도 숨어 있는 것이다.

이 복잡한 세상의 다양한 장소에서 이러한 멱법칙 패턴이 나타나는 이유는 무엇일까? 지프는 《인간 행동과 최소 노력의 법칙Human Behavior and the Principle of Least Effort》(1949)에서 언어가 지프의 법칙을 충족하는 이유를 이렇게 설명했다. '인간의 행동은 최소 노력으로 최대 효과를 얻으려는 특징이 있다.' 언어는 정보를 전달하는 수단이므로 언어를 사용할 때도 인간은 최소의 노력으로 가장 효과적으로 자신의 생각을 전달하기 위해 문법을 변화시키고 말의 패턴을 조절해왔을 것이라고 가정했다. 그는 자신의 주장을 증명하기 위해 '언어가 멱법칙을 만족시킨다'는 것을 보였던 것이다. 클로드 섀넌Claude E. Shannon(1916~2001)과 안드레이 콜모고로프Andrei Kolmogorov(1903~1987)의 정보 이론information theory에 따르면 시스템의 역동적 성질이 멱법칙 분포를 가질 때 가장 효율적으로 최대의 정보를 전송할 수 있다. 지프는 정보 이론을 이용해 자신의 주장을 멋지게 증명한 셈이다. 1천 개의 단어만 알아도 75퍼센트의 일상 대화를 이해할 수 있는 것도 바로 이 때문이다.

캘리포니아에 사는 윌리엄 바우어는 코넌 도일의 명작 셜록 홈스 시리즈 중 한 편에 나오는 단어를 모두 세어 빈도수를 계산했더니 지프의 법칙을 정확히 만족시킨다고 (지프의 분석에서 빈도 순위 4위였던 'to'가 5위로 떨어진 점을 제외하면) 학계에 보고한 바 있다. 그러나 1996년 물리학자 펄린R. Perline 박사는 무작위로 추출한 데이터도 지프의 법칙과 맞아떨어진다는 사실을 증명해 한 물리학 저널에 발표했다. 그에 따르면 단어의 사용 빈도를 정밀 조사해보면 멱법칙이 아니라 그와 유사한 구조lognormal distribution with an inverse power law tail이며 최소의 노력이라는 가정을 도입하지 않고도 이 분포를 설명할 수 있다는 것이다. 한 물리학자는 원숭이를 타자기 앞에 네너나 놓고 마음껏 두드리게 한 다음 원숭이가 친 문장을 분석한 결과 그 문장들 역시 지프의 법칙을 만족시킨다고 학계에 보고하기도 했다. 다시 말해 최소의 노력이라는 가정 없이도 지프의 법칙은 성립할 수 있다는 것이다.

따라서 아직 이 문제는 명확한 해답이 없으며 논쟁 중에 있다고 해야 옳다.

경제학적 관점에서 본다면 파레토의 법칙은 '수확체증의 법칙'으로 설명할 수 있다. 돈이 있는 사람은 돈이 있다는 이유만으로 더 많은 돈을 벌 수 있다. 이런 일이 되풀이되면 부자는 더 많은 돈을 모으고 가난한 사람들과 더 큰 소득 차를 만들어내게 된다. 결국 상위 20퍼센트의 부자가 전체 소득의 80퍼센트를 소유하게 되는 것이다(수확체증은 '복잡계 경제학'에서 자세히 설명하고 있다).

파레토의 법칙은 경제적 불평등이 거부할 수 없는 자연의 법칙이자 인간의 숙명인 양 주장하는 것 같아 씁쓸하다. 시스템의 동역학적 특성을 연구하는 물리학자들은 파레토의 법칙이 경제적 불평등을 정당화하는 논리가 아니라 시스템을 재정비하도록 경각심을 불러일으키는 사이렌 역할을 했다고 믿는다. 이제 그들이 해야 할 일은 파레토의 법칙이 성립하게 된 원인을 규명하고, 어떻게 시스템을 변화시켜야 경제적으로 평등하고 정의로운 분배가 이루어질 수 있을지 연구하는 것이다. 인간의 법칙은 변화할 수 있는 법칙이기 때문이다.

심장의 생리학
Cardiac Physiology

심장 박동,
그 규칙적인 리듬의 레퀴엠

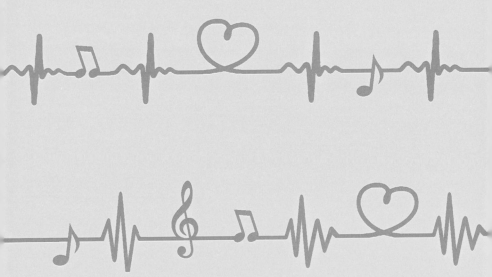

청춘! 너의 두 손을 가슴에 대고 물방아 같은 심장의 고동을 들어보라.
청춘의 피는 끓는다. 끓는 피에 뛰노는 심장은 거선의 기관같이 힘차다.
— 민태원의 수필 〈청춘 예찬〉

의식을 잃은 환자가 응급실에 실려오면 의사는 환자의 윗옷을 걷어 젖히고 가슴에 전기 충격을 가한다. 환자는 온몸이 들썩일 정도로 강한 충격을 받지만 오실로스코프에 나타나는 심장 박동은 돌아올 줄 모른다. 다급해진 의사는 충격의 강도를 높여가며 미친 듯이 전기 충격을 가하고, 여러 차례 시도한 끝에 드디어 환자의 맥박이 돌아온다. 간호사의 얼굴엔 미소가 돌고, 의사는 탈진한 채 땀을 닦는다. 멋모르는 사람들도 덩달아 긴장하게 만드는 바로 이 장면. 〈ER〉이나 〈메디컬센터〉와 같은 의학 드라마에서 종종 보게 되는 장면이다.

이 세상에서 가장 중요한 리듬, 심장 박동은 생명의 박자다. 엄마 배 속에서부터 태어나 죽는 순간까지 산소가 풍부한 혈액을 온몸에 공급하기 위해 심장은 단 한순간도 쉬지 않고 1분에 평균 60회씩 우리의 가슴을 친다.

그런데 혈액이 응고되거나 지방이 굳어 관상동맥의 혈관 벽에 쌓이면, 바로 드라마에서 쉽게 볼 수 있는 위험한 상태에 빠지게 된다.

흔히 심장 발작 혹은 심장마비라고 부르는 것이 바로 그것이다.

관상동맥이 막혀 심장에 혈액이 원활하게 공급되지 못하면 심장의 어떤 조직들은 산소 부족으로 제 기능을 잃게 된다. 그러면 평소에 잘 짜인 패턴으로 펌프질하던 심장의 운동은 제 페이스를 잃고, 온몸으로 가야 할 혈액이 심장 안에서 헛돌거나 충분히 퍼져 나가지 못하게 된다. 만약 이 상태가 지속된다면 환자는 수분 안에 목숨을 잃을 수도 있다.

이때 등장하는 것이 바로 전기충격장치defibrillator(제세동기)다. 이 장치는 '제 페이스를 잃고 엉켜버린 심장의 펌프질 패턴(혹은 심실 세동 ventricular fibrillation)'을 하나의 리듬으로 되돌릴 수 있도록 돕는다. 치

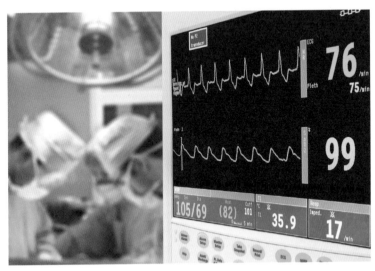

이 세상에서 가장 중요한 리듬, 심장 박동은 생명의 빅자다.

한을 만났을 때 사용하는 전기충격기와는 정반대의 기능이라고나 할까?

심장 발작은 누구에게나 쉽게 일어날 수 있다. 나이가 들수록 심장 발작을 일으킬 확률은 더욱 높아지며, 지방을 많이 섭취한다거나 스트레스를 많이 받는 사람은 특히 위험하다. 유전적인 요인도 있기 때문에 부모가 심장 질환을 앓았다면 자식도 걸릴 가능성이 높다. 더욱 심각한 것은 건강하던 심장이 어느 날 갑자기 아무 이유 없이 발작을 일으켜 사망에 이를 수도 있다는 사실이다. 이것을 심장 발작에 의한 급사sudden cardiac death(SCD)라고 하는데, 미국에서는 매일 1천 명, 영국에서는 400명이 심장 발작과 SCD로 죽는다고 한다.

최근 미국과 영국의 심장 질환 의학자들은 물리학자들과 손을 잡고 심장 발작의 원인과 치료를 위해 다양한 시도를 하고 있다. 의학자들이 하필이면 물리학자와 손을 잡은 이유는 무엇일까? 사실 지난 수백 년 동안 의사들은 심장에 관한 연구를 수행해왔지만 심장의 역학적인 운동을 정확히 이해하지 못하고 있었다. 그러니 심장의 역학적인 운동에 이상이 생긴 심장 발작에 대해 속수무책일 수밖에 없었다. 심지어 전기충격장치가 심장 발작에 효과가 있다는 것은 알고 있지만 그것의 치료 원리에 대해서는 몇 가지 이론이 공존하고 있을 정도다. 다행히도 이 분야에 새롭게 뛰어든 물리학자들이 의학자들이 미처 깨닫지 못했던 사실들을 하나씩 밝혀내고 있어 이 분야는 다시금 활기를 띠고 있다.

심장 박동이 불규칙한 이유　　　　——

편안한 상태에서 심장은 대체로 1초에 한 번씩 규칙적으로 뛴다. 심장 박동의 규칙적이고 주기적인 운동을 이용해서 갈릴레오가 이탈리아 피사의 한 성당에서 추의 진동 주기를 측정했다는 것은 잘 알려진 일화다. 그러나 장시간 정밀하게 측정해보면 심장 박동의 간격beat-to-beat intervals이 우리가 생각했던 것보다 훨씬 더 복잡하고 불규칙하다는 것을 발견할 수 있다. 믿기 어렵겠지만, 심지어 잠을 자고 있는 상태에서도 심장 박동은 굉장히 불규칙하다.

　이 사실을 처음 발견한 하버드대학교 의과대학의 에이리 골드버거Ary Goldberger 교수는 시간의 스케일을 바꾸어도 심장 박동의 불규칙성은 사라지지 않는다는 사실을 증명했다. 1분 동안 심장 박동 간격을 측정하면 그 간격이 미세한 수준에서 매우 불규칙한 곡선을 그리는 것을 볼 수 있다. 한 시간 동안 측정을 하고 눈금의 간격을 분 단위로 바꾸어도 그래프 모양은 변하지 않는다. 하루 간격으로 해도 마찬가지다.

　그렇다면 심장 박동은 주기적인 운동이 아니라 불규칙한 노이즈라는 의미일까? 1993년 미국 보스턴내학에서 박사 후 연구를 하고 있던 중국인 물리학자 펭충강Chung-Kang Peng 박사는 공동 연구자 골드버거 교수와 함께 열 명의 건강한 피험자와 심장 질환을 앓고 있는 열 명의 환사들의 심전도electrocardiogram(ECG)를 측정한 후, 두 그룹의 심장 박동 간격을 비교해보았다.

그런데 결과는 우리의 상식과는 정반대였다. 정상인의 심장 박동 간격이 훨씬 더 불규칙적이었으며, 환자들의 심장 박동 간격은 상당히 규칙적이었다. 그리고 펭 박사는 정상인의 심장 박동 간격이 '장기적으로 반대의 상관관계long-range anti-correlations'를 가진다는 것을 보여주었다. 환자들의 심장 박동이 과거의 박동 패턴과 상관없이 매우 규칙적으로 뛰는 데 반해, 정상인의 심장 박동은 한동안 증가하는가 하면 몇 분 후에는 반대로 줄어드는 상태가 되고 이런 요동이 계속 반복된다는 것이다.

다시 말하면, 건강한 심장은 심장 박동이 느려 혈액 공급이 원활하지 못하면 스스로 심장 박동 간격을 좁힘으로써 혈액 공급량을 회복하려고 노력하는 데 반해, 심장 질환에 걸리면 과거의 심장 박동 정보를 기억하지 못해 문제가 생겨도 회복할 수 있는 피드백이 전혀 없다는 것이다.

하버드대학에서 지하철로 두 정거장 떨어져 있는 MIT대학의 중국인 교수 푼치상Chi-Sang Poon 박사와 크리스토퍼 메릴Christopher Merrill 교수는 좀 더 수학적인 방법을 고안해 심장 박동이 노이즈처럼 불규칙하지만 그 안에 나름의 질서가 있는 카오스 운동이라는 사실을 증명했다. 그들의 주장에 따르면, 심장 박동은 매우 불규칙적이며 유동적이지만 그렇다고 해서 아무렇게나 뛰는 것은 아니다. 심장 운동의 불규칙성은 매우 간단한 비선형 미분 방정식으로 기술될 만큼 정교

한 형태로 만들어졌으며, 바로 그런 유연한 운동 상태 덕분에 심장은
다양한 상황에 대처해서 정상적인 기능을 유지할 수 있다는 것이다.
그들은 자신들의 수학적 모델을 이용하면 심장 발작의 원리를 설명
할 수 있을 뿐 아니라, 의사가 환자의 심장 발작을 미리 예고할 수도
있다고 주장한다.

그러나 독일 포츠담대학의 물리학자 위르겐 쿠르츠Jürgen Kurths 교
수는 푼 교수의 방법이 수학적으로 그다지 엄밀하지 못하기 때문에
그가 내린 결론을 낙관하긴 이르다고 주장한다. 골드버거 교수 역시
아직 확답을 내리기는 어렵다고 말한다. 그러나 심장에 손을 얹고 확
실히 말할 수 있는 것은 펭 박사와 푼 교수가 서로 다른 방법을 사용
해서 건강한 사람과 심장 질환 환자의 심장 박동이 다르다는 것을 증
명했다는 사실이다. 위르겐 쿠르츠 교수 역시 자신이 고안한 방법을
이용해서 두 그룹의 심장 박동 패턴이 서로 다른 특성을 보인다는 것
을 증명했다. 따라서 이제 심장 질환 환자를 진단하는 문제는 믿을 만
한 해결책을 얻었다고 볼 수 있다. 펭 박사는 자신의 방법을 특허 신
청까지 해놓은 상태다.

물리학자들의 연구는 진단 차원에만 머물지 않는다. 그들은 심장
발작 환자를 치료하기 위한 방법을 모색하고 있다.

생명, 끊임없이 요동치고 변화하는 과정 ——

여기서 잠깐 심장 박동의 원리를 알아보자. 심장은 심방과 심실이라는 4개의 작은 방으로 나뉘어 있다. 오른쪽 심실에서 나온 혈액은 폐를 지나 산소가 풍부한 혈액으로 바뀌어 왼쪽 심방으로 들어간다. 이렇게 들어간 혈액은 왼쪽 심실의 펌프질을 통해 온몸으로 퍼지게 되는데, 4개의 작은 방으로 구성된 심장이 유기적으로 펌프질을 할 수 있도록 오른쪽 심방 벽에 동방결절sinoatrial node이라 불리는 페이스메이커pace maker, 즉 주기 조정자가 있다. 이곳에서 활동전위action potential 형태의 전기파를 방출하면 이로 인해 심장의 근육들이 하나의 박자에 맞춰 수축과 이완을 반복하면서 펌프질을 하게 되는 것이다.

그런데 관상동맥이 막혀 심장으로 혈액이 제대로 공급되지 못하면 심장 근육이 산소 부족으로 제 기능을 상실하게 된다. 그러면 페이스메이커가 방출한 전기파가 한 곳을 맴돌게 되면서 1분에 800번까지 뛰게 만들기도 하고, 심방과 심실이 제각기 뛰도록

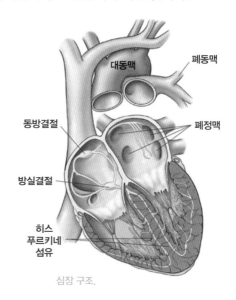

심장 구조.

해서 펌프질이 엉망이 되기도 한다.

영국 리드대학의 수학자이자 생물학자인 애런 홀든Arun Holden 교수는 컴퓨터 시뮬레이션을 통해 페이스메이커에서 만들어진 전기파가 심장 안에서 소용돌이 모양으로 퍼져 나간다는 사실을 알아냈다. 이 소용돌이 전기파가 심장 중앙부에서 점점 커지거나 여러 소용돌이로 깨지면 심장이 정상적으로 기능하지 못한다는 사실도 발견했다. 그는 인공적으로 만들어진 전기 펄스를 주입함으로써 잘게 부서진 소용돌이파를 없애고 점점 커지는 소용돌이파를 줄어들게 만드는 방법을 찾아냈다.

실제로 심장 질환 환자에게 이와 유사한 방법을 이용한 전기충격장치를 심장 안에 장착하는 기술은 이미 오래전부터 시행되고 있다. 심장이 발작을 일으키는 순간을 포착해 전기충격파를 발생시키는 전기충격장치는 매우 효과적이어서 심장 발작이나 그로 인한 급사를 95퍼센트 이상 막아내고 있다고 한다. 그런데 문제는 이 장치를 장착하는 것이 굉장히 고통스럽다는 데 있다. 담배 한 갑 크기의 전기충격장치를 심장 안에 이식하면 심장 발작 직전 7줄Joule 정도의 에너지를 심장으로 발산하게 된다. 이것은 마치 누워 있는 사람의 가슴에 볼링공을 떨어뜨리는 것과 같은 충격이다.

미국 애틀랜타에 있는 조지아공과대학의 윌리엄 디토William L. Ditto 교수를 비롯해서 많은 물리학자들은 보다 작고 정교하면서도 효과적인 전기충격장치를 개발하는 데 몰두하고 있다. 그들이 개발에 성공한다면, 펭 박사나 푼 교수의 방법으로 심장 발작의 위험이 있는 환자에게 미리 장착해 심장 질환으로 인한 사망을 효과적으로 줄일 수 있을 것이다.

심장 발작과 관련한 물리학자들의 일련의 연구는 최근 물리학 이론이 의학 분야에 어떻게 성공적으로 적용될 수 있는가를 보여준 좋은 사례다. 그들의 연구 성과는 여기에 그치지 않는다. 물리학자들이 밝혀낸 심장 박동의 운동은 질병에 대한 의학자들의 낡은 고정관념을 송두리째 흔들어놓고 있다. 지금까지 생물학자들과 의학자들은 생명체의 생명 현상을 항상성homeostasis의 개념으로 설명해왔다. 그들에 따르면 건강한 생명 현상이란 질서order와 균형balance을 통해 정적인 평형 상태static equilibrium를 유지하는 것이다. 그래서 서양에서는 질병을 'disorder', 즉 '질서를 잃은 상태'라고 하지 않는가?

그러나 심장의 운동에서 본 바와 같이, 심장이 '장기적인 반대의 상관관계'라는 특성을 통해 항상성을 유지하려는 것은 사실이지만 그것은 결코 정적인 평형 상태가 아니며 끊임없이 요동치고 변화하는 과정이다. 나이가 들어 노화될수록 심장의 불규칙성이 떨어진다는 사실은 역동적이고 유연한 상태가 건강에 얼마나 중요한 요소인가를 잘 말해준다.

이러한 특성은 비단 심장의 운동에서만 찾을 수 있는 것이 아니다. 불규칙적인 곡선을 그리는 건강한 사람의 뇌파도 혼수상태에 빠지면 단순하고 주기적인 모양으로 바뀌고, 건강한 사람의 불규칙하고 예측 불가능한 백혈구의 농도도 백혈병에 걸리면 그 수치가 일정하고 규칙적으로 변한다. 결국 생명체는 질서정연한 방식으로 규칙적인 운동을 수행하는 정적인 시스템이 아니라 불규칙하지만 유연하고 역동적인 상태를 통해 급변하는 환경에 적응하는 역동적인 시스템이라는 것이다. 이제 '심장 박동은 규칙적이다'라는 상식은 과감히 던져버리자. 그리고 기억해두자. 규칙적으로 뛰는 심장 박동 소리, 그것은 우리의 생명을 영원한 안식처로 이끄는 죽음의 진혼곡이라는 것을.

제3악장

Grave non
tanto

느리고
장중하나
너무 지나치지
않게

자본주의의 심리학

The Science of Shopping

상술로 설계된 복잡한 미로
― 백화점

공원을 설계하는 건축가들은 공원의 조경이나 설계를 시민들보다 더 중요하게 생각한다.
그러나 사람들을 공원에 오게 하는 것은 대리석 조각품이나 꽃밭, 폭포 같은 것이 아니다.
사람들에게는 앉아서 쉴 수 있는 벤치가 필요하다.
— 윌리엄 화이트, 도시인류학자

화려하고 값비싼 제품들이 고층 건물을 구석구석까지 빼곡히 채우고 있는 백화점. 그곳은 소비를 즐기는 자와 부추기는 자가 행복을 거래하는 자본주의의 안식처다. 세계 각국에서 온 제품들이 잘 닦인 진열대 위에서 고객의 시선을 끌기 위해 휘황찬란한 자태를 뽐내고, 사람들은 그 사이를 쉴 새 없이 오가며 맘에 드는 물건을 고르느라 여념이 없다. 백화점 문을 들어서는 순간부터 매장 사이를 거니는 내내, 심지어 화장실 입구나 에스컬레이터 위에서도 우리는 무언가 열심히 물건을 고르고 있다.

1층에는 값비싼 보석과 시계, 지갑, 구두, 화장품 등이 손을 뻗으면 닿을 듯한 위치에 진열돼 있고, 2층에는 여성 의류가, 3층에는 남성 의류와 스포츠용품이, 4층에는 아동 의류와 가전제품이 전시돼 있다. 에스컬레이터에서 내려오면 세일 상품들이 매대 위에 쌓여 있고, 지하 식품 코너에는 소프트아이스크림이 제일 먼저 우리를 반긴다. 창문도 없고 벽시계도 없지만 거울은 차고 넘치는 곳. 엘리베이터는 좁

1F
**패션잡화
명품**

명품
화장품
패션잡화
컬렉션 숍

2F
**로열
부티크**

수입 의류
명품잡화
명품잡화

3F
**수입부티크
디자이너
부티크
골프**

디자이너 행사장
골프
수입 부티크

4F
**남성 의류
아동**

남성 정장
캐릭터 정장
유아 휴게실
셔츠/타이
스포츠
아동

서울 시내 한 백화점 안내도.

은 데다 구석에 위치해 있어 타기 불편하며, 에스컬레이터는 중앙에 자리 잡고 있어 어쩔 수 없이 이용하게 되는 곳, 그곳이 바로 백화점이다.

신문에 실린 통계를 보니 서울 명동에 있는 롯데백화점 본점의 경우 2000년 한 해 매출액이 1조 원을 넘었다고 한다. 1979년 12월 17일에 개점한 이 백화점의 첫해 매출액이 460억 원이었던 것과 비교하면 20년 사이에 매출액이 대략 20배나 증가한 셈이다. 특히 가을 세일 기간의 매출액이 약 3400억 원, 하루 매출액이 300억 원을 돌파하는 신기록을 세웠다는 대목이 눈에 들어온다. 고객 한 명이 어림잡아 평균 10만 원씩 돈을 썼다고 하면 하루에 약 3

만 명의 고객이 그 백화점을 들락거린 셈이다.

복작거리는 백화점. 사람 많기로 따지면 시장도 만만치 않지만 시장과 백화점은 몇 가지 중요한 차이가 있다. 그것은 겉모습의 화려함이나 사고파는 물건의 가격만이 아니다. 시장에서는 물건을 파는 사람들이 좁은 공간에 최대한 밀착해 장사를 하고 있고, 각 점포들의 위치 선정이나 배치, 제품 진열 등이 엄격한 조율하에 관리되지 않는다. 반면 백화점은 매장의 진열대 외에도 각종 팸플릿과 안내 표지의 위치, 입구와 출구, 엘리베이터와 에스컬레이터, 창문과 벽, 카운터 등 가장 멀리 있는 주차장에서 쇼핑의 중심 공간인 매장에 이르기까지 모든 것이 상업적 전략에 따라 설계돼 있다.

어느새 번잡스러운 백화점에 익숙해져서 매장 사이를 돌아다니며 필요한 제품을 척척 찾아내는 데 선수가 된 우리가 마치 복잡한 미로에서 출구를 찾아내는 훈련에 단련된 실험실 쥐 같아 마음이 쓸쓸할 때가 있다. 그렇다면 복잡하게만 보이는 백화점에 도대체 어떤 상술이 곳곳에 숨어 있는지 꼼꼼히 살펴보기로 하자. 속더라도 알고나 속아 넘어가자는 것이다.

백화점 설계의 비밀   ——

우선 백화점에는 유리와 거울이 유난히 많다. 기둥이나 벽도 거울처럼 사람의 모습이 비치는 반들반들한 대리석으로 돼 있다. 남녀노소 누구나 거울 앞을 지날 때면 무의식적으로 거울에 비친 자신의 모습을 들여다보는 습관이 있기 때문에 걷는 속도가 느려진다. 그러므로 거울 앞에 선 사람은 그냥 스쳐 지나갈 수도 있는 주위 진열대에 무의식적으로 관심을 보이게 되며 거울에 비친 반대편 물건에 시선이 끌릴 수도 있다. 이처럼 백화점의 거울은 고객의 시선을 한 번이라도 더 제품에 쏠리게 만드는 중요한 수단이다.

반면 백화점에는 벽시계와 창문이 없다. 어느 건물을 가든 넘치는 게 시계이고, 창문 없는 건물이 없건만 백화점만은 예외다. 이것은 시간 가는 줄 모르고 쇼핑을 하라는 백화점 측의 따뜻한 배려(?)다. 쇼핑에 열중하던 주부들이 행여 저녁시간이 다 된 것을 눈치채고 서둘러 집으로 돌아가는 것을 막기 위해 일부러 설치하지 않는 것이다. 닭들이 배가 터지도록 모이를 쪼게 만드는 양계장의 형광등 불빛처럼 창문 없는 백화점의 샹들리에는 영업시간 내내 백화점 내부를 대낮처럼 밝게 비춘다.

매장에서 주력 상품들은 어디에 전시되어 있을까? 백화점 내에서 선호도가 높은 위치는 어디일까? 그것은 매장을 돌아다니는 고객의 쇼핑 습관과 관계가 있다. 사람들은 상황이 허락하는 한 가장 자연스럽고 편안한 방식으로 움직이게 마련이다. 닝국, 오스트레일리아처럼 좌측통행을 하는 나라의 사람들은 왼쪽에 붙어서 걷는 특성이 있으며 에스컬레이터에서 내려서는 왼쪽 방향으로 도는 경향이 있다(물론 우측통행을 하는 미국이나 캐나다에서는 반대다). 그래서 에스컬레이터에서 내려오면 왼쪽 옆에 값싼 세일 상품을 진열대 위에 늘어놓고 파는 것을 볼 수 있다.

또 오른손잡이들은 백화점 매장 사이를 돌아다니며 구경할 때 주로 오른쪽을 먼저 쳐다보는 경향이 있으며, 물건도 오른손으로 집는다. 나 같은 왼손잡이가 아니라면 왼손을 사용해 몸을 가로질러 상품을 집는 것보다 오른손으로 오른쪽에 있는 상품을 집는 것이 훨씬 편하게 느껴질 것이다. 미국의 백화점들은 이 점을 고려해, 손님의 손에 닿게 하고 싶은 물건은 늘 오른쪽으로 약간 비껴서 진열해놓는다. 우리나라에서도 매장 입구의 오른쪽에는 가장 중요한 상품들, 즉 한 사람도 놓치지 않고 모든 손님들에게 보여야 할 주력 상품들을 주로 배치한다.

백화점에서 여성 의류는 2~3층, 남성 의류는 대개 3~4층에 자리 잡고 있다. 여성 의류를 파는 곳이 남성 의류를 파는 곳보다 낮은 층에 있는 이유는 무엇일까? 무거운 쇼핑백을 든 여성들이 힘들어할까봐 배려해서? 물론 그런 면도 없진 않겠지만 더 중요한 이유는 따로 있다.

남성들은 필요한 물건이 있을 때 백화점을 찾는 경우가 많으며, 윈도쇼핑을 그다지 즐기지 않는다. 필요한 물건을 구입한 후에는 곧바로 백화점을 나서는 경우가 많다. 그래서 아무리 높은 층에 있어도 그다지 영향을 받지 않고 물건을 산다. 반면 여성들은 남성들에 비해 쇼핑 자체를 즐기는 경향이 훨씬 더 강하기 때문에 여성용품을 2~3층

공간 구조부터 제품 진열까지, 백화점의 모든 것은 상업적 전략에 따라 설계돼 있다.

에 배치해두면 화장품이나 가방을 사러 잠시 들른 여성 고객을 위층
으로 유혹할 수 있다.

　매장 내 물건을 배치하고 진열하는 데에도 숨겨진 법칙이 있다. 진
열대의 높이에 따라 같은 종류의 제품이라도 판매율에서 큰 차이가
난다는 것은 잘 알려진 사실이다. 손을 뻗으면 집을 수 있는 높이에
제품이 놓여 있으면, 고객의 시선보다 높은 위치에 놓여 있거나 무릎
이나 허리를 구부려야 집어들 수 있는 자리에 있을 때보다 고객이 그
제품을 집어들 확률이 네 배 이상 높으며, 팔릴 확률은 두 배 이상 높
다고 한다. 그래서 백화점에서는 제품을 선반에 아무렇게나 진열하
는 것이 아니라 이윤이 높은 상품을 손이 쉽게 가는 적정 높이에 배
치한다.

2~3층의 여성 의류 매장에는 간이의자가 하나둘씩 배치돼 있거나 걸터앉을 수 있는 자리가 마련돼 있는 경우가 많다. 그것은 남성이 그다지 쇼핑을 즐기지 않는 특성과 관련 있다. 남편이나 남자 친구와 함께 쇼핑을 해본 여성이라면 누구나 한 번쯤 경험해봤으리라. 매장을 구석구석 둘러보고 물건을 꼼꼼히 따져볼라 치면 남편이 옆에서 하는 말. "대충 고르고 빨리 가자!"

한 통계에 따르면, 혼자 온 여성 고객의 평균 쇼핑 시간은 5분 정도라고 한다. 그런데 여자 친구를 동반하는 경우 쇼핑 시간은 8분 15초로 늘어나지만 남자를 동반하면 4분 40초로 줄어든다고 한다. 그래서 백화점은 여성이 옷을 입어보고 거울 앞에서 자신의 모습을 비춰보고 있는 동안 남성이 앉아서 쉴 수 있는 공간을 마련해줌으로써 여성의 쇼핑 시간이 단축되는 것을 막으려는 것이다.

지하 식품 코너에는 어떤 상술이 숨어 있을까? 지하 식품 코너에서 잘 팔리는 물건은 주로 가장자리에 위치해 있다. 카트를 끌고 매장 안으로 들어가면 오른쪽 벽면을 따라 과일과 채소가 놓여 있고, 안쪽 벽면에서는 고기와 생선을 팔고, 왼쪽에서는 음료수를 판다. 과자나 그밖에 필요한 생필품들은 가운데 위치해 있다. 지하 식품 매장에서 장을 보는 주부들을 관찰해보라. 그들은 전차를 타고 필사의 경주를 하는 〈벤허〉의 검투사들처럼 쇼핑 카트를 밀며 가장자리를 반시계 방향으로 돌면서 장을 본다. 안쪽 트랙(?)에는 그들의 고개를 왼쪽으로 돌리게 하려는 매장 직원들이 시식 코너를 앞세워 그들을 유혹한다.

손님들이 가장자리를 따라 돌다 계산대로 직행하는 것을 막기 위해 시식 코너는 안쪽으로 갈수록 많다.

그러나 뭐니 뭐니 해도 지하 식품 코너의 핵심은 계산대다. 식품 코너의 계산대는 미국에서도 가장 신경을 쓰는 부분이다. 미국은 백화점 지하에 식품 코너가 따로 없고 주로 K마트나 월마트, 브래들리 등 대형 슈퍼마켓에서 식료품을 판다. 이들 대형 슈퍼마켓은 우리나라의 백화점 지하 식품 코너처럼 계산대 앞에서 기다리는 손님들에게 하나라도 더 팔기 위해서 초콜릿이나 껌, 잡지, 건전지 같은 물건을 진열해놓고 있다. 기다리기 지루한 손님들이 별수 있으랴. 집어들 수밖에.

게다가 미국에서는—고객들은 잘 느끼지 못하겠지만—계산대 쪽 바닥이 다른 부분보다 약간 높게 설계돼 있다. 그 이유는 무엇일까? 물건을 잔뜩 실은 카트를 밀고 경사진 비탈길을 올라가는 것은 쉽지 않다. 손님이 필요한 물건들을 카트에 넉넉히 담아 계산을 하려고 계산대 쪽으로 가다 보면 조금씩 힘이 들게 된다. 따라서 걷는 속도도 조금씩 느려지고, 그러다 보면 눈에 띄는 물건이 있을 때 카트를 멈추고 그 물건을 집어들 확률이 높아진다. 특히 무심코 지나친 물건을 다시 살펴보기 위해 카트를 반대 방향으로 돌릴라 치면 이번에는 경사가 낮아지기 때문에 쇼핑 카트는 저절로 계산대에서 멀어지는 방향으로 미끄러져 내려간다. 결국 손님은 무의식중에 카트를 따라 다시 매장 깊숙이 들어가게 된다. 반대로 계산을 마치고 나면 다시 경사는

내리막이 된다. 계산이 끝난 손님은 빨리 계산대 근처에서 벗어나게 해서 다음 손님이 곧바로 계산할 수 있도록 하기 위해서다.

이렇듯 매장의 상품 진열에서부터 계산대의 바닥 높이에 이르기까지 백화점은 구석구석까지 고객의 쇼핑 패턴을 분석해 손님들이 매장에서 더 많은 물건을 쉽게 구경하고 결국에는 구매하게끔 설계돼 있다.

고객을 사로잡는 쇼핑의 과학

도대체 고객의 쇼핑 패턴은 언제부터 연구되기 시작했을까? 이른바 쇼핑의 과학science of shopping이라 불리는 이 분야를 본격적으로 연구한 사람은 세계적인 컨설팅 회사 인바이로셀Envirosell의 최고경영자인 파코 언더힐Paco Underhill이다. 1979년부터 행동심리학적인 관점에서 고객의 쇼핑 패턴을 조사하고 도시 건축 설계에 관심을 가져온 그는 1989년 인바이로셀을 설립하고 백화점, 은행, 의류점, 레스토랑 등의 매장 설계 및 판매에 관한 컨설팅을 해주고 있다. 세계적인 기업인 야후, 마이크로소프트, 맥도날드, 스타벅스, 갭, 에스티로더, 씨티은행 등이 그의 자문을 받아왔다고 한다.

뉴욕과 밀라노 등지에 본부를 두고 있는 인바이로셀은 매년 5만~7만 명의 쇼핑객을 인터뷰하고 2만 시간이 넘는 비디오 촬영을 토대로 쇼핑객의 성별과 연령은 물론 세세한 표정과 움직임까지 분석해 제품과 매장 관리에 필요한 정보를 제공하고 있다. 1992년, 매장 촬영을 위해 저속 촬영용 슈퍼 8밀리미터 필름을 6만 달러어치나 사용해 코닥으로부터 "단일 소비자로서는 세계에서 가장 많은 필름을 사용한 회사"라는 말을 들었을 정도라고 한다.

파코는 이렇게 해서 얻은 900여 개의 '고객의 쇼핑 패턴과 매장 설계에 관한 법칙들' 중에서 중요한 것만을 뽑아 1999년 5월 《쇼핑의 과학》이라는 책을 펴내 베스트셀러 작가가 되기도 했다. 쇼핑 문화에 관한 보고서이기도 한 이 책은 전 세계 11개국 언어로 번역돼 쇼핑 매장을 운영하는 수많은 경영인들에게 유용한 정보를 제공하고 있다.

미국에서 그가 대중적으로 유명해진 것은 뉴욕 센트럴파크 근처에 위치한 블루밍데일 백화점을 시장 조사하다가 '부딪침 효과butt-brush effect'라 불리는 쇼핑 패턴 법칙을 발견하면서부터였다. 인바이로셀은 블루밍데일 백화점 1층 중앙 현관에 카메라를 설치하고 입구 바로 앞 복도에 있는 넥타이 코너에 렌즈를 고정시켜, 바쁜 시간대에 고객들이 어떻게 출입구를 오가는지 관찰했다. 그 결과 넥타이 코너로 가던 사람들이 백화점으로 들어오는 사람들과 부딪칠까 봐 잠시 걸음을 멈칫멈칫한다는 사실을 발견했다. 또 한두 차례 부딪친 손님들은 대부분 넥타이 구경을 포기하고 출구로 빠져나간다는 사실도 관찰했다. 사람들은 물건을 구경하거나 매장 사이를 돌아다닐 때 뒤쪽에 있는 누군가와 부딪치거나 접촉하는 것을 몹시 꺼려하기 때문에 그런

부딪침을 피하는 과정에서 관심 있는 상품이라도 멀어질 수 있다는 것이다. 파코는 이것을 '부딪침 효과'라고 불렀다.

백화점 측에 알아본 결과, 넥타이 코너가 메인 통로에 위치해 있음에도 불구하고 매출이 기대에 못 미쳐 고민이었다고 한다. 파코는 이 사실을 백화점 사장에게 보고했고, 사장은 곧 1층에 전화를 걸어 넥타이 코너를 메인 통로에서 조금 떨어진 곳으로 옮기라고 지시했다. 파코는 2~3주 후 넥타이 매출이 크게 올랐다는 전화를 받았다.

파코는 어느 인터뷰에서 자신이 '쇼핑의 과학'에 관심을 갖게 된 것은 도시인류학자 윌리엄 화이트William Whyte(1914~2000)의 영향 때문이라고 말한 바 있다. 윌리엄 화이트는 공원이나 빌딩 플라자(대광장 혹은 건물 내 쇼핑몰)와 같은 도시 내 공공장소를 설계할 때 시민들의 이용 패턴이나 필요를 고려해야 한다고 믿었다. 컬럼비아대학에 다니던 시절 파코는 윌리엄 화이트의 연구 업적에 관한 강의를 듣고 깊은 감명을 받았다. '공공장소 프로젝트project for public spaces'를 주도했던 윌리엄 화이트는 사람들이 많이 모이는 공원과 그렇지 못한 공원의 차이를 알아보기 위해 뉴욕에 있는 공원에 카메라를 설치해 사람들의 행동 패턴을 관찰했다. 윌리엄 화이트가 얻은 결론은 사람들은 조경이 근사하거나 설계가 멋진 공원을 찾는 것이 아니라 편히 앉아서 쉴 수 있는 벤치나 잔디밭이 많은 공원을 찾는다는 것이었다. 사람들이 공원을 찾는 가장 중요한 이유는 '편히 쉴 공간이 필요해서'이기 때문이다.

이 연구에 깊은 인상을 받은 파코는 그 즉시 윌리엄 화이트의 '공공장소 프로젝트'에 참여하기 위해 지원서를 내고 합격 통지서를 받았다. 한편 그는 사람이 많이 찾는 공원과 그렇지 못한 공원 사이에 어떤 법칙이 존재한다면, 사람이 많은 매장과 그렇지 못한 매장 사이에도 반드시 어떤 법칙이 존재할 것이라고 생각했다. 그래서 그는 공공장소가 아닌 상업적인 공간에 대한 분석을 시도해보기로 마음먹었던 것이다.

그렇다면 파코 언더힐의 '쇼핑의 과학'이 우리에게 던져주는 의미는 무엇일까? 그는 쇼핑의 과학이 '고객을 위한 과학'이라고 말한다. 그의 말대로, 기업이 고객의 쇼핑 패턴에 맞게 매장을 설계하고 상품을 진열한다면 소비자들은 좋은 상품을 효과적으로 찾고 구매할 수 있을 것이다. 뉴욕 T. G. I. 프라이데이스를 찾는 미국 고객의 소비 패턴과 서울 T. G. I. 프라이데이스를 찾는 한국 고객의 소비 패턴은 다를 것이다. 프랜차이즈라 하더라도 각국 혹은 각 지방 고객의 특성을 고려해 더 나은 서비스를 제공하고자 한다면 '쇼핑의 과학'은 그들에게 큰 도움을 줄 것이다.

그러나 실상 파코의 주장은 기본적으로 소비자의 심리를 파악해서 좋은 판매 전략을 세우고 매장 설계와 진열에 이를 응용하자는 것이지 소비자의 심리를 파악해서 더 나은 서비스를 제공하자는 것이 아니다. 고객에게 더 나은 서비스를 제공하는 것이 가장 좋은 판매 전략이 아니냐고 되묻는 사람도 있겠지만 그것은 순진한 생각이다. 소비자를 위한 서비스와 판매 촉진을 위한 서비스가 충돌할 때 과연 그 제공자들은 무엇을 따를까?

예를 들어 햄버거 가게를 생각해보자. 롯데리아나 버거킹 같은 햄버거 가게에 있는 의자나 탁자는 보기에는 예쁘고 깔끔하지만, 엉덩이를 걸치는 부분이 작고 등받이가 딱딱해서 오래 앉아 있으면 허리가 아프고 불편하다.

이것은 패스트푸드 가게 주인이 무심해서가 아니라 의도적으로 그렇게 만든 것이다. 패스트푸드 매장은 손님 회전이 빨라야 한다. 주문하자마자 햄버거와 음료수를 건네면 사람들은 그걸 들고 자리에 가서 엉덩이만 걸친 채 재빨리 먹어치운 후 가게를 나서야 한다. 그래야 다음 손님에게 그 자리를 내어줄 수 있다. 그렇지 않고 손님이 편히 앉아 쉬면서 햄버거를 즐긴다면 패스트푸드점의 생명이라고 할 수 있는 '빠른 회전'은 큰 타격을 받는다. 패스트푸드점이 많은 돈을 들여 산업 디자이너를 고용해 엉덩이도 다 들어가지 않는 손바닥만 한 바닥에 딱딱한 플라스틱으로 만든 의자를 설치해놓은 데에는 그런 이유가 숨어 있다.

게다가 패스트푸드점에는 항상 최신 댄스곡이 흐른다. 빠른 음악이 나오면 사람들의 먹는 속도도 빨라지기 때문이다. 공장에서 작업 능률을 높이기 위해 작업 시간 내내 빠른 음악을 틀어주는 것과 비슷한 원리다. 덕분에 우리는 편안한 의자에 앉아 클래식 음악을 들으며 햄버거를 먹을 기회를 박탈당한 것이다.

이렇듯 고객을 위한 설계와 이윤을 위한 설계가 정면으로 대치할 때 가게 주인은 반드시 이윤을 택하게 마련이다. 백화점도 마찬가지다. 이것이 파코 언더힐의 '쇼핑의 과학'이 윌리엄 화이트의 공공장소 설계 원칙과 다른 점이다.

손님이 왕이라고? 손님은 주머니에서 돈이 지불되기 전까지만 왕이다. 백화점의 복잡한 미로에서 잠시 정신을 잃는 사이, 오늘도 수십만 명의 왕들은 그곳에서 돈을 잃는다.

복잡계 경제학

Complex Econo-systems

물리학자들,
기존의 경제학을 뒤엎다

경제란 석탄을 아끼는 데 있는 것이 아니라
그것이 불타고 있는 동안 시간을 효과적으로 이용하는 데 있다.
— 랠프 왈도 에머슨, 시인 · 사상가

1987년 10월 19일 월요일, 뉴욕의 다우존스 평균 주가가 하루 동안 508포인트, 전날에 비해 무려 22.6퍼센트가 폭락하는 사건이 발생했다. 역사는 이날을 '블랙 먼데이Black Monday'라 부른다. 불과 몇 달 전인 8월 25일만 해도 다우존스 지수는 연초 대비 주가 상승률이 40퍼센트를 기록하는 등 수직 상승세가 이어지면서 사상 최고치인 2722.42포인트를 달성했다. 이 같은 호황 분위기 속에서 주가 폭락의 조짐을 눈여겨본 사람은 아무도 없었다.

주가가 갑자기 폭락하자 앞다투어 주식을 처분하려는 매도 물량이 쏟아졌고, 브로커들은 주식 매매 대금을 지불하지 못하는 상황에 처하게 됐다. 뉴욕 증시의 대폭락은 일본, 영국, 싱가포르, 홍콩 등지의 주가 폭락으로 이어져 전 세계적으로 1조 7천억 달러에 달하는 증권 투자 손실을 초래했다.

안정적이고 효율적인 '시장 균형'을 신봉하는 현대 주류 경제학 이론에서 보자면 1987년 주가 대폭락은 지극히 예외적인 사건이어야

1987년 10월 19일, 뉴욕 증시가 폭락한 '블랙 먼데이' 당시 월스트리트의 모습.
ⓒ Roger Hsu/flickr

한다. 많은 증시 분석가들은 블랙 먼데이의 주요 원인으로 증시의 불안정이나 시장 경제의 불균형보다는 '컴퓨터를 이용한 거래'를 지적하고 있다. 그러나 컴퓨터의 집단적인 착오만 없다면 주가 폭락은 일어나기 어려운 일일까?

안타깝게도 신문 경제 면의 머리기사들은 결코 그렇지 않다고 말한다. 뉴욕 증시만 해도 1929년 대공황 이래 열한 차례에 걸친 역사적인 주가 폭락이 있었다. 특히 1987년 블랙 먼데이를 비롯해 1929년과 1932년, 1937년, 1989년, 1997년의 주가 폭락은 모두 10월에 발생했다 하여 뉴욕 증시는 10월을 '잔인한 달'이라 부른다. 작은 정치적 사건으로도 주가가 요동치는 우리나라의 경우 증시 폭락은 일상적인 연중행사에 가깝다.

복잡하고 불규칙한 시장의 움직임

애덤 스미스Adam Smith와 레옹 발라Léon Walras 이래 시장의 안정성과 수요-공급의 균형을 복음처럼 받들어온 주류 경제학자들은 이같이 요동치는 주가와 불안정한 증시에 대해 우리에게 어떤 설명을 들려줄 수 있을까? 그들은 경제는 항상 완전한 평형 상태에 놓여 있고, 공급과 수요는 정확히 일치하고, 주식시장은 폭등이나 폭락으로 흔들리지 않으며, 어떤 회사도 시장을 독점할 만큼 성장하지 못하고, 자유시장의 '보이지 않는 손'이 모든 것을 최상으로 만들어내리라 믿는다.

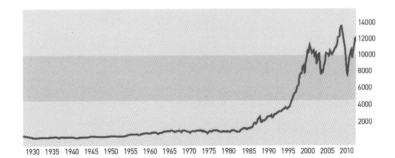

미국의 다우존스 지수 변화.

그러나 현실 경제는 어떤가? 경제는 늘 불안정하며, 공급과 수요는 그 실체가 정확히 파악되지도 않을뿐더러 시장은 격변과 불균형 속에 항상 혼잡하기만 하다. 작은 정치적 사건에도 사정없이 흔들리는 주식시장은 폭락과 폭등을 되풀이하곤 한다. 신고전주의 경제학자들은 현실 경제의 불안정성과 불균형, 끊임없이 변화하는 현실 경제 패턴에 대해 아무런 설명도 해답도 제시하지 못하고 있다.

20세기 후반, 복잡한 시스템에 관한 연구에 몰두하던 일련의 물리학자들은 기존의 경제학 이론으론 설명할 수 없었던 경제 현상을 이해하기 위해 물리적인 접근을 시도했다. 보이지 않는 손과 시장의 균형, 완전한 합리성 등 신고전주의 경제학은 숨 막힐 정도로 정교하고 아름답지만, 불행히도 현실 경제는 레옹 발라나 애덤 스미스가 꿈꿨던 '한 치의 오차도 없이 맞물려 돌아가는 톱니바퀴'가 아니다. 물리학자들은 인간 세상의 불합리성과 혼잡함에 관심을 갖기 시작했고 그것이 만들어내는 패턴들과 열린 가능성에 주목했다.

우리가 주류 경제학이라고 부르는 것은 레옹 발라 이후 체계가 잡힌 신고전주의 경제학을 말한다. 신고전주의 이론에 따르면, 모든 경제 주체는 완전한 합리성으로 무장하고 있으며 항상 최선의 선택을 하고 자신의 효용이나 이윤을 최적화한다. 경제학 수업을 들어본 사람이라면 누구나 한번쯤 한계 효용이 체감하는 효용 함수(수학적으로 말하자면 2계 도함수의 기울기가 항상 음인 함수)와 한계 비용이 체증하는 비용 함수(2계 도함수의 기울기가 항상 양인 함수)를 만들어 최적화 문제를 푼 적이 있을 것이다.

이렇게 해서 얻어진 개별 주체의 공급 곡선과 수요 곡선을 수평합하면 시장에서의 공급 곡선과 수요 곡선이 얻어진다. 이 두 곡선이 만나는 점에서 가격과 판매량이 결정된다는 것이 주류 경제학의 기본 아이디어다. 더 나아가면 모든 주체가 합리적 판단을 하기 때문에 모든 시장은 동시에 균형을 이룬다는 일반균형이론에 이르게 된다.

그러나 과연 우리는 합리적인 소비자일까? 세상에 누가 미분을 해서 자신의 소비를 결정하는가? 어느 기업이 자신의 비용 함수를 계산해서 이윤을 최대화하는가? 이 질문은 물리학자들이 주류 경제학에 도전장을 던지기 전부터 경제학계 내부에서도 끊임없이 제기되어 왔다.

노벨 경제학상 수상자인 밀턴 프리드먼Milton Friedman(1912~2006)은 '당구 게임'에 관한 비유로 이 질문에 답한다. 신자유주의 경제학

신고전주의 경제학자
밀턴 프리드먼.

의 선봉장인 그는 교육이나 사회 복지 등에 대한 정부의 재정 지원에 반대하며 모든 것을 시장에 맡겨야 한다고 강조해왔다. 당구는 정교한 물리 법칙에 의해 작동한다. 사람들은 당구를 칠 때 당구공이 부딪치는 각도나 속도를 계산하면서 게임을 하진 않는다. 하지만 그들은 게임을 하면서 득점을 올린다. 그리고 그들이 택한 방법은 물리 법칙으로 찾아낸 방법과 대부분 유사하다. 이와 마찬가지로, 경제 주체들이 실제로 미분을 해서 경제 활동을 하진 않지만 실제 행동 결과가 이론과 일치한다면 신고전주의 경제 이론은 현실을 설명하는 데 있어 훌륭한 이론이라는 것이다.

그렇다면 그의 주장은 과연 옳은 것일까? 물리 법칙으로 최적화된 경로대로 당구를 치는 사람은 '당구의 고수'들뿐이다. 대부분의 사람들은 당구를 치면서 절반 이상 성공하기 힘들다. 마찬가지로 세상의 모든 소비자는 '소비의 고수'가 아니다. 대부분의 사람들이 신고전주의 경제 이론처럼 소비를 결정할 것이란 생각은 지나친 기대다.

게다가 당구 게임은 소비에 비하면 지극히 단순한 행위에 불과하다. 복잡한 현실 경제 활동에 비하면 당구대 위의 상황은 얼마나 간단한가! 당구를 치는 사람은 당구대를 한눈에 내려다보며 몇 개의 당구

공의 움직임만 고려하면 되지만, 현실 세계에서 소비자는 수천, 아니 수만 개의 상품과 대면해야 한다. 과연 소비자는 이 모든 상품들을 충분히 고려하며 자신의 효용을 최적화하며 살까? 설령 그러고 싶다고 해도 계산 불가능한 문제라는 연구 결과도 나온 바 있다.

물리학자는 경제 현상을 어떻게 바라볼까

그렇다면 물리학자들은 어떤 관점에서 경제 현상을 바라보고 있을까? 이른바 '복잡계 경제학'이라고 불리는 그들의 패러다임은 경제를 '안정된 평형 상태에 놓인 시스템'으로 보지 않는다. 그들은 환율이나 금리, 물가, 주가 지수 등 다양한 경제지표들에 나타난 복잡하고 불규칙한 등락의 원인을 간단하게 파악하기 어렵다는 것을 누구보다 잘 알고 있다. 그리고 그것이 수확 체감의 법칙이나 음의 되먹임negative feedback에 의한 평형, 환원주의적 분석만으로는 결코 설명될 수 없다고 확신한다.

물리학자들은 '수확 체증의 법칙'과 양의 되먹임positive feedback으로 인한 시장의 비평형성, 그리고 불안정성을 인정한다. 그들은 초기의 작은 차이가 나중에 큰 결과를 초래할 수도 있을 만큼 시장은 불안정하며 합리적이지 않은 선택이 고착화되기도 한다는 사실에 주목한다. 모든 경제 주체는 합리적이지 않으며 각자 개성과 특성을 가진 존재들로 인식한다. 그들에게 경제는 끊임없이 전개되는 다양한 패턴들과 열린 가능성으로 가득 찬 시스템인 것이다. 이 시스템을 결정론적으로 예측한다는 것은 처음부터 불가능하며 통합주의적인 관점에서 전체 시스템의 운동에 초점을 맞춰야 한다는 것이 그들의 주장이다.

그렇다면 먼저 물리학자들이 주장하는 복잡계 경제학의 근간이 되는 수확 체증increasing returns의 법칙에 대해 알아보자. 주류 경제학은 현실 경제의 안정과 균형의 원인을 '수확 체감diminishing returns의 법칙'으로 설명한다. 수확 체감의 법칙이란 두 번째 먹은 사탕은 첫 번째 먹은 사탕보다 덜 달고, 비료를 두 배로 쓴다고 해도 수확은 두 배에 미치지 못하며, '일정 수준 이상이 되면 늘어나는 수익성은 투자량에 못 미친다'는 이론이다. 그렇게 되면 사탕에 싫증이 난 사람들은 초콜릿을 찾게 될 것이고, 농부는 비료를 적당한 양 이상은 사용하지 않을 것이다. 수확 체감은 어떤 회사나 상품이 시장을 독점할 수 있을 만큼 성장하지 못한다는 것을 의미한다. 따라서 경제는 늘 다양하고 조화롭고 안정된 상태를 유지한다는 것이다.

그렇다면 이와 반대로 두 번째 먹은 사탕이 더 달게 느껴지는 일은 없을까? 그래서 한번 그 사탕을 맛본 사람들이 계속 그 사탕만 먹게 되고 그것이 독점을 만드는 일은 전혀 일어날 수 없는 걸까? 스탠퍼드대학 경제학과의 브라이언 아서Brian W. Arthur는 가능하다고 주장한다. 그는 캘리포니아대학에서 경제학 박사학위를 받았지만, 복잡성 과학 이론의 체계를 세우고 물리학자들의 복잡성 이론을 경제학계에

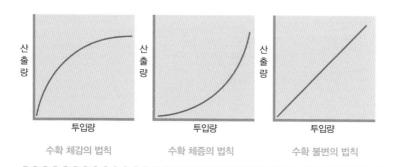

수확 체감의 법칙   수확 체증의 법칙   수확 불변의 법칙

수용하는 데 주도적인 역할을 한 인물이다.

그가 '수확 체증의 법칙'이라 이름 붙인 이 현상을 설명해주는 유명한 사례들이 있다. 1970년대 중반까지만 해도 비디오 녹화 재생 방식에는 VHS 방식과 베타 방식이 있었다. 많은 전문가들이 베타 방식이 VHS 방식보다 기술적으로 우수하다고 평가했음에도 불구하고, 1980년대에 들어서면서 VHS 방식이 비디오 시장을 순식간에 점령해버렸다. 그 이유는 무엇이었을까?

초기에 VHS 방식의 비디오 상점들이 운 좋게도 시장을 약간 더 확보하고 있었고, 그 결과 기술적인 열세에도 불구하고 막대한 이익을 취할 수 있었다. 비디오 상점들은 두 종류의 비디오를 구입해 쌓아놓는 것을 싫어했고, 소비자들은 새로 구입할 비디오가 나중에 없어져버릴까 봐 걱정했다. 사람들은 시장 점유율이 높은 선두주자를 따라가는 것이 안전하다는 것을 알았다. 이렇게 해서 처음에는 VHS와 베타의 점유율 차이는 아주 작았으나, 선점 효과로 인해 결국 VHS 방식

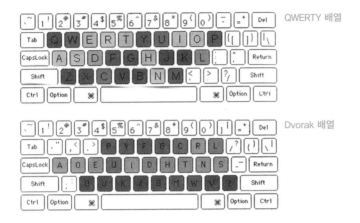

QWERTY 배열

Dvorak 배열

이 시장을 점령하게 됐고, 베타 방식은 자취를 감추었다.

수확 체증에 관한 또 하나의 예는 키보드 시장에서 찾을 수 있다. 현재 우리가 사용하는 컴퓨터 키보드는 QWERTY 배열이다. QWERTY란 키보드 맨 위 영문자 줄에 배열된 6개의 알파벳을 딴 이름이다. QWERTY 키보드 배열은 어떻게 표준으로 정해진 것일까? 가장 효율적인 배열이라서? 천만의 말씀. 전혀 그렇지 않다.

1873년 공학자 크리스토퍼 숄스Christopher Sholes는 타이피스트들의 타이핑 속도를 조금 늦추기 위해 QWERTY 배열을 고안했다. 당시 타자기는 타이핑 속도가 너무 빠르면 뒤엉켜 자주 고장이 나곤 했기 때문이다. 그래서 레밍턴 재봉틀 회사는 QWERTY 배열을 이용한 타자기를 대량 생산했고, 이로 인해 많은 타이피스트들이 이 표준 배열을 익히기 시작했다. 실제로 QWERTY 자판 이후 더 편리한 Dvorak

자판이 등장했으나 곧 소멸되었다고 한다. Dvorak 자판이 더 편리한데도 QWERTY에 익숙해진 타이피스트들은 Dvorak 배열을 새로 익히려 하지 않았다. 따라서 기업은 계속해서 QWERTY 자판을 사용했고, 취직하려는 새로운 타이피스트들 역시 QWERTY 배열을 익힐 수밖에 없었다.

같은 물건을 파는 상점들이 한 곳에 모여 있으면 경쟁이 붙어 수입이 줄 것 같지만, 더 많은 사람들이 그곳을 방문해 수입이 증가하게 된다. 그로 인해 더 많은 상점들이 그 지역에 몰리게 되고, 그것은 거대한 단일 품목의 시장을 형성하는 계기가 된다. 미국의 실리콘밸리나 할리우드, 우리나라의 세운상가나 테헤란로 벤처타운의 시너지효과도 같은 방식으로 설명할 수 있다.

영화판은 어떤가? 한 영화배우가 순수하게 자신의 재능만으로 최고의 인기인이 되는가? 단 한 편의 성공작을 내는 행운으로 유명세를 얻어 초고속 성장을 하는 예를 우리는 얼마든지 찾을 수 있다. 송강호는 영화 〈넘버 3〉가 아니었다면 자신의 재능을 온전히 펼칠 기회를 얻지 못했을 것이며, 〈반칙왕〉이나 〈공동경비구역 JSA〉에서 주연을 맡는 일도 불가능했을 것이다. 평범한 조연급 배우였던 전광렬이 MBC 간판급 배우로 성장한 것도 〈허준〉이라는 TV 드라마가 있었기 때문이다. 비슷한 재능을 가진 불운한 배우들과 비교해보면 그들의 행로는 더욱 뚜렷한 차이를 보인다. 이처럼 선점 효과로 인한 초기의 작은 차이가 점점 큰 수익성을 가져다주어 시장을 장악하고 독점하는 경우는 얼마든지 있다. 가장 효율적인 기술이 합리적인 소비자들에게 선택된다는 신고전주의 학자들의 주장과는 반대되는 상황이다.

이처럼 주류 경제학의 비현실석 가정들을 제거하면 효율적인 하나의 균형은 오히려 극히 예외적인 상황임을 알 수 있다. 복잡계 경제학에서는 초기 우연성과 과거 의존성에 따른 비효율적 상태로의 고착, 복수 균형, 균형으로의 회귀가 아닌 증폭적 상호작용 등의 개념으로 경제를 새롭게 설명하고 있다.

물리학자들이 주류 경제학에 대해 가장 큰 목소리로 비판하는 것은 신고전주의 경제학이 이른바 데카르트적 환원주의의 관점에서 기술되어 있다는 사실이다. 환원주의란 최소 구성 단위의 성질을 이해하면 전체 시스템의 성질도 완벽하게 이해할 수 있다는 주장이다. 환원주의자들에게 전체란 단순히 구성 단위들의 합에 불과하다. 신고전주의 경제학은 모래알처럼 독립적인 개인의 경제 행위를 단순히 합하면 한 사회의 경제가 어떻게 돌아가는지 정확히 기술할 수 있다는 방법론에 입각한다. 그러나 현실에서 경제 주체들은 서로 영향을 주고받으며 행동한다. 경제 현상의 주체는 개인과 가정 혹은 국가로, 이들은 상호작용하며 경쟁과 연합의 원리를 근간으로 복잡하게 얽혀 있다.

복잡계 경제학은 아직 체계적인 패러다임을 갖추진 못했지만 다양한 분야에서 새로운 모델을 제시하고 있다. 미국 프레딕션 컴퍼니 Prediction Company의 설립자인 도인 파머Doyne Farmer 박사는 실제 시장의 특성을 가진 비평형 모델을 통해 '새로운 거래 전략'의 생성 과정을 연구했다. 그의 모델에 따르면 개인은 제한된 정보만을 가지게 된다. 이들이 서로 다양한 전략을 선택해 거래를 하고, 그중 투자 이익을 남기는 개인들이 살아남아 새로운 거래 전략을 만든다. 이 모델에서 시장은 상호 진화하는 거래 전략들의 집합체이며, 시장은 생물이 생존 전략을 통해 끊임없이 진화하는 것과 유사한 특징을 보인다.

이러한 모형들은 아직 초보 수준에 머무르고 있지만, 실제 금융시장의 많은 특성들을 설명해준다. 가격은 여러 거래 전략 간의 상호작용에 의한 내부 동역학에 따라 요동친다. 여기서 생겨나는 시장의 비효율성에 의해 가격은 반드시 '진짜 가격'을 반영하지 않고 패턴을 만들어낸다는 것도 알아냈다. 그리고 이 패턴을 이용하는 거래 행위가 생겨나고, 이로 인해 패턴은 다시 소멸한다는 사실도 알게 됐다. 그사이 사람들은 수익을 취하고 새로운 패턴을 찾아 나선다. 현재의 첨단 과학적 투자 기법의 핵심은 이렇게 시장에 잠깐 나타나는 '미시적 패턴의 이익 기회'를 최대한 빠르고 효율적으로 이용하는 데 있다는 것이 파머 박사의 주장이다.

현재 세계 경제계는 미국식 자유주의 경제학이 맹위를 떨치고 있다. 유럽은 수정 자본주의나 제3의 길을 택하고 있지만 미국만큼 장기 호황을 누리지는 못하고 있다. 많은 경제 전문가들이 미국 경제의 거품 가능성을 경고하지만, 미국의 경제 호황은 지금도 계속되고 있으며 가까운 시일 내에 침체될 것 같지도 않다. 신고전주의 경제학의

'자유시장'이라는 이상은 개인의 권리와 자유라는 미국인의 이상과 일치한다. 그들은 그저 사람들이 자기 하고 싶은 대로 하도록 내버려 둘 때 사회가 가장 효율적으로 돌아간다는 신념을 고수하고 있다.

그러나 부의 재분배 문제는 논외로 치더라도, 복잡계 경제학은 자유시장의 효율성과 미국식 자유주의에 대해 비판의 목소리를 담고 있다. 어떤 우연한 사건이 당신을 몇 가지 가능한 결과 중의 하나로 고착시킨다면 그 선택의 결과가 반드시 최선의 것은 아닐 수 있다. 다시 말해 개인의 자유를 최대한 보장하는 시장경제 체제가 이 세계를 최선으로 이끌지 못할 수도 있다는 것이다.

복잡계 경제학은 끊임없이 변화하는 경제 현상의 패턴을 이해하고 설명하는 학문이다. 주류 경제학자들이 복잡계 경제학을 쉽게 받아들이지 못하는 가장 큰 이유는 작은 변화에도 민감하고 격변과 혼란으로 가득 차 있는, 그래서 아무것도 정확히 예측할 수 없는 '경제학'을 인정하지 않으려 하기 때문이다. 이 세계가 끊임없이 변화하며 무수히 많은 패턴으로 자체 조직화하면서 진화한다면, 그래서 우리가 아무것도 예측할 수 없다면, 우리가 하는 일을 어떻게 감히 '과학'이라 부를 수 있느냐고 경제학자들은 되묻는다.

그렇다면 다윈이 100만 년 후에 인간이 어떻게 진화할지 예측하지 못했다고 해서 그의 학문은 과학이 아니란 말인가? 천문학자들이 별의 생성을 예측하지 못한다고 해서 그들의 연구가 비과학적이란 말인가? 그렇지 않다. 우리가 무언가 예측할 수 있다면 참으로 좋은 일이다. 그러나 과학의 본질은 자연의 근본적인 원리를 드러나게 해주는 '설명'에 있다. 물리학자들은 주류 경제학을 부정하고 뒤엎으려 하지만, 그들의 연구는 우리에게 더욱 풍성한 경제학을 선사할 것이다.

더 알아보기

다우존스 평균 주가 지수 Dow-Jones Stock Price Average

1898년 〈월스트리트 저널〉의 창간자인 찰스 다우Charles Dow와 통계학자 에드워드 존스Edward Jones가 처음 도입한 이 지수는 미국 증권 시장의 동향과 시세를 알려주는 뉴욕 증시의 대표적인 주가 지수다. 공업주 30종, 철도주 20종, 공공주 15종 등 모두 65종에 대해 다우존스 사에서 매일 발표하는 네 종류 주가의 평균을 산출해 발표한다.

금융 공학
Financial Engineering

주식시장에 뛰어든
나사의 로켓 물리학자들

1997년 IMF 외환위기가 발생한 이후 증시 투자가 붐을 이루었다. 금융시장의 구조조정에 이어 선물이나 옵션, 뮤추얼 펀드 등 다양한 금융상품이 개발되면서 증시에 대한 관심이 부쩍 높아졌고, 코스닥 시장과 전자 거래가 활성화되면서 증시 투자는 활기를 띠기 시작했다. 초단타 매매로 매일 수십만 원씩 번다는 전문 투자가의 무용담이 책으로 나오고, 주식 투자로 수십억을 벌었다는 고수익 투자가들의 성공담이 신문지상에 심심찮게 오르내렸다. 바야흐로 은행 이자만으로도 행복했던 소시민들의 마음이 뒤숭숭해지는 시절이었다.

증권의 역사를 거슬러 올라가다 보면 시간은 어느새 1602년 네덜란드에 이른다. 바르톨로뮤 디아스Bartholomeu Dias가 희망봉을 발견하고 바스코 다 가마Vasco da Gama가 인도 항로를 개척해 유럽과 동양의 직무역 시대를 열자, 동양의 진귀한 물자들을 실어와 유럽에서 파는 해상 무역이 엄청난 이익을 남기게 된다. 그러나 이러한 이익을 위해선 넘어야 할 산이 있으니, 바로 태풍 같은 자연재해와 해적선의 약

1602년에 설립된 암스테르담 증권거래소의 모습.

탈. 성공하면 막대한 부를 거머쥘 수 있지만 실패하면 파산하거나 심지어 목숨을 잃을 수도 있다. 무역상들은 주식 형태의 증서를 발행해 필요한 자금을 조달함으로써 투기성 무역을 시작하게 됐고, 이러한 해상 무역이 더욱 발전해 1602년 네덜란드 암스테르담에 세계 최초의 증권거래소를 설립하기에 이르렀으니, 세계 증권 시장의 역사는 무려 400여 년이나 되는 셈이다.

1800년대에 시작된 미국 증시가 국제 금융의 중심지가 되면서 다양한 시장 예측 이론과 숱한 일화의 증권 왕들을 탄생시켰건만, 월스트리트에서도 '주가 예측'은 400년 전만큼이나 어렵고 막막하긴 마찬가지다. 최근 미국에서는 400년 동안 해결하지 못한 이 난제를 풀기 위해 수학과 컴퓨터에 능숙한 물리학자들을 대거 영입하고 있다.

금융시장에 관한 수학적 연구 ———

주식시장에 관한 최초의 수학적 연구는 1900년에 프랑스 수학자 루이 바슐리에Louis Bachelier에 의해 시작됐다. 그는 〈투기 이론Theory of Speculation〉이라는 논문에서 주가의 움직임을 물리학에서 잘 알려진 브라운 운동Brownian motion으로 해석할 수 있다고 주장했다. 브라운 운동이란 얕은 접시에 물을 담고 그 안에 꽃가루 입자를 떨어뜨렸을 때 입자가 물분자들과 충돌하며 이동하는 현상을 말한다. 꽃가루 입자는 밀도나 농도 차이에 의해 확산되면서 물분자들과 충돌해 불규칙한 궤적을 만들게 되는데, 이 운동은 물리학 분야에서 대표적인 랜덤워크 문제random walk problem로 알려져 있다. 이때 우리는 꽃가루 입자의 위치를 정확히 예측할 수는 없고 다만 확률적으로 기술할 수 있다.

바슐리에의 연구는 이제껏 비과학적인 주먹구구식 분석에 그치던 주식시장의 움직임을 과학적 시각에서 관찰하고 분석한 최초의 사례로 볼 수 있다. 또한 그의 연구 이후 주가는 물론 이자율, 환율 등에 관한 금융시장 연구에 수학적 확률론이 본격적으로 적용되기 시작했다.

그러나 금융 수학이 금융시장에서 실용적으로 적용된 것은 1970년대 이후의 일이다. 이 시기에 금융시장에서는 새로운 종류의 금융

상품인 파생금융상품derivatives이 발달하기 시작했다. 파생금융상품이란 농산물, 외환, 주식 등과 같이 자산이 되는 금융상품을 기초로 하여 이들의 가격 변동에 따른 손실 위험을 최소화하기 위한 것이다.

대표적인 파생금융상품으로 선물futures이 있다. 선물이란 미래의 특정 시점에 이루어질 상품의 거래 가격을 미리 정해놓은 것을 말한다. 예를 들어 배추 재배자가 김장철에 수확할 배추를 일정 금액에 팔기로 미리 계약을 하면, 배추 가격 변동에 상관없이 계약한 가격에 배추를 팔 수 있다. 따라서 배추 가격 변동에 따른 위험을 상당 부분 제거할 수 있다.

파생상품의 위험 분석과 가격 결정에 획기적인 기여를 한 연구는 1973년 피셔 블랙Fischer Black(1938~1995)과 마이런 숄스Myron Scholes(1941~)의 '옵션 가격 결정 이론'이다. 이들은 바슐리에와 같이 주식 가격이 랜덤 워크 운동을 한다는 모형을 설정하고, '위험 없이 수익을 이자율 이상 올릴 수 없다'는 가정 아래 옵션의 가격이 만족하는 방정식을 유도했다.

그런데 놀랍게도 이 방정식은 물리학에서 도체 내 열 전달을 기술하는 '열전도 방정식'과 유사한 형태를 가지고 있었다. 이 방정식의 해는 물리학자들이 이미 100여 년 전에 풀어놓았던 것이다. 그러나 블랙과 숄스는 그 사실을 모르고 한동안 이 방정식의 해를 구하려고 무진 애를 썼다고 한다. 이 방정식을 푼 결과가 바로 옵션 가격 분석의 세계 표준이 된 '블랙-숄스 옵션 가격 모형'이다. 금융 분야에서 블랙과 숄스의 이론은 물리학에서 뉴턴이나 아인슈타인의 업적에 견줄 수 있을 만큼 혁명적인 것으로 평가받고 있으며, 이후의 금융 산업 전체를 획기적으로 바꾸어놓는 기술상의 변화를 가져왔다.

월스트리트에 나타난 로켓 과학자들

물리학과 경제학 사이의 높은 벽이 본격적으로 무너지기 시작한 것은 1980년대 '로켓 과학자들'이라고 불리는 나사NASA 출신의 물리학자들이 월스트리트에 진출하면서부터였다. 현재 미국에서는 '월스트리트가 물리학 박사들의 가장 큰 고용주'라는 농담이 사람들의 입에 오르내릴 정도로, 많은 물리학자들이 투자회사나 은행에서 데이터 분석 작업을 수행하고 있다. 우리나라에서도 지난 2000년 현대증권 리서치센터에서 물리학을 포함한 이공계 전공자를 애널리스트로 채용한다는 기사가 나와 화제가 되었다.

금융 데이터 분석 연구는 대부분 비밀리에 수행되고 있지만, 물리학자들이 쓴 금융 관련 연구 논문들이 저명한 과학 저널과 경제 학술지에 발표되는 사례도 전 세계적으로 늘고 있다. 1999년 7월에는 아일랜드 더블린에서 '금융 데이터 분석에 대한 물리학의 적용에 관한 유럽 학술회의The first European Physical Meeting on Applications of Physics in Financial Analysis'가 처음으로 개최되기도 했다.

국제 금융시장은 모건스탠리와 골드만삭스, 메릴린치 같은 세계적인 투자은행들과 증권회사들의 고수익 쟁탈을 위한 전쟁터가 되었다. 거래 방식은 제각기 다르지만 개인이나 기업에 투자해 이익을 늘리고 투자 위험을 최소화하는 것이 이들 투자회사들의 한결같은 목표다. '우주의 나이'를 계산하던 천체물리학자들이 이곳에서 하는 일은 투자 거래에 따른 위험성을 평가하고 이익을 극대화할 수 있는 거래 방식을 찾는 것이다. 물론 결코 만만한 일은 아니다.

물리학자들이 증권가로 간 까닭은 무엇일까? 가장 큰 이유는 경제 분야에서 물리학자들의 능력을 필요로 한다는 점이다. 전통적인 금융 이론은 고도로 다양화되고 복잡한 경제 현상을 설명하는 데 심각한 한계를 드러냈다. 금융 전문가들은 복잡계 과학과 카오스 이론, 컴퓨터 모델링과 확률 이론 등 물리학자들이 고안해낸 방법론에서 그 돌파구를 찾으려고 한다. 독창적인 아이디어와 분석적인 사고에 능한 물리학자들이 경제학의 복잡한 문제를 푸는 데 실마리를 제공해주길 기대하고 있다. 작게는 개인 투자자의 투자 전략에서부터 크게는 국가의 금융 정책 수립, 국제 무역수지의 균형, 대규모 투자 계획을 수립하는 문제에 이르기까지, 물리학자들을 필요로 하는 분야는 점점 늘고 있다.

많은 경제 현상이 비선형 복잡계와 비슷한 특성을 보인다는 사실 또한 물리학자들에겐 매력적인 도전이 된다. 경제 현상은 개인과 가정에서부터 다국적 기업, 국가 그리고 국가 간 연합에 이르기까지 그 규모와 활동 범위가 다양하며, 이들 경제 주체들의 상호작용이 경쟁과 연합의 원리를 근간으로 복잡하게 얽혀 있다. 최근 경제 현상이 난류 현상이나 생물종들의 진화와 유사하다는 연구가 발표되면서 경제 현상에 대한 물리적 접근의 가능성이 열리고 있다.

주가 동향이나 환율, 금리, 무역량 등 경제지표를 나타내는 지수들이 정량화되어 있고 자료가 풍부하다는 점도 물리학자들을 불러들이게 된 요인 중의 하나다. 경제지표에 대한 데이터베이스는 그 어느 분야보다 풍부함과 정확성을 자랑한다. 일례로 미국의 10개 증권거래소에서 거래되는 모든 주식의 가격 동향은 15초 간격으로 전산에 기록되며, 1992년 이후의 자료만도 고배율로 압축 저장된 CD로 100여 장이 넘는다. 그 밖에도 환율 변동, 금리 변동, 유가 변동 등 거시 경제지표 역시 정밀하게 자료화되어 있고 누구나 쉽게 검색할 수 있다. 인터넷을 통한 전자 거래가 시작된 이후 일반 투자자들의 거래 내역까지 상세히 기록되어 있다.

안타깝지만 입자물리학이나 천체물리학 분야의 일자리가 턱없이 부족하다는 점도 주요 원인으로 꼽지 않을 수 없다. 입자와 천체물리학에서 이론을 전공한 과학자들의 경우 박사학위 취득 후 연구원이나 교수 외에는 마땅한 일자리가 없어 금융계나 컴퓨터 산업으로 옮겨가는 물리학자가 늘고 있다. 미국 대학의 물리학 박사들의 직업 현황을 보면, "물리학을 버리고 서부로 갔다"는 글귀를 종종 볼 수 있다. 그들에게 월스트리트나 실리콘밸리의 거액 연봉 제안은 뿌리치기 힘든 유혹이다.

그렇다면 물리학자들은 금융계에 진출한 이후 과연 어떤 일을 수행해왔을까? 그들의 활약상을 이야기하기 전에 먼저 전통적인 금융 이론에 대한 문제점을 짚고 넘어가야 할 것 같다. 그동안 경제학자들은 고수익의 안전한 투자를 위해 어떤 방법을 사용해왔을까?

지난 시간 동안 널리 받아들여진 자본 시장 이론의 핵심 아이디어는 폴 새뮤얼슨Paul Samuelson(1915~2009)이 제창한 '효율적인 시장 가정efficient market hypothesis'이다. 이 이론에 따르면, 실제 시장은 모든 이용 가능한 정보가 즉각적으로 공개되고 합리적인 투자자들에 의해 그 정보가 바로 가격에 반영되는 '효율적인 시장'으로 가정할 수 있다. 따라서 오늘 주가는 오늘의 모든 변동 요인을 반영한 것이며 내일 주가 또한 내일의 모든 변동 요인을 반영하여 형성된 것이므로, 오늘 주가와 내일 주가는 서로 아무런 연관이 없게 된다. 다시 말해 주가는 매일 매일 독립적으로 움직이며 전혀 예측할 수 없다는 것이다.

'효율적인 시장 가정'에 근거해, "주가는 전혀 예측할 수 없으므로 주가 예측을 바탕으로 주식 투자를 할 수 없다"고 단정짓는 이론이 바로 '랜덤 워크 이론random walk theory'이다. 이 이론은 주식 투자자들에게 현재 가장 널리 사용되는 전략이다. 그래서 랜덤 워크 이론가들은 주가 변동과 상관없이 투자 수익을 높일 수 있는 투자 전략 개발에 노력한 결과 포트폴리오portfolio 방식과 포뮬러 플랜formula plan 방식을 널리 활용하게 되었다.

포트폴리오 방식은 여러 유가증권에 효율적으로 분산 투자를 해서 위험을 낮추고 수익을 높이고자 하는 투자 전략이고, 포뮬러 플랜은 주가 예측을 무시하고 일정한 기준을 정해 자동적으로 투자 의사를 결정하는 투자 기법이다. 이와 같은 투자 전략은 자금력에 한계가 있는 개인 투자자들에겐 큰 도움이 못 되며, 자금 동원 능력이 무한한 기관 투자가들에게 유용한 방법이다.

그렇다면 과연 증권 시장은 효율적인 시장일까? 전혀 그렇지 않다. 실제 증권 시장에서는 대부분의 투자자들이 정보를 즉각적으로 처리하지도 않을뿐더러 합리적이지도 않다. 물가, 경기, 기업의 수익력, 금리, 통화량, 정국의 동향 등 쏟아지는 정보들은 해석하기조차 힘들며, 같은 정보라 하더라도 개인이나 기관의 해석 능력에 따라 차이가 난다. 또 이를 즉시 거래에 반영하는 데에는 여러 가지 장애 요인이 존재한다. 현대 금융 경제학에서는 '기대 수익 최대화'와 함께 '위험 최소화'라는 목표를 동시에 추구하기 때문에 시장이 완전한 효율성을 얻기는 힘들다.

지난 수십 년 동안 통계 분석, 데이터베이스 축적, 이론 모형 등 많은 연구가 수행되었지만 놀랍게도 아직도 '효율적 시장 가정'에 대한 의견의 일치를 보지 못하고 있다. 오히려 효율적 시장 가정을 지지하는 학파와 이를 반대하는 학파 간에 첨예한 대립만 심화되고 있을 뿐이다. 이들 논쟁의 결과로 도출된 결론 중 하나가 바로 "실물 시장 경제를 체계적으로 이해하기 위해서는 좀 더 정교한 수학적 모형 연구가 필요하다"는 것이다. 바야흐로 물리학자가 필요하게 된 것이다.

주가 지수를 예측할 수 있을까? ────

물리학자들이 금융가에 뛰어들어 제일 먼저 한 일은 주가 지수의 변동이 과연 랜덤random, 무작위한가를 알아보는 것이었다. 금융시장에서 자산 수익을 예측하는 문제는 50퍼센트의 확률보다 조금만 더 높아도 큰돈을 벌 수 있기 때문에 많은 투자회사와 펀드매니저들이 이 문제에 매달리고 있다. 카오스 이론에 따르면 법칙에 의해 만들어진 신호도 그 법칙이 비선형적이라면 무작위적으로 변하는 것처럼 보일 수 있다.

그들은 주가 변동이 완전한 노이즈인지, 아니면 유한개의 변수로 표현할 수 있는 규칙적인 카오스 신호chaotic signal 혹은 프랙털 신호 fractal signal인지 알아보았다. 그들의 연구에 따르면, 주가 지수는 매우 복잡하게 변하긴 하지만 완전히 무작위로 변하는 것이 아니라 끊임없이 유사한 구조를 되풀이하는 '프랙털 신호'라는 것이다. 그리고 주가 변동을 모형화하는 데 있어 필요한 변수는 10개를 넘지 않는다는 것이 여러 연구자들에 의해 증명되었다.

랜덤 워크 이론에 따르면, 과거와 미래의 가격 변동은 아무런 상관관계가 없기 때문에 오늘의 가격은 미래 가격을 예측하는 데 전혀 도움이 되지 않는다. 그러나 카오스 분석은 이 이론이 사실이 아니라는 것을 보여주고 있다. 복잡한 주가 변동에도 '숨겨진 질서나 규칙'이 존재할 가능성이 있다는 것이다. 이 결과는 "주가 변동을 장기 예측하는 것은 어렵지만 단기적인 예측은 가능하다"는 것을 암시한다. 실제로 미국에서는 카오스 이론에 기초한 과학적 투자 기법을 이용한 펀드매니저들이 높은 수익률을 올리며 시장의 예측 가능성을 실증적으로 보여주고 있다.

랜덤 워크 이론에 따르면, 주가 지수는 랜덤한 신호이므로 수익률의 분포는 정규 분포를 보여야 한다. 정규 분포는 평균에서 멀어질수록 값이 급격히 떨어지기 때문에 꼬리 부분에 해당하는 '주가의 폭락이나 폭등'은 확률적으로 거의 존재할 수 없다. 그러나 실제 증시는 그렇지 않다.

예일대학교 수학과 석좌교수였던 만델브로는 1963년 수익률 혹은 가격 변동의 분포가 꼬리 부분이 매우 두텁다는 사실을 발견하고 '두터운 꼬리 모델fat-tailed model'을 제안했다. 주가의 폭락이나 폭등이 확률적으로 자주 일어날 수 있다는 것이다. 만델브로 교수는 정보가 증권가에 연속적으로 일정하게 공개되는 것이 아니라 간헐적으로 갑자기 쏟아져나오는 경우가 많기 때문에 주가의 폭등이나 폭락이 언제든지 가능하다고 설명한다. 설령 정보가 연속적으로 쏟아진다 하더라도 투자자들이 일정 수준에 이르기 전까지 정보를 가격에 반영하지 않는 경우에도 두터운 꼬리를 가질 수 있다. 정보는 공개되는 순간부터 상당 기간 동안 지속적으로 가격 결정에 영향을 끼친다는 주장도 있다. 주가 지수의 변동이 과거 값에 영향을 받는다는 것이다. 수익률 분포가 정규 분포에서 이탈하는 이유가 무엇인지에 대해서는 아직 논쟁이 끝나지 않았다.

벨기에 리에주대학의 마르델 오슬루Mardel Oslu 박사와 그의 동료들은 1997년 10월 전 세계적인 주가 대폭락이 있기 한 달 전, 벨기에의 한 경제 잡지에서 주가 대폭락을 예측해 화제가 되었다. 그들은 S&P500 지수(미국 내에서 거래되는 주식 중에서 주가총액이 가장 많은 순서대로 500개의 기업을 선정해 그 주가를 가중 평균한 값)를 분석하다가 우연히 주기적인 주가 폭락 현상을 발견했다. 주기는 일정한 값이 아니라 일정한 비율로 감소하고 있어 쉽게 발견되지는 않았다. 그들은 비선형 분석을 통해 주가 폭락의 날짜를 예측할 수 있었다. 그들의 분석 방법은 몇 가지 치명적인 결함이 있었지만 그들의 연구 성과는 주가 예측의 가능성을 시사한다.

스탠퍼드대학 경제학과 석좌교수를 지낸 브라이언 아서는 주식시장을 생물학적 진화 모형으로 설명한다. 각각의 투자자들은 서로 경쟁하며 시장 환경에 적응해나간다. 그러나 모든 투자자들이 바람직한 방향으로만 투자를 하는 것은 아니다. 투자자들은 제한된 정보를 가지고 나름대로 최선의 전략을 짤 것이다. 그들은 때론 이익을 얻거나 손해를 볼 것이다. 이익을 내는 전략은 시간이 지남에 따라 돈을 모으게 되고, 그렇지 않은 경우 돈을 잃고 시장에서 탈락하게 된다. 그의 주장대로라면, 주식시장이란 생존을 위해 끊임없이 진화를 거듭해야 하는 거대한 아마존 밀림과도 같다.

이 이론에 기초해 브라이언 아서는 샌타페이 인공주식시장Santa Fe

Artificial Stock Market을 만들었다. 그는 이 프로그램을 통해 금융시장의 복잡한 행동이 마치 생물들이 진화하는 것과 유사하다는 것을 멋지게 보여주었다. 이 모형은 실제 주식시장을 좀 더 미시적으로 이해하는 좋은 수단이 될 뿐 아니라 간혹 앞으로 나타날 주식시장의 모습을 보여주기까지 한다.

최근 컴퓨터의 발전으로 계산 속도가 빨라지고 효율적인 정보 처리가 가능해지면서 금융시장에 대한 수학적 모델과 데이터 분석은 금융 공학에서 중요한 연구 분야가 되었다. 따라서 복잡한 계산과 컴퓨터 프로그래밍에 이골이 난 물리학자들이 앞으로 실물 시장 연구에 더욱 활발히 참여할 것으로 예상된다.

그러나 물리학자들의 증권가 진출에 대한 경제학자들의 시선이 곱지만은 않다. 그들은 물리학자들이 이론에만 밝고 실물경제에는 무지하다고 비판한다. 쉴 새 없이 변하는 뉴욕증권거래소 전광판은 수식 몇 개가 적혀 있는 실험실의 낡은 칠판과는 전혀 다른 세상이기 때문이다.

아마도 극단적인 보수주의 경제학자들은 물리학자들이 그럴듯한 모델을 만들어낸다 해도 구체적인 실용성의 부족을 탓하며 끝까지 받아들이지 않을지도 모른다. 하지만 물리학자들의 증권가 진출은 앞으로 경제학계를 참신한 아이디어와 다양한 방법론으로 풍성하게 만들 것이다. 그들의 열매가 얼마나 달고 맛있을지는 내일의 주가 지수처럼 예측하기 어렵겠지만 말이다.

더 알아보기

물리학자들이 설립한 금융 관련 벤처 회사들

• 프레딕션 컴퍼니Prediction Company, 샌타페이(www.predict.com)

로스앨러모스국립연구소와 샌타페이 복잡계 시스템 연구소에서 경제 현상의 복잡성과 카오스 이론을 만드는 데 공헌했던 도인 파머 박사와 일리노이대학 물리학과 교수 출신인 노먼 패커드Norman Packard 가 설립한 회사. 시장경제 모델링과 가격 결정 메커니즘, 환율 예측에 관한 연구를 한다.

• 뉴메릭스Numerix, 뉴욕(www.numerix.com)

카오스 이론을 만드는 데 결정적인 공헌을 했던 록펠러대학 물리학과 학과장 미첼 파이겐바움Mitchell Feigenbaum교수와 일리노이대학 물리학과 교수 니겔 골든펠드Nigel Goldenfeld가 경영진으로 있으며, 디렉터인 알렉산더 소콜Aleksander Sokol 역시 모스크바 란다우 이론물리 연구소에서 물리학 박사학위를 받은 물리학자다.

• 캐피털 펀드 매니지먼트Capital Fund Management, 파리(www.cfm.fr)

응집물질물리학을 전공했으나 현재 경제물리학 분야의 선두주자라고 할 수 있는 장-필리프 부쇼Jean-Philippe Bouchaud 교수와 그의 동료들이 설립한 회사. 모든 스태프가 물리학 박사학위 취득자라는 독특한 특징이 있다. 주로 주가 동향 분석과 예측에 관한 연구와 시장경제에 대한 거시적 모델링에 관한 연구를 하고 있다.

• 올센데이터OLSEN DATA, 취리히(www.olsen.data.com)

이 회사의 창립 멤버인 마이클 다코로냐 박사는 제네바대학에서 고체물리학을 전공한 물리학자다. OANDA 패키지를 통해 다음 날 환율의 등락을 60퍼센트 이상의 확률로 예측해주는 온라인 서비스로 성공하고 있다.

교통의 물리학
Traffic Physics

복잡한 도로에선
차선을 바꾸지 마라

훗날 먼 훗날 나는 어디선가
한숨을 쉬며 이야기할 것이다.
숲 속에 두 갈래 길이 있었고,
나는 사람이 적게 간 길을 택했다고.
그리고 그것이 모든 것을 바꾸어놓았다고.
— 로버트 프로스트의 시 〈가지 않은 길〉

퇴근길 한참을 기다려도 안 오던 버스가 연달아 도착할 때가 있다. 배차 간격도 일정한데 왜 이런 일이 벌어질까? 체코 프라하 공대 수학과 밀란 크발렉Milan Krbalek 박사와 물리학과 페트르 세바Petr Seba 박사는 물리학 저널에 실린 논문에서 멕시코 쿠에르나바카에선 왜 버스들이 몰려다니지 않는지 양자 카오스 이론quantum chaos theory으로 설명하면서 다른 도시에선 버스들이 몰려다닐 수밖에 없는 이유를 물리학적으로 기술하고 있다.

  일정한 간격으로 배차되는 버스 시스템을 생각해보자. 먼저 출발한 버스가 승객이 많은 정류장을 지나면 그곳에서 한동안 지체하게 된다. 그러면 다음 정류장에도 많은 승객들이 모여 있게 마련이고 버스가 도착하는 시간은 더욱 늦어질 수밖에 없다. 반면 그다음에 오는 버스는 앞차를 놓친 승객만 태우면 되기 때문에 빨리 정류장을 출발하거나 때론 승객이 없어 그냥 지나치는 경우도 있어 앞차와의 간격은 갈수록 줄어들게 된다. 따라서 교통이 혼잡하고 많은 사람들이 버스를 이용하는 도시에선 배차 간격이 일정해도 버스들이 몰려다닐 수밖에 없다.

물리학 이론으로 바라본 버스 운행 시스템

하지만 '영원한 봄의 도시'라는 애칭을 가진 멕시코 모렐로스주의 주도 쿠에르나바카에서는 버스들이 몰려다니는 일이 거의 없다고 한다. 그곳에서는 버스가 개인 소유이기 때문에 버스들끼리 서로 경쟁한다. 그래서 속도를 조절해 앞뒤 차 사이의 간격을 최대한 벌려 더 많은 승객을 태우려고 한다. 심지어 이곳에서는 버스가 지나는 노선 중간 중간에 앞차가 언제 떠났는지 알려주는 사람이 서 있다고 한다.

크발렉 박사와 세바 박사는 앞차와의 간격을 최대한 벌려 많은 승객을 태우려는 멕시코 버스들의 운행 시스템을 가상의 척력으로 서로 밀어내는 입자들의 운동으로 보았다. 많은 수의 원자핵이나 전자들을 가상의 상자에 넣고 평형 상태가 되기를 기다리면 서로 힘을 주고받으면서 안정된 상태를 유지하려고 한다. 그런데 안정된 상태에서 카오스적 상태로 상전이하는 영역에서 입자들이 가지는 에너지들은 — 입자의 종류와 상관없이 — 모든 시스템에서 유사한 분포를 보이며, 그것을 위그너Wigner와 다이슨Dyson이 처음으로 도입한 무작위 행렬 이론random matrix theory으로 기술할 수 있다는 사실이 1990년대에 물리학자들에 의해 발견됐다. 두 과학자는 쿠에르나바카의 버스

들을 '1차원 도로를 따라 움직이는 입자'라고 가정하고, 버스들 사이의 간격을 최대한 벌려 많은 손님을 태우려는 가상의 힘이 존재한다고 가정했을 때 버스들 사이의 시간 간격이 무작위 행렬 이론으로 기술되는 분포를 가진다는 것을 보여주었다. 이 경우 버스들 사이의 간격은 최대가 된다. 미시 양자계를 기술하는 물리학 이론으로 멕시코 버스의 '원활한 버스 운행의 비밀'을 파헤친 것이다.

왜 내 차선이 다른 차선보다 느릴까

19세기 말 고틀리프 다임러Gottlieb Daimler와 카를 벤츠Karl Friedrich Benz가 휘발유를 이용한 내연기관으로 동력을 얻는 자동차를 발명한 이후, 자동차는 현대인에게 없어서는 안 될 중요한 운송수단이 되었다. 우리나라도 자동차 수가 1천만 대를 이미 훌쩍 돌파해 한 가구당 한 대 이상 소유하는 생활필수품이 되었다. 또 미국교통위원회의 1992년 통계 자료에 따르면 승객과 화물 운송에 관련된 비용이 미국 국민총생산GNP의 무려 14.8퍼센트를 차지한다고 하니, 운송의 상당 부분을 담당하는 자동차의 원활한 소통은 산업사회의 중요한 요건 중의 하나임을 알 수 있다. 이처럼 개인적으로나 국가적으로 자동차의 비중은 높아만 가는데 자동차의 원활한 이동을 위한 도로망 확충은 자동차가 늘어나는 속도에 훨씬 못 미치고 있는 실정이어서 아침저녁으로 학생들과 직장인들은 버스 안에서 시달려야 하는 형편이다.

교통문제를 해결하는 가장 확실한 길은 새로운 도로를 건설하는 것이겠지만 돈도 많이 들고 공간도 부족해서 어려움이 많다. 그래서 최근에는 기존의 도로를 좀 더 효율적으로 활용하는 방안이 연구되고 있다. 앞 장에서 설명했던 '작은 세상 이론'을 이용해 적은 비용으로 교통 체증을 해소하는 방안을 마련한다거나, 위성으로 도로 사정을 알려주는 GPS를 이용해 막힌 도로로 차가 몰리는 현상을 막는 연구가 대표적인 예라고 할 수 있다. 또 교통신호를 효율적으로 조절한다거나 진입로 교통 통제ramp metering 등을 통해 도로 용량을 넓히고 교통 상태를 최적화하는 문제도 활발히 연구되고 있다. 최근 물리학자들은 실험실에서 도로로 나와 교통의 흐름을 이해하고 도로가 막히고 소통이 원활하지 못한 원인을 분석해 교통 체증 개선 방안을 찾는 연구를 본격적으로 시작해 학계의 주목을 받고 있다.

깊은 밤 차량이 없는 고속도로를 달리는 자동차들은 마음껏 속도를 내고 차선을 자유롭게 변경한다. 물리학자에게 이들 자동차는 서로 충돌할 가능성이 거의 없는, 밀도가 낮은 가스의 흐름처럼 보인다. 교통량이 많아 이동할 수 있는 공간도 부족하고 거북이 걸음을 하는 출퇴근길 차들의 행렬은 액체 상태에 있는 입자들과 비슷하며, 사고 지역이나 명절 연휴 마지막 날 서울로 향하는 경부고속도로는 차들이 서로 붙어 떨어질 줄 모르는 고체 덩어리와 비슷하다. 물리학적으로 보자면, 교통 체증은 액체와 고체 사이의 상전이相轉移 현상, 즉 '응고 과정'이다. 이러한 특성에 착안해 응집물질물리학condensed matter

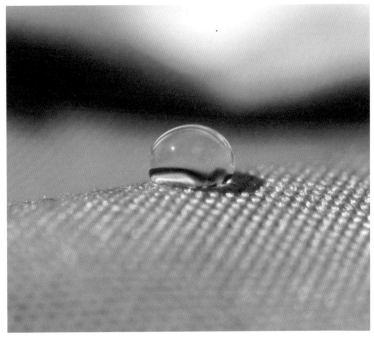

응집물질물리학은 고체나 액체처럼 응집 상태에 있는 물질의 특성을 연구하는 물리학 분야다.
상전이 현상, 초전도체와 같은 특이한 응집물질의 성질 등을 다룬다. ⓒ Brocken Inaglory

physics을 연구하는 물리학자들이 교통의 흐름을 기술하는 연구를 시작하게 된 것이다. 그중에서도 최근 영국의 과학 주간지 〈네이처〉에 '왜 항상 내 차선은 다른 차선보다 느릴까'라는 흥미로운 주제에 대해 그럴듯한 해답을 제시한 연구 결과가 발표되어 학계의 주목을 받았다.

운전을 하다 보면 내 차선은 움직일 기미가 없는데, 옆 차선에서는 차들이 꾸준히 앞으로 나가고 있는 것을 보게 된다. 그래서 차선을 부리하게 바꿨더니 이제는 상황이 뒤바뀌어 원래 차선이 더 잘 빠지는 게 아니는가! 이것 역시 머피의 법칙일까? 왜 하필 내 차선이 제일 느릴까?

교통 흐름을 연구하는 학자들에 따르면 실제로는 옆 차선이 더 느린 경우에도 많은 운전자들이 자기 차선이 더 느리다고 느낀다고 한다. 캐나다 토론토 의대 도널드 레델마이어Donald A. Redelmeier 교수와 미국 스탠퍼드대학 통계학과 로버트 티브시라니Robert John Tibshirani 교수는 1999년 9월 〈네이처〉에 이를 뒷받침하는 연구 결과를 발표했다. 그들은 차량에 비디오카메라를 설치해 옆 차선의 차량 흐름을 촬영하고, 먼 거리에서 실제 두 차선의 평균 속도를 측정했다. 이 중 옆 차선의 평균 속도가 더 느린 상황을 담은 필름만을 골라 사람들에게 보여준 뒤 반응을 조사했다. 그 결과 옆 차선이 더 느림에도 불구하고 전체 응답자의 70퍼센트가 옆 차선이 더 빠르다고 응답했고, 65퍼센트는 가능하면 차선을 바꾸겠다고 대답했다.

왜 많은 운전자들은 옆 차선의 차량 속도를 과대평가하고 자기 차선이 더 느리다고 생각할까? 이것은 심리적 요인 때문이다. 대부분의 운전자는 자기가 옆 차를 추월하는 경우보다 추월당하는 경우에 더 강한 심리 반응을 보일 뿐 아니라, 운전자의 시야가 주로 전방을 향하고 있기 때문에 자신이 추월한 차는 금방 시야에서 사라지지만 자기를 추월한 차는 더 오래 시야에 남아 있어 이런 착각을 일으킨다는 것이다.

그러나 운전자들이 이렇게 착각하는 데는 물리적인 원인도 있다.

도로에 2개의 차선이 있는데 양쪽 모두 옆 차선과 비교해서 막히는 구간과 잘 빠지는 구간의 길이가 같다고 가정해보자. 그러면 내 차선이 잘 빠지는 구간에서는 차 속도가 빠르기 때문에 빨리 통과해서 그 구간에 머무르는 시간이 짧지만, 내 차선이 잘 안 빠지는 구간을 통과하는 데에는 더 많은 시간이 걸리므로 운전자는 늘 내 차선이 더 느리다고 느끼게 된다. 결국 똑같은 상황임에도 불구하고, 운전자들에게는 '내 차선이 더 느리다고 느껴지는 시간'이 '더 빠르다고 느껴지는 시간'보다 길다. 이 때문에 차선을 바꾸고 나면 원래 차선이 더 빨라 보여 후회하게 되는 것이다.

그렇다면 어떠한 교통 상황에서 운전자들은 자기 차선이 더 느리다고 느낄까? 레델마이어 교수와 티브시라니 교수는 같은 논문에서 평균 속력이 같은 2개 차선의 도로 상황을 컴퓨터 시뮬레이션으로 만들어 운전자들이 어떻게 느끼는지 알아보았다. 그 결과 차량 밀도가 1킬로미터당 20대 이하일 때는 자기 차선이 더 빠르다고 느끼는 시간과 옆 차선이 더 빠르다고 느끼는 시간이 비슷했지만, 차량 밀도가 이보다 커지기 시작하면 옆 차선이 더 빠르다고 느끼는 시간이 점점 길어진다는 사실을 알아냈다. 주변에 차가 많을수록 내 차선이 더 느리다고 느끼게 되는 것이다.

그렇다면 도시의 정글, 복잡한 도로에서 원활한 교통을 위해 내가 할 수 있는 일은 무엇일까? 가장 중요한 것은 되도록 한 차선에서 일정한 속도를 유지하는 일이다. 운전을 하다 보면 옆 자리의 아내와 혹

은 뒷자리의 아이들과 이야기를 하게 되고 그러면 자연스레 주의를 빼앗겨 앞차와의 간격이 벌어지게 된다. 속도가 느려진 운전자는 앞차를 따라잡기 위해 다시 가속을 한다. 또 차가 밀려 옆 차선으로 옮기려고 시도하면 그로 인해 뒤차나 옆 차선 차들은 감속을 해야 한다.

교통을 연구하는 물리학자들에 따르면, 자동차가 '가다 서다'를 반복하면 그 효과가 뒤 차들에게 파동의 형태로 전달된다고 한다. 속도가 달라지는 자동차를 뒤따라가는 차들은 안전거리를 유지하기 위해서 속도를 늦추거나, 너무 떨어진 앞차와의 거리를 좁히기 위해 속도를 높임으로써 뒤쪽의 교통 밀도를 증가시켰다 감소시켰다 하면서 일종의 물결파를 만들어낸다. 이런 물결 효과는 마치 충격파처럼 계속해서 뒤쪽의 차들에 전달되고, 어느 지점에 이르면 고밀도의 교통 체증을 만들게 된다는 것이다. 이쯤 되면 처음 체증을 유발한 게 어느 차였는지 알 수 없게 되면서 전체적으로 정체 현상을 빚게 된다. 따라서 자기 속도를 유지하는 침착한 운전 습관이 도시의 정글에서 살아남는 방법이다.

그러나 우리나라 교통(특히 서울의 교통)이 최악인 이유는 운전자의 나쁜 습관 때문만이 아니다. 인구 1300만 명이 밀집해 있는 서울에서 시내 도로가 막히지 않는다면 그게 더 이상한 일일지도 모른다. 그런데 서울시 도로들이 자동차로 미어터지고 차들이 효율적으로 빠지지 못하는 가장 큰 이유는 주관적으로 판단하건대 — 서울시 도로교통 담당 공무원이 들으면 섭섭하겠지만 — 합리적으로 설계되지 못한 교통신호 체계와 마구잡이식으로 뻗은 도로망 때문이다. 만약 사전 조사를 충분히 해서 효율적인 교통신호 체계를 구축하고 적재적소에 필요한 도로들을 우선적으로 확충했다면 서울의 교통 사정이 이렇게까지 나빠지지는 않았을 것이다.

교통 체증으로 저녁 약속에 늦어본 경험이 있는 재기발랄한 물리학자들이 교통 과학에 뛰어든 것은 반가운 소식이다. 머지않아 그들은 고체와 액체 사이를 오가며 물질의 성질을 바꾸는 입자들이 운동을 기술하듯 자동차들로 꽉 막힌 복잡한 도로의 움직임을 멋지게 설명하고, 자동차들의 행렬을 액체로, 아니 기체로 바꿔줄 묘안을 내놓을 것이다. 나는 그들이 왜 서울의 도로들은 365일 공사 중이며 그럼에도 불구하고 나아지는 건 통 없는지 그 이유를 설명해주길 간절히 바란다. "복잡한 도로, 명쾌한 과학!" 날마다 버스 안에서 시달려야 하는 한 직장인의 바람이다.

브라질 땅콩 효과

Granular Dynamics

모래 더미에서 발견한 과학

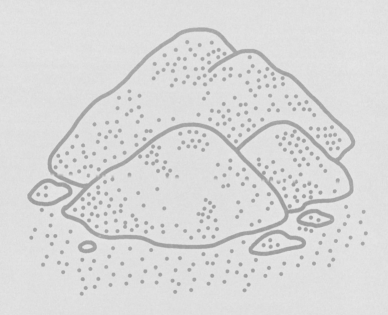

하나의 분자가 움직이는 경로를 누가 과연 완벽히 계산해낼 수 있을까?
쏟아지는 모래 알갱이들이 만들어내는 패턴이
이 우주의 탄생과 무관하다고 우리는 어떻게 확신할 수 있단 말인가?
– 빅토르 위고의 소설 《레미제라블》

공사 현장에 가면 모래 더미에서 자갈을 골라내는 기구가 있다. 가는 철망이 드리워진 네모난 프레임에 모래 더미를 올려놓고 약간씩 위로 쳐주면서 옆으로 흔들면, 자갈들은 위로 올라오고 고운 모래는 아래로 내려가 철망 사이로 빠져나간다.

바닷가 모래사장에서 아이들도 비슷한 놀이를 한다. 모래 한 줌을 콜라병에 집어넣고 흔들어주면 고운 모래는 아래로 내려가고 굵은 모래나 조개껍데기 부스러기들은 위로 올라온다. 콜라병을 한참 동안 흔들면 모래 알갱이들이 크기 순서대로 차곡차곡 쌓여 있는 모습을 발견하게 된다.

물리학자들은 이 현상을 '브라질 땅콩 효과Brazil-nut effect'라고 부른다. 여러 종류의 땅콩들이 들어 있는 땅콩 믹스캔을 사서 뚜껑을 열어보면 항상 가장 큰 브라질 땅콩이 맨 위에 올라와 있는 것에서 힌트를 얻어 붙여진 이름이다. 흔들수록 크기별로 층이 형성되는 이 현상은 얼핏 보기에 열역학 제2법칙(시스템은 항상 엔트로피가 증가하는 방향으로 운동한다)을 위배하는 것처럼 보인다. 아이들에겐 신기하기만 한 이 '브라질 땅콩 효과'는 제약 회사들에겐 오래전부터 골칫거리였다. 잘 섞어놓은 가루약을 차로 장시간 운송하고 나면 크기별로 층이 생겨 낭패를 겪곤 했기 때문이다. 아침식사로 우유에 타먹는 시리얼이나 시멘트 재료를 운반할 때도 마찬가지다.

이를 해결하기 위해 기업들은 장거리 운송 후에 다시 골고루 섞는 작업을 해야만 한다. 브라질 땅콩 효과 때문에 기업들이 추가로 부담하는 돈만 해도 연간 66조 원. 이 작은 현상 하나로 생산 원가의 40퍼센트를 차지하는 돈이 지출되고 있는 것이다.

고체나 액체, 기체에 관한 연구는 물리학 분야에서 오랜 역사를 갖고 있지만 알갱이 입자들에 관한 연구는 물리학자들의 관심을 끌진 못했다. 최근 들어 알갱이가 고체와 액체에서는 볼 수 없는 풍부한 특성을 가지고 있다는 것이 알려지면서 알갱이 역학granular dynamics이 물리학 분야에서 새롭게 각광받고 있다. 산사태나 지진을 연구하는 지질학자들도 이 분야에 각별한 관심을 쏟고 있으며, 땅콩 회사와 제약 회사를 비롯해 분말을 다루는 기업들의 연구비 지원도 꾸준히 이어지고 있다. 그렇다면 과연 물리학자들은 알갱이 역학을 통해 산사태가 일어나는 이유와 브라질 땅콩이 맨 위로 올라오는 까닭에 대해 어떤 해답을 찾은 걸까? 그들은 과연 모래 알갱이와 땅콩들 속에서 무엇을 발견했을까?

흐르는 알갱이의 과학

브룩헤이븐 국립연구소의 퍼 박Per Bak(1948~2002) 박사는 한 줌의 모래가 만들어내는 패턴 속에서 '자기조직화된 임계성self-organized criticality'이라는 현상을 발견해 일약 스타가 된 덴마크 물리학자다. 그가 IBM 토머스 왓슨 연구소 동료들과 함께 발견한 이 현상에 대해 많은 물리학자들은 해변에 앉아서 노는 어린아이들마냥 신기해했다. 깨끗한 바닥에 모래를 일정한 속도로 조금씩 쏟아 부어보자. 모래들은 처음 떨어진 곳에 그대로 멈춰 조금씩 쌓이면서 산 모양의 작은 모래 더미를 만든다. 시간이 흘러 모래 더미가 어느 정도 경사를 이루면 모래 알갱이들은 경사면을 타고 조금씩 흘러내린다. 작은 산사태 avalanche가 일어나는 것이다. 모래를 더 많이 부을수록 흘러내리는 모래의 양은 많아지고 산사태의 규모도 커진다.

일정한 속도로 모래를 계속 부어주면 쏟아지는 모래와 산사태로 떨어지는 모래의 양이 평균적으로 균형을 이루면서 모래 더미가 일정한 각도의 더미를 이루게 된다. 이때 만들어진 각도를 정지각angle of repose이라 부른다. 흥미로운 사실은 정지각이 모래 더미의 크기와 상관없이 모래의 특성에 따라 항상 일정한 값을 가지며 모래를 아무리 더 부어도 모래 더미는 스스로 일정한 각도를 계속 유지하려고 한다는 것이다. 정지각보다 작으면 모래가 계속 쌓이고 정지각보다 크면 옆으로 계속 흘러내려서 일정한 각도의 모래 더미가 계속 유지된다.

이 상태를 임계상태critical state라고 부른다.

시카고대학의 하인리히 재거Heinrich Jaeger 교수와 그의 동료들이 전자현미경으로 겨자씨 더미의 경사면을 촬영한 결과, 겨자씨 더미가 위치에 따라 서로 다른 성질을 나타낸다는 사실을 알아냈다. 겨사씨를 계속 부으면 겨자씨 더미 경사면의 얇은 위층은 마치 액체처럼 흘러내리고 안쪽은 고체처럼 고정된 상태를 유지한다. 이것은 알갱이들이 쌓여 있는 경우 '정적인 마찰력static friction'에 의해 고체처럼 형태를 유지하려는 특성 때문인데, 이 현상을 처음 발견한 사람은 18세기의 과학자 샤를 오귀스탱 드 쿨롱Charles Augustin de Coulomb이다. 재거 교수가 찍은 겨자씨 더미가 흘러내리는 사진은 1996년 4월 물리학 저널 〈피직스 투데이Physics Today〉의 표지를 장식해 큰 화제가 되기도 했다.

이 사진은 물리학자들에게 모래시계의 수수께끼를 푸는 중요한 실마리를 제공했다. 기원전 3세기경부터 사용되었다고 추정되는 모래시계는 일정한 속도로 떨어지는 한 줌의 모래 속에 덧없는 시간의 흐름을 담아내는 장치다. 만약 모래시계 안에 모래 대신 물이나 다른 액체를 집어넣으면 시계로서 제 기능을 할 수 있을까? 이 경우 물의 흐름은 모래처럼 일정하지 않다. 드럼통에 구멍을 뚫어 물줄기를 밖으로 흐르게 하는 경우, 구멍을 중간에 뚫었을 때보다 바닥에 뚫었을 때 물줄기의 흐름은 더 세다. 이처럼 액체는 위에서 누르는 압력에 따라 물줄기의 속도가 달라진다. 따라서 모래시계를 물로 채울 경우 '물시

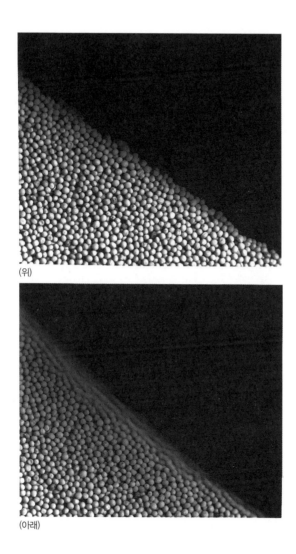

(위) 안정적으로 쌓여 있는 겨자씨 더미. (아래) 더미의 경사가 정지각보다 커져 겨자씨가
경사면을 타고 흘러내리는 모습. 겨자씨 더미의 안쪽은 고정된 상태를 유지한다.

자료 : Heinrich M. Jaeger and Sidney R. Nagel, "Granular solids, liquids, and gases",
Reviews of Modern Physics, vol. 68, no. 4, October 1996.

계'의 물줄기는 시간이 갈수록 점점 가늘어질 것이다. 또 물이 거의 다 떨어질 무렵, 마지막 남은 한 방울은 표면 장력에 의해 떨어지지 않고 그대로 맺혀 있을 가능성이 높다. 결국 모래시계는 모래를 사용했기에 가능한 발명품인 것이다.

그렇다면 모래는 어떻게 위에서 누르는 모래의 양에 상관없이 일정한 흐름을 만들어내는 걸까? 재거 교수의 겨자씨 실험에서 본 것처럼, 모래 더미의 경우 바깥 경사면만 액체의 성질을 띠며 모래 더미의 중심부는 대부분 고체의 성질을 나타낸다. 모래시계의 경우 유리면에 닿는 경사 부분의 모래는 액체처럼 미끄러져 내려가지만 위에서 누르는 모래는 고체처럼 고정되어 있다. 따라서 밑으로 떨어지는 모래에 압력을 가하지 않기 때문에 모래가 일정한 속도로 내려갈 수 있는 것이다.

1993년 저명한 물리학 저널 〈피직스 리뷰 레터Physical Review Letters〉에는 모래시계가 일정한 속도로 떨어지기 위해서는 모래 알갱이의 크기와 모래시계 목neck의 직경이 적당한 비율을 이루어야 한다는 내용의 논문이 발표되었다. 저자인 샤오-룬 워 교수는 이 논문에서 모래시계의 목을 중심으로 위쪽과 아래쪽의 기압이 1만 분의 1이라도 차이가 나면 모래가 일정하게 떨어지지 않고 불규칙적으로 뚝뚝 떨어진다는 것ticking effect을 실험을 통해 보여주었다. 유럽의 농촌에는 곡물이나 사료를 저장하는 '사일로silo'라는 원통형 창고가 있다. 이곳에서도 곡물이 한꺼번에 무너지지 않고 필요한 만큼 일정하게 떨어

지게 하는 것이 상당히 중요한 문제여서, 모래시계 연구는 농업 관련 학자들의 큰 관심을 끌었다.

모래가 만들어내는 패턴이 복잡성을 연구하는 물리학자들에게 주목을 받는 이유는 여러 가지가 있다. 첫 번째, 모래 알갱이들이 만들어내는 패턴은 주변 조건이 조금만 바뀌어도 전혀 다른 형태의 패턴들을 만들어낸다는 점이다. 다시 말해 모래 알갱이들의 패턴이 비선형 방정식으로 기술된다는 것이다. 모래 알갱이들을 기술할 수 있는 일반적인 방정식은 아직 존재하지 않지만 제안된 물리적 모델들은 모두 비선형 방정식의 형태를 띠고 있다. 두 번째, 모래 더미가 스스로 일정한 각도를 유지하려는 '자기조직화'의 특성을 보인다는 점이다. 이것은 복잡계의 가장 중요한 특성인 창발 현상emergent phenomenon을 내포하고 있기 때문이다. 창발 현상은 구성요소(모래 알갱이)의 특성만으로는 설명할 수 없는 새로운 특성을 전체 시스템(모래 더미)이 갖게 되었다는 것을 의미한다.

마지막으로, 스스로 자기조직화하려는 성질에도 불구하고 그 상태가 상당히 '불안정한 상태'라는 점이다. 대부분의 경우 모래 알갱이들을 모래 더미에 떨어뜨리면 경사면을 타고 흘러내려 모래 더미는 자연스럽게 제 형태를 유지한다. 하지만 어떤 경우에는 한 알의 모래 알갱이가 큰 산사태를 만들 수 있다. 이것은 연쇄 반응 때문이다. 한 알의 모래 알갱이는 경사면을 타고 흘러내리면서 다른 알갱이들을 건드리게 된다. 이 알갱이도 따라 흘러내리면서 주위의 알갱이를 건드리게 되고, 이런 연쇄 반응은 큰 산사태를 초래한다. 만약 모래 더미가 정지각보다 큰 각도로 쌓여 있을 경우 한 알의 모래 알갱이가 큰 산사태를 만들 수 있다는 사실은 컴퓨터 시뮬레이션이나 정교한 실험으로 여러 차례 증명된 바 있다. 이를 이용해 지질학자들은 산의 모양이나 지형만으로 산사태의 가능성을 점칠 수도 있게 됐다.

모래와 물이 만났을 때

그렇다면 만약 모래에 '물'이 첨가되는 경우, 모래의 성질은 어떻게 바뀔까? 미국 노트르담대학의 대니얼 혼베이커Daniel Hornbaker 교수와 그의 동료들은 수분을 조금씩 첨가할 경우 모래 더미의 정지각이 어떻게 바뀌는지 측정해보았다. 그들의 실험에 따르면, 아주 적은 양의 수분이 첨가되기만 해도 모래 더미의 정지각은 기하급수적으로 커지고 알갱이들은 서로 응집하게 된다clustering effect. 미세한 수분이 모래 알갱이들을 서로 고정시켜주는 본드 역할을 해서 모래 더미가 뾰족하게 쌓일 수 있도록 도와주는 것이다.

이 연구는 적은 양의 수분이 알갱이의 성질에 얼마나 큰 변화를 가져올 수 있는가를 정량적으로 측정한 실험일 뿐 아니라, 어떻게 해변 모래사장에 모래성을 쌓을 수 있는지에 대한 과학적 설명을 제공해주었다. 흔히 기초가 부실해 언제 무너질지 모르는 탑을 '사상누각'이라고 하는데, 실제로 모래사장에 쌓여 있는 모래성들을 보면 아주 튼

튼할 뿐 아니라 어떠한 장식이나 디자인도 표현 가능할 만큼 모래의 접착력은 대단하다. 혼베이커 교수의 설명에 따르면, 모래성이 모래 사장 위에 튼튼하게 서 있을 수 있는 이유는 모래 알갱이 사이를 이어주는 '수분' 때문이다. 이 논문은 1996년 국제 모래성 콘테스트에서 대상을 수상한 샌디 피트Sandy Feet의 작품과 함께 영국의 과학 저널 〈네이처〉의 1997년 6월호 표지를 멋지게 장식했다.

　전자 현미경으로 모래 더미의 가장자리에서 모래가 액체처럼 흘러내린다는 사실을 발견했던 재거 교수와 그의 동료들은 MRI 장치를 이용해 '브라질 땅콩 효과'가 일어나는 과정을 촬영했다. 유리 컨테이너에 모래를 넣는다고 해도 우리는 맨 가장자리에 있는 모래들의 운동만 관찰할 수 있을 뿐이다. 그러나 MRI 장치를 이용하면 안쪽에서 운동하는 모래까지도 촬영할 수 있다. 그들의 설명에 따르면, 수직으로 흔들리는 모래 알갱이들은 마치 끓는 냄비 속의 물처럼 대류 현상을 나타낸다고 한다. 흔들리는 컨테이너 속에서 양쪽 벽면에 붙은 모래 알갱이들은 아래쪽으로 휘어져 내려가고 내부의 알갱이들은 위로 떠올라 '굽은 아치형의 층convection roll'을 형성한다. 이 과정에서 가장자리의 알갱이들은 더욱 작은 아치형 층을 형성하며 계속 내려가고, 내부의 알갱이들은 대류 현상에 의해 계속 떠오른다. 맨 위로 떠오르는 알갱이들도 나중에는 가장자리로 밀려 아래로 내려가게 된다. 그러나 알갱이가 큰 경우 작은 아치형 층을 형성하기엔 너무 커서 계속 위쪽에 머무르게 된다. 그래서 결국 한번 위로 올라온 큰 알갱이들

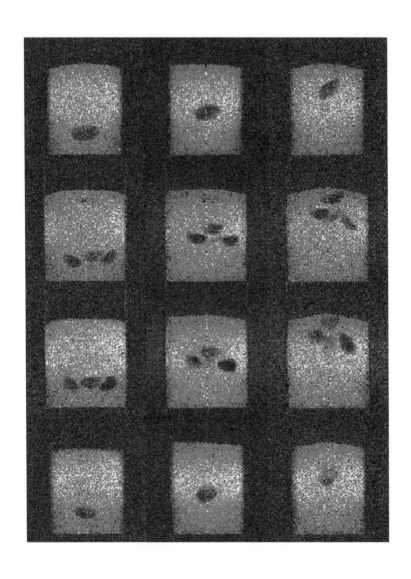

MRI로 촬영한 브라질 땅콩 효과.

은 다시 내려가지 못하고 맨 위층을 형성하게 되는 것이다. 이 현상은 1831년 마이클 패러데이Michael Faraday에 의해 처음 발견되었으나 165년이 지난 1996년이 돼서야 그 전 과정이 처음으로 기술된 것이다.

알갱이들의 운동은 모래 더미에 대한 물리학자들의 호기심을 충족시키는 데 그치지 않고 다양한 분야에서 알갱이들의 운동을 분석하는 데 도움을 준다. 현재 알갱이 역학을 연구하는 과학자들은 모래나 곡물에 관한 연구뿐 아니라 지진이 발생하는 원인, 흙더미의 붕괴, 낱알들의 비탄성적 충돌, 크기가 다른 입자들의 혼합 과정, 타입 II 초전도체의 자기선 운동, 우주 성운의 형성 과정 등 다양한 분야에서 알갱이들이 만들어내는 현상에 주목하고 있다.

그러나 무엇보다도 모래 알갱이에 대한 물리학자들의 연구는 과학자들에게 세상을 새롭게 바라볼 수 있는 시각을 제공해주었다. 모래 알갱이뿐 아니라 설탕, 밥알, 시멘트, 심지어 화장품의 분가루에 이르기까지 알갱이들은 우리 주변을 가득 메우고 있다. 그러나 이 알갱이들이 그처럼 풍부하고 독특한 특성을 갖고 있다는 사실에 대해서는 아무도 인식하지 못했다.

빅토르 위고는 이 우주를 둘러싸고 있는 모래 알갱이들의 패턴이 혹시 우주 탄생에 대한 어떤 해답을 가지고 있지 않을까 생각했다. 그는 이미 100여 년 전에 모래 알갱이들이 만들어내는 패턴 속에 수많은 물리 법칙들이 숨어 있음을 직감했던 것일까? 그의 풍부한 문학적 상상력은 100여 년이 지난 오늘에 와서 물리학자들에 의해 사실로 증명됐으며, 최근 우주 성운을 연구하는 천체물리학자들에게 창의적인 영감을 제공하기도 했다. 이제 우리도 빅토르 위고처럼 땅에 떨어진 곡식 한 톨이나 해변의 작은 모래 알갱이 하나도 이 우주를 만들어낸 소중한 벽돌이었음을 어렴풋이 깨닫게 된 것이다.

제4악장
Poco a poco
Allegro

점차
빠르게

소음의 심리학

Noise Disturbance

영국 레스토랑은 너무 시끄러워

우리들의 귀가 도시의 시끄러운 소음을 삼켜야 하는데,
어찌 그 귀로 들판의 노래를 들을 수 있겠는가?
– 칼릴 지브란, 시인

요즘 영국에서는 레스토랑의 시끄러운 정도가 위험 수위를 넘어섰다
는 기사를 심심찮게 볼 수 있다고 한다. 레스토랑의 분위기가 점점 현
대화되고 특히 미니멀리즘이 유행하면서, 단순한 장식의 넓고 텅 빈
공간과 양탄자 없는 맨바닥이 음악 소리와 사람들의 대화를 더욱 울
리게 한다는 지적이다. 특히 잘나가는 호프집이나 와인바에서는 소
음 정도가 치명적인 수준이어서 청각 장애를 막기 위해 웨이터들이
귀마개를 착용해야 할 정도라고 한다. 상황이 이쯤 되면 그 술집의 단
골손님들도 안전하진 못할 것이다.

외식 문화가 영국인들의 귀를 위협하는 문제로 떠오르자, 영국의
과학 주간지 〈뉴사이언티스트New Scientist〉에서는 조사팀을 꾸려 런던
근교 레스토랑들의 소음 실태 파악에 나섰다. 그들은 소음 측정기를
착용한 채 현대식 레스토랑, 옛날식 레스토랑, 호프집, 와인바 등 다
양한 종류의 식당에 들어가 점심식사를 하면서 소음을 측정한 후 통
계를 내보았다. 과연 실제로 영국 레스토랑들의 소음은 손님의 청각

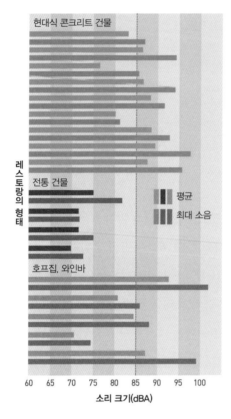

레스토랑의 형태

현대식 콘크리트 건물

전통 건물

평균
최대 소음

호프집, 와인바

소리 크기(dBA)

영국의 레스토랑별 소음 정도.

을 위협하는 수준이었을까?

그들이 내놓은 분석 결과는 놀라운 수준이었다. '카펫 없는 콘크리트 바닥과 천장'의 위력은 실로 대단했다. 현대식 레스토랑의 바닥과 천장은 사람들의 조용한 대화까지도 그대로 반사해 전 공간에 울려 퍼지게 하는 효과를 낸다. 그들이 방문한 현대식 레스토랑 아홉 곳은 모두 점심시간에 음악을 틀지 않았음에도 불구하고 사람들의 대화만으로 평균 88데시벨dB 이상의 높은 소음 수치를 나타냈다. 기찻길에서 100미터 정도 떨어진 곳에서 기차가 지나가는 소리를 들었을 때 소음 측정기는 약 85데시벨을 나타낸다. 따라서 현대식 레스토랑을 찾은 영국인들은 기찻길 옆에서 점심식사를 하는 것과 같은 셈이다. 심지어 런던 웨스트엔드에 있는 한 레스토랑의 소음은 무려 98데시벨을 기록했다고 한다. 흥미롭게도 영국 노동청에 따르면, 98데시벨이라는 수치는 돼지가 사육장에서 사료를 먹을 때 내는 소음 정도라고 한다. 물론 이런 비유를 달가워하는 영국인은 없겠지만.

소음 수치에 대한 이해를 돕는 재미있는 비유가 있다. 여섯 명의 손님이 식사를 하기 위해 레스토랑을 찾았다고 가정해보자. 이때 레스토랑의 소음이 80데시벨 정도라면, 그들은 서로 목소리를 높여야 대화가 가능하다. 소음 수치가 85데시벨이 되면 여섯 명이 함께 대화하는 것은 불가능해지고, 세 명씩 짝을 지어 두 그룹으로 나누어 대화를 해야 한다. 레스토랑의 음악이 헤비메탈로 바뀌어 소음 수치가 90데시벨에 다다르면, 옆 사람의 귀에 대고 말을 해야 겨우 대화가 통하는 수준이 된다고 한다. 우리도 호프집에서 동창 모임을 할 때 너무 시끄러워서 바로 옆 친구와 겨우 대화하느라 한 자리 건너 친구와는 말 한마디 못 건네보고 돌아온 적이 있지 않은가?

소음 수치가 높으면 인체에도 치명적인 타격을 줄 수 있다. 80데시벨 이상의 시끄러운 레스토랑에서 대화를 나누면 나중에는 목이 아프고, 이런 일이 지속되면 후두염에 걸릴 확률이 높아진다. 85데시벨 이상의 소음 환경에 오래 노출되면 청각이 손상될 우려가 있다.

바닥에 카펫이 깔려 있고 벽에는 길게 드리워진 커튼이 있던 옛날식 레스토랑은 그나마 현대식 레스토랑보다 안전하다. 옛날식 레스토랑의 평균 소음은 약 70데시벨 정도. 항공기가 이륙할 때 공항 근처에 사는 주민들이 듣게 되는 소리가 약 70데시벨이므로, 옛날식 레스토랑에서 식사를 하는 것은 활주로 구석에서 돗자리를 깔아놓고 김밥을 먹는 것과 같은 상황이다.

호프집이나 와인바는 소음 공해가 현대식 레스토랑을 능가한다. 시끄러운 음악이 흘러나오고 스탠딩바가 있는 호프집의 소음은 약 90데시벨에서 심하면 100데시벨을 넘는다. 건설 공사 현장에서 10미터 떨어진 거리에서 측정한 소음 수치가 100데시벨 정도라는 점을 감안하면, 호프집에서 술을 마시는 것은 공사판에 자리를 깔고 드릴링 머신을 돌리며 막걸리를 들이켜는 것과 같다고나 할까?

레스토랑의 소음 문제를 해결하기 위한 방안으로 〈뉴사이언티스트〉는 옛날식 인테리어를 권하고 있다. 예를 들면 현대식 콘크리트 벽은 옛날식 레스토랑처럼 두꺼운 벽지를 바른다거나, 천장은 소리를 흡수하는 플라스틱 타일을 붙이고, 나뭇바닥은 두꺼운 카펫으로 덮고, 테이블마다 두꺼운 천으로 된 테이블보를 깔면 좋다는 것이다. 이런 식의 해결책은 좋은 음향 환경을 조성한다는 면에서 시도해볼 만하지만, 인테리어 디자이너들이 보기엔 촌스러울 수 있다.

또 웨이터의 귀를 보호하는 방법으로 웨이터에게 의무적으로 귀마개를 착용하도록 하는 것이다. 물론 이 경우, 손님이 주문하는 소리도 안 들리기 때문에 손님이 메뉴판의 음식을 손으로 가리켜 주문해

두꺼운 카펫, 커튼, 식탁보는
식당의 소음을 흡수하는 효과가 있다.

야 하는 번거로움이 있지만, 잘못 알아듣는 실수가 없다는 점에서 그렇게 나쁘지만은 않다는 의견도 있다. 아마 이런 식으로 나가면, 몇십 년 후에는 레스토랑에서 손님과 웨이터들에게 전투 비행기 조종사들이 착용하는, 소음 제거 기능이 부착된 헤드셋을 지급해야 하지 않을까 염려된다.

소음 공해의 영향

칠판을 긁는 날카로운 소음을 상상하는 것만으로도 살의를 느낄 때가 종종 있다는 사실은 우리의 귀만 소음의 공격 대상이 아니라는 것을 의미한다. 레스토랑의 소음 문제와 함께 영국에서는 소음 공해의 사회적 위험성에 관한 연구도 한창 주목받고 있다. 그렇다면 소음이 우리의 영혼을 불안에 떨게 하고, 흥분시키며, 때로는 공격적 성향을 드러내게 한다는 심리학자들의 주장은 과연 사실일까?

　심리학자들의 연구에 따르면, 피험자에게 갑작스럽게 혹은 불규칙적으로 시끄러운 소음을 들려주면 분노가 유발된다고 한다. 학교 교실에서 벌어지는 폭력 사건의 빈도가 교실의 소음 수치에 비례한다는 연구 논문도 발표된 적이 있다(이 실험의 경우 방법론에 대한 비판적인 문제 제기가 있었지만, 이 연구에 착안해 술집의 소음 정도와 술집에서 행패 부리는 취객들의 행동과의 상관관계를 알아보는 것도 재미있는 연구가 되지 않을까 싶다). 심리학에서 행하는 실험 중에는 공격적 성향을 유발

주변의 소음은 인간의 정서와 행동에 어떤 영향을 끼칠까?

하기 위해 소음을 제시하는 경우가 종종 있다.

그러나 설문지를 통한 일련의 조사에 따르면, 주변의 소음이 사람들에게 감정적으로 짜증을 불러일으키는 것은 사실이지만, 그것이 공격적 행동으로 이어지는가에 대해서는 아직 뚜렷한 상관관계를 찾지 못했다고 한다. 공항 근처에 사는 주민들의 자살률과 살인 사건 빈도가 높다는 통계도 나와 있지만, 그렇다고 해서 공항 근처에 사는 사람들이 조용한 지역에 사는 사람들에 비해 자기 제어 능력이 부족하다거나 사회성이 결여되어 있다는 증거는 없다.

이렇듯 소음이 인간의 정서와 행동에 미치는 영향에 대해 뚜렷하고 일관적인 결론을 도출하지 못하는 데에는 중요한 이유가 있다. 행동주의 심리학자들이 종종 간과하는 것 중 하나가 인간은 외부 자극에 단순히 반응하고 일정하게 행동하는 '기계적 존재'가 아니라는 사실이다. 소음에 대한 반응 정도와 민감성은 사람마다 다르다. 어떤 사람은 시끄러운 소음을 도저히 참을 수 없어 살인을 저지르기도 하지만, 헤비메탈 음악을 들어야 공부가 잘되고, 심지어 드릴링 머신이 만들어내는 소음이나 제트기의 추진 소리에서 편안함을 느낀다고 말하는 사람도 있다. 이처럼 소음에 대한 사람들의 반응은 하나의 결론을 내리기가 어려울 만큼 천차만별이다.

영국 레스토랑의 분위기에서 가볍게 시작한 이야기가 어느덧 '소음 공해'라는 현대 사회의 심각한 환경 문제로까지 이어지게 됐다. 레스토랑의 소음 공해와 관련해 영국에서 일어난 일련의 문제 제기들은 우리나라의 레스토랑과 술집 분위기를 떠올리게 한다. 세계에서 가장 심심한 나라 영국. 한국 사람들이 가면 놀 게 없어서 돌아오고 만다는 영국. 세계에서 가장 큰 클럽이라는 런던의 히포드럼도 서울 강남의 호텔 나이트클럽에 비하면 건전한 수준이라는 평을 듣고 있는, 바로 그런 영국에 비해 우리나라의 호프집과 레스토랑의 소음 수치는 도대체 어느 정도일까?

레스토랑이나 호프집이 시끄럽다는 것은 그리 새삼스러울 것도, 불평을 늘어놓을 만한 것도 못 된다. 나도 가끔은 그런 곳을 찾고 싶을 때가 있으니까. 하지만 터미널 옆 '별다방'을 제외하면, 조용한 음악이 들리고 작게 얘기해도 대화가 가능한 카페나 레스토랑이 언제부터인가 우리 주변에서 사라졌다는 사실은 누가 뭐래도 서글픈 일이다. 꽉 막힌 도로 위에서 운전자들이 짜증처럼 토해내는 자동차의 경적 소리, 1년 열두 달 쉬지 않고 도시 곳곳에서 들리는 건설 현장의 소음, 심지어는 밤의 적막마저 무참히 짓밟는 구급차의 사이렌 소리로부터 도망쳐, 지친 육신이 편히 쉴 수 있는 '조용한 레스토랑'이 그리울 때가 있다. 레스토랑이 아니어도 세상은 너무 시끄럽기 때문이다.

소음 공명

Stochastic Resonance

소음이 있어야 소리가 들린다

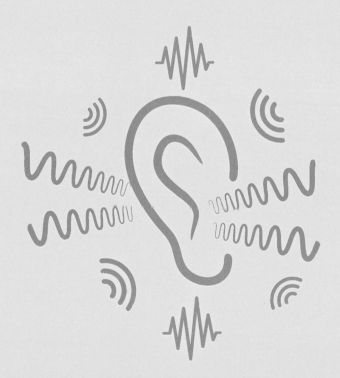

나의 축음기에는 잡음이 섞여 있다.
그러나 그 잡음 속에서 참다운 음악의 영혼이 들려온다.
– 에디슨

누구나 한 번쯤 옆집에서 일어나는 부부 싸움이나 작은 망치질 소리에 밤잠을 설쳐본 경험이 있을 것이다. 딴에는 배려를 한답시고 망치를 살살 두드리는 사람도 있지만 망치 소리로 날밤을 새워본 사람이라면 다 안다. 그것이 더 고통스럽다는 것을. 크게 틀어놓은 음악 소리보다 왱왱거리는 모기 소리가 더 '강적'인 것과 같은 이치라고나 할까.

지리산 계곡에서 뉴스를 듣기 위해 단파 라디오의 주파수를 맞추고, 지지직거리는 소음 너머로 조그맣게 들려오는 아나운서의 일기예보에 온 신경을 곤두세우다 보면 저절로 터져 나오는 한마디. "도대체 왜 이 세상은 망할 놈의 소음들로 가득 차 있는 거야!" 짜증 없는 세상을 위해 오늘도 몸 상해가며 연구하는 엔지니어들의 영원한 숙제도 바로 이 소음을 줄이는 문제다. 그러나 최근 10년 동안 과학자들이 새롭게 밝혀낸 사실에 따르면, 때로는 듣기 싫은 소음이 약이 되는 경우도 있다고 한다. 소음 공명stochastic resonance 현상이 바로 그

주인공이다.

먹고 먹히는 먹이사슬로부터 한 치도 자유로울 수 없는 동물들에게 가장 중요한 기관 중의 하나는 감각기관이다. 바닷가재의 꼬리 끝에는 털이 달린 감각세포가 존재하는데, 포식자의 접근을 알아채는 중요한 임무를 수행한다. 바닷물의 움직임이 너무 작으면 세포는 반응하지 않지만, 일정한 값threshold(역치) 이상이 되면 0.2초 동안 100밀리볼트의 신호를 뇌로 전달한다. 포식자가 다가올 때 생기는 일정한 패턴을 가진 바닷물의 움직임을 감지하면 감각세포는 뇌로 신호를 전달하고, 뇌는 만약의 사태를 대비해 방어 태세를 하라는 신호를 다시 온몸으로 보낸다.

하지만 바닷가재를 잡아먹는 포식자 물고기도 이 사실을 모를 리 없다. 물고기는 바닷가재를 한입에 넣기 위해 물의 흐름을 만들지 않으려고 최대한 조심하면서 접근할 것이다. 따라서 포식자의 접근으로 인한 물의 움직임은 매우 미세한 흐름이 된다.

이것은 바닷가재의 감각세포가 더 민감해진다고 해서 해결할 수 있는 문제가 아니다. 포식자가 아니더라도 수많은 물고기들의 운동과 주류, 바람, 온도 차 등으로 인해 바닷물은 쉴 새 없이 요동치고 있기 때문이다. 감각세포의 역치 값이 낮아 미세한 요동에도 반응한다면 바닷가재들은 '신경쇠약 직전의 새우들'로 변해갈 것이다. 포식자를 피하려다 스트레스로 죽지 않기 위해서라도 바닷가재 감각세포의 역치 값은 적당히 높다. 그렇다면 바닷가재는 '물살의 요동'이라는 소음으로 가득 찬 바닷물 속에서 적당히 무딘 감각세포로 어떻게 포식자의 접근을 눈치챌 수 있을까?

약한 신호가 소음을 만날 때 ───

미주리대학의 물리학자 프랭크 모스Frank E. Moss 교수는 바닷가재가 포식자의 접근을 감지하는 데 있어 바닷물의 요동이 오히려 중요한 역할을 한다는 사실을 밝혀냈다. 그가 물탱크에서 바닷가재를 키우며 했던 실험은 그 원리를 명쾌하게 설명해준다.

포식자 물고기는 너무 조심스럽게 접근하기 때문에 바닷물의 움직임이 없다면 바닷가재의 감각세포는 전혀 반응하지 않는다. 물고기가 접근하면서 만드는 물의 움직임이 감각세포의 역치 값에 못 미치기 때문이다. 그러나 바닷물의 요동이 적당히 있으면 다소 못 미쳤던 포식자 신호가 역치 값 위로 떠밀려 올라가 감각세포가 반응하게 된다. 이때 바닷물의 요동이 너무 작거나 크면 이런 현

바닷가재는 어떻게 포식자의 접근을 알아챌까?

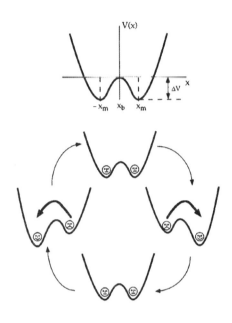

상은 일어나지 않는다. 이 처럼 적당한 소음이 있을 때 미약한 원신호가 더 잘 들리는 현상을 '소음 공명'이라고 부른다. 전달하려는 신호가 주변의 소음과 공명을 일으켜 증폭되기 때문에 이 같은 이름이 붙었다.

소음 공명이 일어나는 원리를 다음과 같은 비유로 설명할 수 있다. 흙바닥에 W자로 2개의 구덩이를 판 후, 한쪽 구덩

소음 공명은 신호가 약해 아슬하게 벽을 넘지 못하는 상황에서 소음이 벽넘김을 도와주는 원리다.

이 안에 구슬을 넣어보자. 구슬은 구덩이 안에서 왔다 갔다 진동하지만 옆 구덩이로 넘어갈 만큼 포텐셜 에너지potential energy(위치 에너지)가 높지 않은 상황이다. 이때 바람이 이리저리 불고 있다고 가정해보자. 만약 진동하고 있는 구슬이 옆 구덩이와 맞닿은 면의 꼭대기까지 왔을 때 강한 바람이 구슬을 살짝 밀어준다면 구슬은 옆 구덩이로 넘어갈 것이다. 바람의 세기가 너무 약하거나 너무 세지 않고 '적당하다면' 구슬이 양쪽 구멍을 오가는 데 도움을 줄 수도 있다는 얘기다. 이

처럼 2개(혹은 그 이상)의 안정된 모드와 두 모드 사이에 존재하는 역치 값, 즉 미약한 진동 신호와 적당한 크기의 소음이 소음 공명 현상을 만드는 필수 조건이다.

이 현상을 이론적으로 처음 도입한 것은 빙하기를 연구하는 기상학자들이었다. 북극에 존재하는 빙하들의 응결 모양을 조사한 바에 따르면 지구는 약 10만 년을 주기로 빙하기를 겪었다고 한다. 그 원인에 대해서는 아직 의견이 분분한데, 지구의 공전 궤도가 10만 년에 한 번씩 흔들린다는 사실이 알려지면서 혹시 이것이 빙하기의 발생과 무슨 관련이 있지 않을까 추측하게 됐다. 그러나 지구 공전 궤도가 흔들리는 정도는 아주 미약해서 지구를 빙하기로 이르게 할 정도는 아니라는 계산이 나오면서 빙하기의 발생 원인은 다시 미궁에 빠지게 됐다.

1981년 이탈리아의 기상학자 로베르토 벤치Roberto Benzi와 그의 동료들은 빙하기가 주기적으로 발생하는 원인에 대해 새로운 가설을 제안했다. 태양으로부터 끊임없이 유입되는 에너지에 의해 지구의 기온은 쉴 새 없이 변화한다. 벤치 박사는 10만 년에 한 번씩 찾아오는 지구 궤도의 흔들림으로 인한 대기 온도의 변화가 이러한 대기 온도의 요동에 의해 더욱 증폭되면서 지구가 갑작스러운 빙하 상태로 빠질 수 있음을 이론적으로 제시했다. 이것이 소음 공명 현상을 처음 도입한 계기다.

이 이론이 제안되자 많은 논쟁이 일었는데, 2년 후 프랑스의 물리

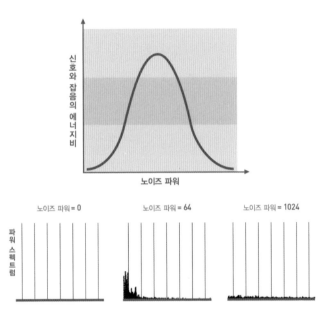

소음 공명을 보여주는 그래프. 소음이 적당히 있을 때 신호의 크기가 커진다.

학자들이 실험적으로 그 가능성을 증명하면서 소음 공명 현상은 크게 주목받기 시작했다. 그들은 슈미트 트리거Schmitt Trigger(일정한 값 이상이 되면 전류를 흐르게 하는 전기 스위치)를 이용한 실험에서, 미약한 신호가 전기적인 소음에 의해 증폭되어 전달될 수 있음을 보여주었다. 1988년에는 조지아 공과대학의 맥나마라A. Mcnamara와 비센펠트 K. Wiesenfeld가 링 레이저에서 소음 공명 현상을 재현함으로써 소음 공명 현상은 비선형 시스템에서 흔히 일어나는 현상임이 밝혀졌다.

소음 공명 현상이 주기적인 빙하기 도래의 결정적인 원인인가에

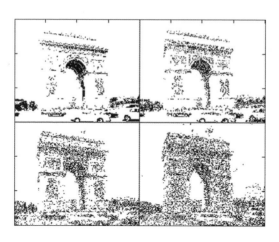

소음 공명의 공학적 응용 사례.
적절한 소음이 오히려 이미지를 선명하게 만든다.

대해서는 아직 논쟁이 끝나지 않았지만, 소음 공명 현상 자체는 그 후 이론적으로 탄탄히 정립되고 다양한 분야에서 실험적으로 재현되면서 과학자들 사이에서 각광받기 시작했다.

소음 공명 현상이 가장 주목받고 있는 분야는 생물체, 그중에서도 신경세포의 정보 전달을 연구하는 신경과학 분야다. 우리의 대뇌는 복잡한 연산과 논리적 사고를 수행하는 정교한 시스템이다. 그럼에도 불구하고 신경세포들의 수상돌기와 세포막은 열 진동에 의한 노이즈noise(소음)에서부터 신경화학물질들의 마구잡이 분출, 무작위적으로 발생하는 스파이크spike(혹은 활동전위action potential)에 이르기까지 수많은 노이즈들 속에서 작동하고 있다. 이런 소음 공해 속에서 뇌는 어떻게 복잡하고 정교한 사고 기능을 수행할 수 있는 걸까?

물리학적 관점에서 뇌의 정보 처리 과정을 이해하려는 신경과학자들에 따르면, 뉴런들이 정보를 효율적으로 전달하는 데 이러한 소음이 꼭 필요한 경우도 있다. 1996년 글룩만Bruce J. Gluckman 박사와 그의 동료들은 쥐의 뇌에서 단기 기억을 담당하는 해마라는 부위의 조직을 떼어냈다. 이 조직에는 수많은 뉴런들이 얽혀 네트워크를 형성하고 있는데, 정보가 전달되면 여러 뉴런들이 동시에 발화해 신호를 주고받는 상태가 된다.

그들은 세포막에 전극을 꽂아 뉴런들의 활동을 관찰했다. 외부 자극이 없는 경우 동시에 발화하는 일은 발생하지 않았다. 미약하나마 주기적으로 외부 자극을 주는 경우에도 세포는 발화하지 못했다. 그러나 미약한 신호와 함께 살아 있는 뇌에서와 같은 노이즈를 주입할 경우, 세포는 동시에 발화하면서 정보를 주고받기 시작했다. 노이즈가 미약한 신호를 증폭해 동시 발화를 촉발한 것이다.

신경과학자들은 신경세포들이 어떤 방식으로 정보를 처리하고 서로 주고받는지 아직 밝혀내지 못했지만, 복잡하게 활동하는 뉴런들의 운동에서 노이즈가 어떤 형태로든 중요한 역할을 하고 있음에는 틀림없다고 믿고 있다. '머릿속을 맴도는 소음'이 정상적인 뇌 기능에 필수일 수 있다는 것이다.

SQUID 센서를 이용한 뇌 자기신호 측정 장치.

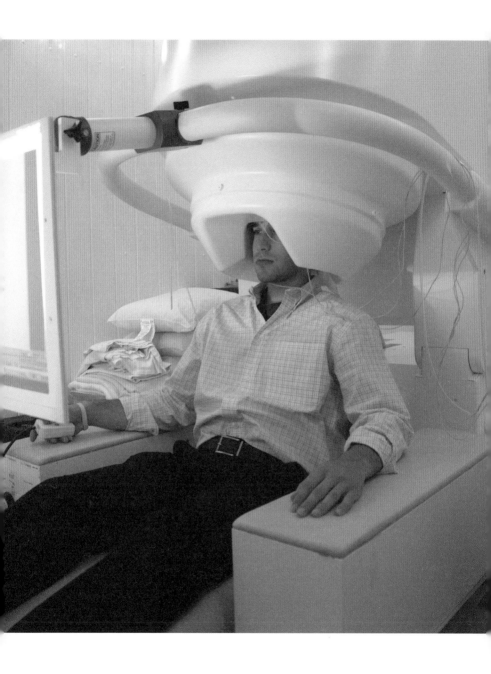

소음 공명의 과학적 응용   —

현재 소음 공명 현상에 관한 연구는 자연 현상을 설명하는 데 그치지 않고 여러 분야에서 기술적으로도 응용되고 있다. SQUID(초전도 현상을 이용해 뇌에서 발생하는 자기장을 측정하는 장치)에서부터 우주 왕복선에 이르기까지 다양한 분야에서 소음을 통해 신호를 증폭시키고 이를 정확히 전달하는 데 이용하고 있다.

특히 소음 공명의 의학적 응용은 많은 관심을 받고 있다. 인간의 신경세포는 나이가 들어감에 따라 역치 값이 올라가 잘 발화하지 못하고 정상적인 기능을 잃는 경우가 종종 있다. 손이나 발의 움직임, 방향, 속도 등을 지각하는 뉴런들의 수용체가 역치 값이 올라감에 따라 둔해져 제 기능을 하지 못하는 것이다. 심할 경우 걷기가 힘들어지고 몸의 균형 감각을 잃을 수도 있다. 물리학자들과 의사들은 이런 증세로 고생하는 환자의 신경세포에 약간의 소음을 주입함으로써 미약한 신호에도 세포가 반응해 제 기능을 회복할 수 있도록 돕는 치료법을 연구하고 있다.

보스턴대학교 의용공학과 제임스 콜린스James J. Collins 교수가 그중 한 명이다. 그는 소음 공명 현상에 관한 연구에 초창기부터 참여해왔으며, 특히 생물학적인 시스템에서 소음 공명 현상이 어떤 역할을 하는지를 꾸준히 연구해왔다. 또 소음 공명 현상을 응용해 의치로도 음식물을 씹는 느낌을 지각할 수 있는 기술을 개발해 화제가 되기도 했다. 현재는 중풍 환자나 당뇨병 환자가 걷거나 사물을 인식하는 데 도움이 될 수 있는 치료법을 개발하는 데 열중하고 있다. 그는 '소음 공명 현상에 관한 연구와 그 응용'으로 1999년 미국 MIT 〈테크놀로지 리뷰〉가 뽑은 '세상을 바꾼 젊은 과학 혁명가 100인'에 선정되기도 했다.

우리가 살고 있는 세상은 시끄럽고 짜증나는 소음으로 가득 차 있다. 우리가 적막하다고 느끼는 순간에도 우리의 뇌 속에선 신경세포들의 지지직거림이 한순간도 멈추지 않는다. 지난 300년 동안 과학자들은 이 세상에서 소음을 몰아내기 위해 싸워왔으며, 더 오랜 시간동안 인간은 소음 속에서 시달려야만 했다. 그러나 소음 공명 현상은 "도대체 이 세상은 왜 '아무 쓸모도 없는' 소음들로 가득 차 있는 거야!"라고 푸념했던 우리의 무릎을 치게 했다. 우리는 지금 이 순간에도 소음에 시달리고 있지만, 그 덕분에 (인간을 포함해서) 자연은 지금의 모습으로 정교하게 돌아가고 있는 것이다. 세상은 늘 시끄럽지만, 거기에는 이유가 있었다.

사이보그 공학

Cyborg Engineering

뇌파로 조종되는
가제트 형사 만들기

> 기계는 위대한 자연의 문제로부터 인간을 분리시키지 않을 것이다.
> 오히려 더욱 심각한 문제로 인간을 괴롭힐 것이다.
> — 생텍쥐페리

1980년대 인기 TV 만화 시리즈의 주인공이었던 컴퓨터 형사 가제트 Inspector Gadget는 '걸어다니는 잡동사니' 사이보그다. 평범한 경비원이었던 그는 닥터 클로 일당에게 폭탄 테러를 당한 후 최첨단 기계 장치와 일상용품들로 온몸이 채워진다. 그는 다리가 스프링처럼 늘어나고 머리에 달린 프로펠러로 언제든지 날 수 있다. 몸에서 초강력 미사일까지 발사되니 '걸어다니는 잡동사니'를 넘어 '걸어다니는 흉기'라고 해도 과장이 아니다.

물론 가제트는 정의로운 형사라서 일반 시민들에게 피해를 주지는 않지만 가제트를 보고 있으면 불안할 때가 있다. 가제트가 가끔 자신의 몸을 잘 조절하지 못하기 때문이다. 이것이 같은 사이보그 동료 형사인 로보캅RoboCop과 다른 점이다. 그렇다면 가제트와 로보캅 사이에는 또 어떤 다른 점이 있을까?

가제트와 로보캅은 작동 원리부터 다르다. 인간의 뇌는 신경세포에서 발생한 전기 신호를 주고받으면서 생각도 하고 몸을 움직이기

1980년대 인기 만화 주인공이었던 가제트 형사는 뇌파로 움직이는 사이보그다.
영화 〈형사 가제트〉의 한 장면.

도 한다. 로보캅은 대뇌에서 지시를 내리면 그 내용이 신경을 통해 기계로 대체된 신체(혹은 기계)의 각 부분으로 직접 전달된다. 반면 가제트는 뇌파를 이용한다. 우리가 어떤 생각을 하면 수십만 개의 신경세포들이 주고받는 전기 신호 중 수상돌기를 지나는 전기 신호는 서로 합쳐져 '뇌파'라는 독특한 전기적 리듬을 만들어낸다. 뇌파는 두피에서 측정 가능할 뿐 아니라 미약하게나마 외부로도 전달된다. 가제트의 온몸에는 뇌파를 감지하는 센서가 달려 있어서, 만약 다리를 움직이고 싶다고 생각하면 이때 발생된 뇌파가 다리를 움직이도록 조종하는 것이다.

생체 시스템에 관한 연구와 로봇 공학의 발전이 전문가들의 예측을 훨씬 앞질러 가고 있는 오늘날 우리는 언제쯤 가제트 형사의 등장을 기대해볼 수 있을까? 오늘이라도 당장 가제트를 만드는 일에 과학자들이 몰두할 수 없는 데에는 중요한 이유가 하나 있다. 가제트의 작동 원리에는 머릿속에서 생각이 달라지면 뇌파의 모양이나 특징도 달라져야 한다는 가정이 담겨 있다. "가제트 만능 팔!" 하고 외쳤을 때, 엉뚱하게 미사일이 발사되는 일은 없어야 할 테니까 말이다.

뇌파는 '신호'일까 '소음'일까

뇌파가 뇌의 사고 과정에서 자연스럽게 발생하는 생체 신호라는 것은 틀림없는 사실이지만 뇌의 정보 처리 과정에 대한 상세한 정보를 담고 있는 '의미 있는 신호'인지, 아니면 부수적으로 발생하는 '소음'에 불과한 것인지는 아직까지 논쟁이 되고 있다.

뇌파는 1929년 독일의 정신과 의사인 한스 베르거Hans Berger에 의해 우연히 발견된 이후 현대 정신의학에서 중요한 생체 신호로 연구되어왔다. 신경생리학자들은 사람의 뇌 상태가 달라지면 뇌파의 파형도 달라진다는 사실을 오래전에 발견했다. 특히 1960년대 파워 스펙트럼 분석법power spectrum analysis이 도입되면서 뇌파의 파형에 관한 연구는 놀라운 발전을 거듭했다. 파워 스펙트럼 분석법이란 뇌파가 이루고 있는 복잡한 신호를 주파수가 다른 사인 함수sine function의 합

뇌파를 최초로 측정한
한스 베르거와
초기의 뇌파 기록.

으로 나타내는 분석법으로, 이 분석법에 따르면 뇌파는 1헤르츠에서 50헤르츠 이상의 넓은 주파수 영역을 가지고 있으며, 그 분포는 뇌의 상태가 달라질 때마다 변하는 것으로 알려져 있다.

　뇌 질환 환자들은 질병의 종류에 따라 여러 유형의 비정상 뇌파를 만들어낸다. 특히 간질 환자를 검사하거나 수면 장애에 시달리는 환자의 수면 상태를 진단할 때 뇌파는 매우 유용하게 사용된다. 깊은 잠에 빠졌을 때의 뇌파는 얕은 잠을 잘 때의 뇌파보다 서서히 변화하며, 간질 환자의 뇌파는 정상인에 비해 훨씬 주기적이다. 또 눈을 감았을 때나 편안한 상태에서의 뇌파는 열심히 산수 문제를 풀 때보다 그 값이 크고 상대적으로 규칙적인 파형을 그린다. 알츠하이머 환자의 경우 델타파(1~4헤르츠 정도의 낮은 주파수를 가진 뇌파)가 증가한다든가, 명상할 때 알파파(8~13헤르츠)가 늘어난다는 식의 이야기를 들어보앗을 것이다.

　1980년대 중반까지 많은 신경생리학자들이 대뇌의 정보 처리 과정과 뇌파 성질의 상관관계를 찾기 위해 여러 가지 시도를 했으나 안타깝게도 대부분 실패하고 말았다. 캘리포니아주립대학(버클리 소재)의 월터 프리먼Walter J. Freeman 교수를 비롯해 몇몇 신경물리학자들이 실험 결과를 바탕으로 한 간단한 모델을 제안했으나, 그다지 성공적이지는 못했다. 뇌파를 만드는 데 관여하는 신경세포의 수가 너무 많았기 때문이다. 최소 수만 개에서 많게는 수백만 개의 신경세포들이 움직이며 만들어내는 뇌파의 의미를 이해하기에는 우리의 과학이 짧고도 모자랐던 것이다.

　그래서 신경생리학자들은 뇌파를 대뇌의 복잡한 사고 과정에서 부수적으로 발생하는 소음이라고 간주해왔다. 마치 냉장고가 돌아갈때 '윙-' 하는 소리가 나는 것처럼 말이다. 그러나 냉장고 전문가들이 소리만 들어도 냉장고가 문제가 있는지 없는지 혹은 어디에 문제가 있는지를 대충 파악하는 것처럼, 의사들은 뇌파 분석을 통해 부족하게나마 뇌에 대한 정보를 얻을 수 있다고 생각했다. 머리에 뚜껑이 있어 열어볼 수 있는 것도 아니니 뇌파라도 측정해 분석할 수밖에.

　그러던 중 일련의 물리학자들이 카오스라는 개념을 과학계에 도입하면서 뇌파 연구는 새로운 전환기를 맞이하게 된다. 20세기 중반까지 물리학자들의 머릿속에는 크게 두 종류의 우주가 들어 있었다. 뉴턴이 만유인력의 법칙을 발견한 이후, 물리학자들은 우리가 살고 있는 우주를 잘 짜인 법칙들에 의해 정교하게 돌아가는 '거대한 톱니바퀴'로 간주했다. 우리가 그 법칙들을 알고 초기 조건만 주어진다면 세상의 어떠한 운동도 예측할 수 있다고 믿었다. 고등학교 물리시간에 '주어진 방향과 속도로 공을 떨어뜨렸을 때 몇 초 후 공은 어디에 있을지'를 계산하는 이유도 바로 이 때문이다.

그러다가 18세기 무렵, 백만장자를 꿈꾸던 도박사들의 후원을 받아 '주사위 던지기'와 '카드 섞기'를 연구하던 물리학자들은 '예측이 불가능한 시스템'을 발견하게 된다. 던져진 주사위나 마구 섞인 카드들도 분명히 우주의 법칙으로부터 벗어나지는 못하겠지만, 워낙 많은 변수들이 관여하는 경우 정확한 예측이 불가능하다는 사실을 깨달았다. 이런 시스템은 확률의 지배를 받으며 통계적인 방법으로 기술될 수밖에 없다고 결론을 내렸다. 2개의 주사위를 던졌을 때 어떤 값이 나올지는 아무도 모르지만, 눈의 합이 7이 나올 확률은 계산할 수 있지 않은가!

뇌파 연구의 전환점

1963년, 매사추세츠공과대학의 기상학자 에드워드 로렌츠는 〈결정론적이면서 비주기적인 흐름〉이라는 논문을 발표했다. 그는 이 논문에서 방정식에 비선형 항이 포함되어 있으면 소수점 아래의 작은 값들이 증폭돼 나중에 큰 변화를 만들어낸다는 사실을 알아냈다('잭슨

로렌츠 끌개Lorenz-Attractor는 카오스를 만들어내는 전형적인 시스템.
서로 겹치지 않으면서 얽힌 로렌츠 시스템은 작은 자극에 의해 전혀 다른 궤도를 그릴 수 있다.

폴록' 참조).

그 후 10년 동안 그다지 주목받지 못한 이 논문은 이론물리학자들에 의해 재발견되어 새롭게 각광받게 된다. 물리학자들은 설령 간단한 물리학 법칙이라 하더라도 비선형 항이 포함되어 있으면 초기 조건이 조금만 변해도 그 값이 완전히 엉뚱해질 수 있으며, 그 운동 궤적이 굉장히 복잡하고 무작위적으로 보일 수 있다는 사실을 알아냈다. 그리고 이런 시스템을 '카오스 시스템'이라고 불렀다.

비선형 항이란 y=ax와는 달리 x^2, x^3 혹은 $1/x$ 등이 포함되어 있는 항을 말한다. 이 경우 y값은 x값의 변화에 비례해서 변하지 않고, 복잡한 양상을 띨 수 있다. 예를 들면 $y=1/x^2$이라는 방정식에서 x=0.1일 때 y값은 100이지만 x=0.11일 때 y값은 약 82.64가 된다. 만약 x값을 소수 둘째 자리에서 반올림했다면 y값이 무려 17.36이나 달라진다. 이런 일이 여러 번 반복되면 y값은 전혀 다른 값을 갖게 된다. 이처럼 비선형 항에 의해 변수 값의 작은 변화가 결과 값에 큰 변화를 미치는 효과를 나비 효과(베이징에서 나비가 날갯짓을 하면 뉴욕에서 폭풍이 몰아친다)라고 하는데, 카오스 현상이 일어나는 원인이기도 하다.

카오스라는 개념이 등장한 이후 각 분야의 많은 과학자들은 '혹시 그동안 소음이라고 여겼던 신호들이, 혹은 너무 복잡해서 다루기 힘들다고 여겼던 패턴들이 간단한 비선형 방정식에 의해 기술되는 카오스 현상이 아닌지'를 알아보는 연구에 착수했다. 정교하게 기술되는 대류 현상과 날씨 현상은 대표적인 '카오스 시스템'이었다. 내일 날씨는 대개 잘 들어맞지만 일주일 후의 일기 예보를 통 믿을 수 없는 이유도 바로 그 때문이다.

1985년 네덜란드의 여성 물리학자 바블요얀츠A. Babloyantz는 사람의 수면 뇌파가 카오스적이라는 사실을 물리학 저널에 발표했다. 그것은 소음처럼 매우 불규칙적이고 복잡해 보이지만 그 차원을 구해 보면 무한대가 아닌 5, 6차원이라는 것이다. 또 깊은 수면 상태일수록 뇌파의 차원이 떨어진다는 사실도 알아냈다. 이 논문은 물리학자들과 신경생리학자들을 흥분시키기에 충분했다. 만약 뇌파가 5, 6개의 변수로 이루어진 방정식으로 기술될 수 있다면 우리는 뇌를 해부하지 않고도 뇌의 사고 과정을 추적할 수 있으며 언젠가는 뇌의 작동 원리를 이해할 수 있지 않을까 하는 꿈에 부풀었다.

그로부터 5년간 미국과 유럽에서는 여러 상태에서 측정된 뇌파에 대한 카오스 분석 결과가 쏟아졌다. 간질 환자의 뇌파는 겨우 2, 3개의 변수로 기술될 수 있는 신호라는 사실이 밝혀졌고, 질병에 따라 뇌파의 차원과 복잡한 정도complexity가 달라진다는 사실도 알아냈다.

그러나 1990년대에 들어서자 기존 신경생리학자들의 연구에 찬물을 끼얹는 논문이 이론물리학자들에 의해 하나씩 등장하게 된다. 오즈본A. R. Osborne과 프로벤제일A. Provenzale 박사는 뇌파처럼 특정한 영역의 주파수를 가진 신호는 무작위적인 소음이라 하더라도 몇 개의 차원을 가진 것처럼 결과가 나올 수 있다는 사실을 보여주었다. 또 로스앨러모스연구소의 제임스 타일러James Theiler 박사는 뇌파와 같은 주파수 분포를 가졌으면서 순서를 마구 뒤섞어놓은 신호surrogate data(대리 자료)를 임의로 만든 후 뇌파와 비교해보았더니 별다른 차이가 없었다는 논문을 발표했다. 기존의 카오스 분석 논문들이 사용하데이터 양이 턱없이 적어 신뢰성이 떨어진다는 수학자의 지적도 있었다.

감마파라는 열쇠

이론물리학자들로부터 공격을 받은 유럽의 의학자들은 물리학자들의 논문이 낮은 차원의 시뮬레이션 데이터에는 적용 가능하지만 뇌파처럼 높은 차원의 실제 데이터에 적용하는 것은 무리라고 반격하면서 그들의 주장을 수용하지 않았다. 1998년 여름에는 독일의 의학자들이 간질 환자 뇌파의 카오스 분석을 통해 환자가 간질 발작을 하기 전에 미리 예측할 수 있다는 사실을 저명한 물리학 저널에 발표했다. 또 알파파의 변화를 성공적으로 예측하는 초보 수준의 모델을 제안하기도 했다.

　더욱 놀라운 결과는 '결합 문제binding problem(독립적으로 처리되는 정보들이 어떻게 단일한 대상으로 통합되어 지각될 수 있는가에 관한 문제)'라는 신경과학자들의 해묵은 숙제에 뇌파가 결정적인 열쇠를 쥐고 있다는 사실이다. 신경과학자들에 따르면 신경세포들은 대뇌의 위치에 따라 하는 일도 다르다. 어떤 세포는 사물의 모양을 감지하고, 어떤 세포는 색깔을 감지한다. 동그란 모양의 물체를 보면 펄스를 내보내는 세포가 있는가 하면 빨간색을 보면 펄스를 발산하는 세포가 있다. 움직이는 물체를 볼 때만 흥분하는 세포도 있다.

바나나와 사과가 탁자 위에 있다고 해보자. 우리 뇌는 빨간색을 보면 흥분하는 세포가 펄스를 마구 발산할 것이며, 노란색을 감지하는 세포도 펄스를 발산할 것이다. 동그란 모양을 보면 흥분하는 세포와 길쭉한 모양을 보면 흥분하는 세포도 펄스를 마구 내보낼 것이다. 그렇다면 우리는 어떻게 빨간색 사과와 노란색 바나나가 탁자 위에 있다는 사실을 한눈에 알아차릴 수 있을까? 서로 다른 영역에서 발산하는 신호들을 어떻게 종합해binding 사물을 인식하는 것일까? 이 문제는 오랫동안 신경과학자들의 골치를 아프게 했다.

그런데 독일 막스플랑크연구소의 볼프 징거Wolf Singer 박사와 그의 동료들은 이 문제에 대해 감마파(40헤르츠 정도의 뇌파)가 중요한 역할을 담당한다는 것을 알아냈다. 그들에 따르면 서로 연관된 세포들은 같은 주파수와 위상으로 '동시에' 펄스를 발산한다는 것이다. 이때 발산하는 펄스의 주파수가 40헤르츠 부근이라고 한다. 다시 말하면 40헤르츠의 감마파가 서로 다른 영역의 세포들—같은 사물에 의해 흥분한—에 대한 정보를 한데 통합하는 역할을 한다는 것이다. 따라서 우리가 감마파에 담긴 정보를 정확히 읽을 수만 있다면 뇌파를 통해 뇌의 사고 과정을 이해할 수 있다는 의미가 된다.

뇌파를 읽는 기술, 가제트 프로젝트 ——

좀 더 실제적이면서 구체적인 방식으로 가제트 프로젝트를 연구하는 공학자들도 있다. 독일 튀빙겐대학교의 닐스 비르바우머Niels Birbaumer 교수팀은 뇌에서 발생되는 서파slow cortical potentials를 이용해 컴퓨터 모니터에서 커서를 움직이는 장치를 개발하고 있다. 전신마비 환자가 자신의 의사를 표현할 수 있도록 뇌파로 조종되는 컴퓨터 키보드를 개발하고 있는 것이다. 세 명의 환자에게 실험했더니 그들은 오랜 연습 끝에 자신의 뇌파를 조종하는 능력을 익혔다고 한다. 지금은 한 글자를 치는 데 평균 80초 정도가 걸려 짧은 문장을 완성하는 데만도 30분 가까이 걸리지만, 앞의 두세 자만으로 단어나 문장을 예측할 수 있는 시스템을 개발해 이들의 불편을 줄이려 노력하고 있다.

스탠퍼드대학의 휴 러스티드Hugh Lusted 교수팀도 알파파를 감지해서 스위치를 켜는 '자동 스위치'를 이미 개발했으며, 뉴욕주립대학의 월포Jonathan R. Wolpaw 박사팀 역시 뮤파mu rhythm(대뇌의 운동 영역에서 발생하는 뇌파)의 조종에 따라 컴퓨터 커서를 마음대로 이동할 수 있는 시스템을 개발했다. 또 최근에는 EP(evoked potential)나 ERP(event related potential)와 같은 유발 전위를 이용하는 연구도 활발히 진행 중에 있다. 눈에 번쩍이는 불빛을 비춘다거나 깜짝 놀라는 반응을 일으키면 뇌의 특정 영역에서 펄스 형태의 전위가 유발된다. 이런 현상을 이용해서 빛 자극을 가해 특정 뇌파를 유도하는 장치도

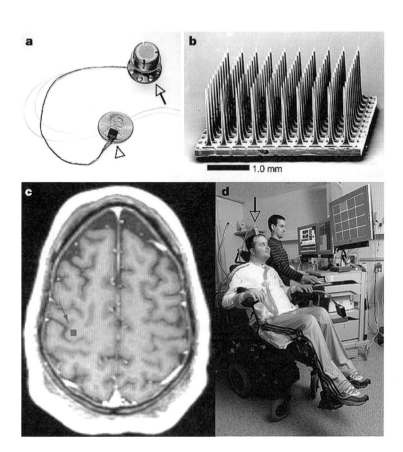

매슈 네이글Mattew Nagle은 뇌파로 컴퓨터를 조종하는 장치를 뇌에 이식한 최초의 전신마비 환자다. 뇌에 이식된 칩이 뇌 신경세포의 신호를 읽어 들여 컴퓨터로 전송한다.

등장하고 있다. 이 같은 장치들은 가제트 형사의 등장을 앞당길 뿐 아니라 전신마비 환자들에게 유용한 의사소통 수단을 제공할 것으로 기대된다.

〈백 투 더 퓨처 2〉에는 뇌파를 이용한 수면 유도 장치가 등장하는데, 이것 역시 영화 속 이야기만은 아니다. 현재 유럽에서는 수면 상태로 들어가기 전에 알파파가 많이 발생한다는 사실에서 유추해, 역으로 알파파를 유도함으로써 수면에 들게 하는 장치alpha wave generator를 개발 중에 있다.

눈을 감고 가만히 누워 있는데 쉴 새 없이 복잡한 파형을 그리는 뇌파의 정체는 과연 무엇일까? 이 세상에서 가장 복잡하다는 뇌가 만들어내는 뇌파는 21세기가 시작돼도 여전히 미스터리의 영역에 자리하고 있다. 물리학자나 신경생리학자들도 아직 뇌파가 뇌에 대한 정보를 담고 있는 유익한 신호인지, 예측 불가능한 잡음에 불과한지 결론을 내리지 못하고 있다.

안타깝게도 많은 물리학자들이 이미 뇌파를 연구하는 일에서 손을 뗐다. 뇌파가 설령 뇌에 관한 정보를 담고 있다 하더라도 10차원에 가까운 변수를 필요로 하는 고차원 시스템을 현실적으로 다루기 어렵기 때문이다. 실제 시스템을 다루는 카오스 전문가들은 고차원 시스템을 다룰 수 있는 수학적 방법을 가장 절실히 필요로 하고 있다. 만약 우리가 이 방법들을 찾지 못한다면 가제트 형사는 언제나 악당 앞에서 허둥댈 수밖에 없을 것이다. 그러나 아직 뇌파를 연구하고 있는 물리학자들은 믿고 있다. 뇌파가 아무리 복잡한 신호라 하더라도 우리가 이해하지 못할 정도로 복잡하지는 않을 것이라고.

크리스마스 물리학

Christbmas Physics

산타클로스가 하루 만에 돌기엔
너무 큰 지구

산타클로스가 존재하지 않는다는 사실을 언제쯤 눈치챘는지 기억하는 사람은 그리 많지 않다. 나는 바로 그 많지 않은 사람 중의 하나다. 내 기억이 맞다면 그것은 1978년 12월 20일, 크리스마스를 며칠 앞둔 어느 겨울밤이었다. 당시 일곱 살이던 나는 초등학교 입학을 몇 달 남겨둔 때여서 착하고 말 잘 듣는 학생이 돼야 한다는 사전 교육을 엄마로부터 열심히 받고 있었다. 12월이 다가오자 엄마는 그 사전 교육의 일환으로 "착한 어린이에게만 산타클로스 할아버지가 선물을 주신단다" 하고 강조하셨고, 크리스마스 아침에 책가방과 학용품을 선물로 내놓을 '만반의 준비'까지 하고 계셨다.

그런데 12월 20일 저녁 애물단지 같은 TV가 '웬수'였다. 온 가족이 둘러앉아 쇼 프로그램을 보고 있는데 사회자가 가수에게 이렇게 묻는 것이 아닌가? "○○○ 씨는 산타클로스가 없다는 걸 몇 살 때 아셨어요?" 온 가족이 보는 TV 프로그램에서 이런 질문을 해대는 사회자의 심리를 나는 아직도 이해하지 못하겠다. 처음부터 산타클로스가 있다는 얘기를 말던가, 한쪽에선 산타클로스가 있다고 떠들면서 돌아서서 이런 질문을 해대는 저의가 뭘까? 뒤이은 가수의 대답이 결정타를 날렸다 "저야 시골에 살아서 산타클로스의 '산' 자도 몰랐죠. 하지만 요즘 우리 애들은 제가 열심히 선물을 챙겨줘서 아직도 산타클로스 할아버지가 있는 줄 알아요."

한순간 거실에 긴장감이 맴돌았고, 내 눈치를 보는 엄마와 아빠의 따가운 시선이 느껴졌다. 일곱 평생을 잔머리로 살아온 나는 '이럴 땐 자는 척하는 게 상책'이라는 평소 소신대로 본능적으로 눈을 감았다. 그리고 결심했다. 산타클로스가 없다는 것을 눈치챈 '똑똑한 어린이'로 선물 없이 살아가는 것보다는 산타클로스를 믿는 '순진한 어린이'로 선물과 함께 행복한 크리스마스를 보내기로. 나는 그로부터 몇 년을 더 산타클로스의 존재를 믿는 순진한 어린이 역을 훌륭히 소화해냈고 해마다 선물도 받았다. 나는 지금도 '어린이는 어른의 아버지'라는 시구에 동감한다. 워즈워스와는 '전혀 다른 의미'로.

크리스마스가 되면 산타클로스가 전 세계 착한 어린이들에게 굴뚝을 통해 선물을 나누어준다는 전설이 언제부터 시작됐는지는 정확히 알 수 없다. 역사 기록에 따르면 산타클로스의 모델로 여겨지는 성 니콜라스는 245년부터 300년대 중반경에 살았던 인물이라고 한다. 당시 그들이 믿고 있던 세상은 그리 넓지 않았으며, 인구도 많지 않고, 아이들은 더더욱 적었다. 어쩌면 그때에는 크리스마스이브 하룻밤 만에 온 세상 어린이들에게 선물을 나누어주는 일이 가능하다고 느꼈을지도 모르겠다.

그러나 21세기를 관통하고 있는 지금, 세상은 반지름 6400킬로미터의 거대한 지구 표면을 빼곡히 메우고 있으며, 인구는 이미 77억명을 돌파했다. 오늘날 산타클로스의 전설은 다섯 살을 채 넘기지 않은 아이들이나 고개를 끄덕일 만한 동화가 되었으며 전설이 되었고 농담이 되었다. 하지만 중학교 3학년 수준의 물리학 지식으로 산타클로스가 크리스마스이브에 했을 '일과 운동'을 계산해본다면, 새삼 산타클로스를 존경하지 않을 수 없을 것이다. 그리고 새로운 사실 하나를 깨닫게 될 것이다. 산타클로스는 성인이면서 동시에 '초인'이라는 사실을.

하룻밤 만에 크리스마스 선물을 배달하려면

유니세프가 조사한 통계에 따르면, 18세 이하 청소년은 전 세계적으로 21억 명에 이른다고 한다(같은 자료에 따르면 2007년 현재 약 22억 명이다). 그중에서 크리스마스를 기념하지 않는 이슬람교, 힌두교, 불교, 유대교를 믿는 어린이를 제외하면 약 4억 명의 어린이가 산타클로스의 귀여운 고객이 된다. 한 가정에 평균 2.5명의 어린이가 있다고 보고, 그중 한 명만 착하다고 가정해도 산타클로스는 1억 6천만 가정을 방문하느라 빡빡한 일정에 시달려야 한다.

산타클로스에게 주어진 시간은 크리스마스이브 단 하룻밤뿐. 지구의 자전을 고려해 지구 자전의 반대 방향으로 이동하면서 선물을 나누어줄 경우 약 31시간을 확보할 수 있다. 31시간 동안 1억 6천만 가정을 방문하려면 1초에 1434가구를 방문해야 한다. 다시 말해 0.0007초 만에 지붕 근처에 썰매를 주차시키고, 굴뚝을 통해 집으로 들어가 선물을 놓고, 다시 나와 다른 집으로 이동해야 한다.

집과 집 사이를 이동하는 데도 가히 천문학적인 속도가 필요하다. 반지름 6400킬로미터의 지구 표면적은 5억 1천만 제곱킬로미터. 그 중 29퍼센트만이 땅이므로 지표면의 면적은 1억 5천만 제곱킬로미터가 된다. 집들이 균일하게 분포해 있다고 가정하면 집과 집 사이의 평균 거리는 약 1킬로미터 떨어져 있다고 볼 수 있다.

1킬로미터씩 떨어진 1억 6천만 가정을 31시간 동안 쉬지 않고 방문하려면 초속 1434킬로미터로 달려야 한다. 굴뚝을 타고 내려가 선물을 나누어주는 데 걸리는 시간을 제외하고도 말이다. 이것은 소리가 전달되는 속도의 무려 4218배, 즉 마하 4218의 속도다. 사슴이 달리는 속도가 보통 시속 20킬로미터 정도라고 하니, 루돌프는 보통 사슴이 달리는 속도보다 26만 배나 빠른 속도로 크리스마스이브의 밤하늘을 질주해야 한다. 그래도 다행인 것은 광속을 넘지 않는다는 것. 상대성 이론을 위협하는 속도는 아니라는 데 만족해야 할 것이다.

그러나 실제로 산타클로스의 썰매가 마하 4218의 속도로 달린다면 크리스마스이브 저녁은 결코 평화롭지 못할 것이다. 썰매가 음속보다 빠르게 질주하면, 썰매가 만들어내는 공기의 압력파를 썰매 스스로가 앞질러 가면서 충격파sonic boom라는 시끄러운 소리를 만들기 때문에 우리는 밤새 천둥소리에 시달려야만 한다. 《이기적 유전자》(1976)의 저자인 영국의 생물학자 리처드 도킨스Richard Dawkins가 여섯 살짜리 꼬마에게 산타클로스가 존재하지 않는 이유를 '우리는 썰매가 만들어내는 충격파 없이 크리스마스이브를 보내고 있다'는 사실로 증명해주었다는 일화는 유명하다. 리처드 도킨스, 잔인한 과학자!

초속 1434킬로미터로 달려야 하는 산타클로스가 한 가정에 0.0007초 이상 머물 수 없다는 설정은 산타클로스의 '존재' 자체를 충분히 위협할 만한 물리적인 상황이다. 그가 순식간에 초속 1434킬로미터의 속도에 도달하기 위해서는 엄청난 크기의 가속도 운동을 해야 하기 때문이다. 0.0001초 만에 초속 1434킬로미터에 도달한다고 가정하면, 산타클로스는 지구가 잡아당기는 중력보다 14억 배나 큰 힘을 받게 될 것이다. 아마 출발하자마자 썰매와 함께 산산조각이 나지 않을까?

산타클로스가 배달해야 할 선물도 만만치 않다. 모든 아이들에게 레고 선물세트를 준다고 가정하면 무게는 하나당 약 1킬로그램 정도, 모두 합치면 무려 1억 6천만 킬로그램이 된다. 보통 사슴이 끌 수 있는 무게가 약 150킬로그램 정도이므로, 1억 6천만 킬로그램의 썰매를 끌려면 106만 마리의 사슴이 필요하다. 그 와중에 아이들이 바라는 선물을 나누어주려고 애쓴다니, 산타클로스의 너그러움은 예수

만큼 넓고 부처만큼 깊다.

굴뚝 사이를 이동하는 가장 빠른 경로는?

상황이 이쯤 되고 보면 산타클로스는 '어떤 순서로 아이들의 집을 방문해야 가장 짧은 경로로 온 가정을 돌 수 있을까' 하는 문제를 생각하지 않을 수 없다. 가장 짧은 경로와 그렇지 않은 경로의 차이를 결코 무시할 수 없을 것이므로.

그러나 안타깝게도 이 문제는 우주의 나이만큼이나 오랜 시간을 계산한다 해도 해답을 찾기 어렵다. 과학자들이 오래전부터 매달려온 '세일즈맨의 이동 문제traveling salesman problem'와 관련되기 때문이다. 세일즈맨이 물건을 팔기 위해 5개 도시를 방문하려고 한다. 한 도시를 한 번만 방문한다고 가정했을 때 가장 짧은 경로를 어떻게 찾을 수 있을까?

가장 간단한 방법은 모든 경우의 수에 대해 경로를 계산한 다음 비교해보는 것이다. 도시가 5개밖에 안 될 때는 가능한 경우가 120개이므로 계산하는 데 그리 오래 걸리지 않는다. 그러나 도시가 10개만 돼도 경우의 수는 362만 8800개로 늘어난다.

25개 도시를 방문해야 하는 세일즈맨이 가장 빠른 경로를 찾기 위

신타클로스가 운반해야 할 선물은 무려 1억 6천만 킬로그램이다.

해서 얼마나 많은 시간을 계산으로 소비해야 할까? 1초에 100만 개의 경우의 수를 계산할 수 있는 슈퍼컴퓨터에게 이 일을 시킨다고 해도 무려 4900억 년이 걸린다. 우리가 살고 있는 우주의 나이는 대략 100억 년. 다시 말해 우주가 탄생한 이래 줄곧 계산해왔다 해도, 앞으로 그 48배를 더 계산해야 정답을 알 수 있다는 얘기다. 그렇다면 1억 6천만 가정을 방문해야 하는 산타클로스가 가장 빠른 경로를 찾으려면 얼마나 오래 걸릴지는 굳이 설명하지 않아도 짐작할 것이다. 혹시 산타클로스 할아버지가 슈퍼컴퓨터를 끌어안고 1년 내내 계산을 하시느라 백발이 성성하게 된 건 아닐까? 그냥 마음 가는 대로 아무렇게나 돌아다니시라고 권해드리고 싶다.

언제부터인가 나는 크리스마스이브에 침대에 누워 잠을 청할 때면 다시금 산타클로스 할아버지를 떠올리게 됐다. '올해는 무슨 선물을 받게 될지, 언제까지 산타클로스 할아버지가 있다고 믿는 척해야 할지' 기대도 고민도 하지 않은 채, 선물을 배달하는 산타클로스 할아버지의 모습을 가만히 떠올려본다. 1억 6천만 킬로그램이나 되는 선물 꾸러미를 썰매 뒤에 싣고, 106만 마리의 사슴들이 끄는 썰매를 타고, 0.0007초 만에 굴뚝으로 들어가 선물을 나누어주고 나오는 모습을 말이다. 그리고 중력의 14억 배나 되는 힘을 이겨가며 31시간 동안 1억 6천만 가정을 쉬지 않고 방문해야 하는 산타클로스 할아버지의 고달픈 운명을 말이다.

몇 년 후 크리스마스 아침, 내게도 산타클로스의 선물에 즐거워할

아이들이 생긴다면 녀석들에게 꼭 이야기해주고 싶다. 산타클로스의
선물이 '얼마나 값지고 고귀한' 것인가를.

박수의 물리학

Synchronization

반딧불이 콘서트에서 발견한 과학

저는 때론 제 연주보다 청중의 박수 소리가
더 아름답다고 느낄 때가 있습니다.
— 므스티슬라프 로스트로포비치, 첼리스트

말레이시아의 깊은 원시림에는 오랫동안 물리학자들을 황홀하게 만들었던 자연 현상이 있다. 굽이도는 강물을 따라 울창하게 우거진 맹그로브숲 나뭇가지에 황혼이 깃들면 크리스마스트리의 반짝이는 불빛마냥 반딧불들이 하나둘씩 깜빡인다. 어둠이 짙어지고 밤이 되면 어느새 강가의 나무숲은 반짝이는 반딧불들로 장관을 이룬다. 그런데 경이롭게도 밤이 깊어지면 제각기 반짝이던 반딧불이들이 일순간 같은 박자로 깜빡이기 시작한다. 암컷을 유혹하기 위해 수컷 반딧불이들이 벌이는 한밤의 불빛 콘서트는 무려 세 시간 이상 계속되기도 한다.

1970년대 생물학계를 떠들썩하게 했던 유명한 실험이 있다. 시카고대학의 생물학자 마사 매클린톡Martha McClintock과 캐서린 스턴Catherine Stern 박사는 우연히 '여자들끼리 방을 같이 쓰면 생리 주기가 비슷해진다'는 사실을 발견했다. 이들의 생리 주기를 일치하게 만든 매개체는 무엇일까? 그들은 여성에게서 풍기는 무언가가 매개체로 작용했으리라 믿고 새로운 실험에 착수했다. 한 여성의 겨드랑이에서 나오는 분비물을 채취해 냄새를 없앤 후 다른 여성들의 윗입술에 살짝 발랐다. 그러고 나서 그들의 생리 주기를 비교해보았다. 한 달후 '호르몬이 포함된 땀 분비물'을 바른 여성들의 생리 주기가 모두 같아졌음을 확인했다.

반딧불이의 반짝거림과 여성의 생리 주기. 아무런 연관이 없어 보이는 이 두 현상에는 세 가지 공통점이 있다. 하나는 각각의 개체들이 주기적인 운동을 하고 있었다는 점, 그리고 그들이 어느 순간 같은 박자로 운동하기 시작했다는 점, 그러기 위해서는 매개체가 반드시 존재했으리라는 점이 바로 그것이다. 반딧불이의 반짝거림이나 여성의 생리 주기는 일정한 주기를 가진 운동이며, 다른 반딧불이가 발생하는 빛 신호나 여성들의 겨드랑이 분비물은 이들의 주기 운동을 연결하는 매개체라 볼 수 있다. 이처럼 주기적인 운동을 하는 개체를 물리학자들은 진동자oscillator라고 부른다. 그리고 매개체에 의해 연결된 진동자들coupled oscillators이 동시에 같은 박자로 운동하는 현상을 동기화synchronization라고 한다.

반딧불이의 반짝거림이나 여성의 생리 주기 외에도 동기화 현상은 자연계 도처에서 쉽게 찾아볼 수 있다. 1만여 개의 세포로 이루어진 심장의 페이스메이커pacemaker는 늘 똑같은 박자로 펄스를 발산하며,

여름밤, 반딧불이의 콘서트에서
동기화 현상을 관찰할 수 있다.

생체 시계로 알려진 시교차상핵suprachiasmatic nucleus(SCN)의 신경세포들은 24시간을 주기로 발화 진동 수가 변한다. 매미들은 17년마다 한 번씩 일제히 땅에서 올라와 번성함을 이루고, 가을밤 귀뚜라미들의 울음소리 역시 지휘자에 맞춰 노래하듯 아름다운 화음을 이룬다.

그들은 왜 같은 박자로 울어대고 발산하고 진동하는 것일까? 누구의 지휘도 없이 어떻게 약속이나 한 듯 같은 박자로 운동할 수 있는 것일까? 자연계에서 발견되는 동기화 현상을 물리적으로 기술하는 것은 물리학자들의 오랜 꿈이었다. 최근 들어 비선형 동역학의 발전과 컴퓨터 속도의 비약적인 증가는 지금까지 신비의 영역에 묻혀 있던 동기화 현상을 다시금 주목하게 만들었다. 그렇다면 물리학자들이 반딧불이의 불빛 콘서트에서 얻은 해답은 과연 무엇이었을까?

동기화 현상을 제일 먼저 관찰한 과학자는 네덜란드의 물리학자 크리스티안 호이겐스Christiaan Huygens였다. 추의 진동으로 작동하는 시계를 발명한 그는 1665년 2월 가벼운 병으로 집 안에 누워 있어야 하는 신세가 됐다. 아무 할 일이 없던 그는 우연히 벽을 바라보다가 자신이 발명한 추시계에서 신기한 현상을 발견했다. 벽에 나란히 걸어놓은 두 추시계의 추들이 같은 위상 박자로 흔들리고 있는 것이 아닌가! 몇 시간 동안 관찰해도 추의 운동에는 변함이 없었다. 추 하나를 꺼내 위상을 반대로 바꿔보았지만 30분도 채 안 돼 다시 같은 위상으로 흔들렸다. 이번에는 추시계 하나를 다른 쪽 벽으로 옮겨보았다. 그랬더니 시간이 지남에 따라 추들은 각기 다른 위상으로 흔들리기 시작했고, 주기도 하루에 5초씩 달라졌다. 그는 이 실험을 통해 추 사이의 공기 진동이나 벽의 작은 떨림으로 두 추의 운동이 동기화되 었을 것으로 추정했다.

이후 수학과 물리학에는 '연결된 진동자에 관한 연구'라는 분야가 생겼고 진동자에 관한 활발한 연구가 시작됐다. 하나의 진동자 운동 을 기술하는 것은 비교적 간단하다. 스프링에 매달린 추를 떠올려보 면 쉽게 짐작할 수 있다. 추는 중력과 스프링 탄성에 의해 위아래로 흔들리며 주기적인 운동을 반복한다. 이때 추의 속도와 위치는 간단 한 방정식으로 기술될 수 있다.

그러나 몇 개의 추를 스프링으로 연결하면 이야기는 달라진다. 각 각의 추가 가질 수 있는 운동 상태(모드) 또한 늘어나며, 추들의 개별 적인 운동은 훨씬 복잡해진다. 추 사이의 스프링 연결 상수가 비선 형적이라면—스프링 탄성이 '늘어난 길이'에 비례해 증가하지 않고 좀 더 복잡한 형태로 증가한다면—방정식으로 풀기는 더욱 힘들 것 이다.

과학자들은 심장의 페이스메이커나 여성의 생리 주기, 귀뚜라미의 울음소리를 '연결된 진동자'로 모델링한다. 주기적인 운동을 하는 세 포와 생리, 귀뚜라미를 '추'로 본다면, 심장 세포들 사이의 시냅스 연 결 강도나 겨드랑이 분비물, 청각 신호는 스프링 상수로 표현할 수 있 다. 컴퓨터 속도의 빠른 증가 덕분에 비선형 방정식을 계산할 수 있게 됨에 따라 연결된 진동자에 대한 풍부한 운동을 기술할 수 있게 된 것이다. 컴퓨터 그래픽의 등장으로 방정식의 해를 구하는 차원을 넘어 그들의 운동을 더 구체적이고 실감나게 보여줄 수 있게 됐다.

1975년 뉴욕대학교 찰스 페스킨Charles S. Peskin 박사의 연구는 동기화 현상에 대한 좋은 연구 방법을 제공하는 선례가 됐다. 그는 축전기를 저항으로 병렬 연결해 심장의 페이스메이커 세포를 모델링했다. 입력 전류가 흐르면 축전기의 전위는 증가한다. 축전기의 전위가 증가함에 따라 전류는 더욱 증가하지만 증가율은 줄어든다. 그러다가 역치 값을 넘어가면 축전기는 방전되고 전위는 다시 0으로 떨어진다. 입력 전류에 의해 전위는 다시 증가하고 축전기는 방전과 충전을 되풀이하게 된다. 2개의 축전기를 저항으로 연결해놓은 페스킨의 전기 회로는 심장 세포의 동작 원리를 그대로 본뜬 모델이었다. 간단한 초기 조건으로 작동하기 시작한 전기 회로의 축전기들은 어느 순간 일제히 같은 박자로 방전과 충전을 되풀이하기 시작했다. 시스템이 일순간 동기화된 것이다.

페스킨의 모델은 비록 간단한 모델이지만 동기화 현상이 '연결된 진동자 시스템'의 풍부한 운동 상태 중 하나이며, 동역학적인 메커니즘에 의해 충분히 가능하다는 사실을 증명했다. 그로부터 14년이 지나 1989년 당시 MIT대학 교수였던 스티븐 스트로가츠 박사는 페스킨의 모델이 수십 개의 진동자를 연결한 상태에서도 동기화 현상을 보이는지 컴퓨터로 확인해보았다. 그는 축전기들 사이의 저항 값을 모두 다르게 하여 일반적인 상황에서도 동기화 현상이 나타나는지 시뮬레이션을 해보았다. 결과는 한결같았다. 축전기의 개수에 상관없이 모든 축전기는 결국 같은 박자로 방전과 충전을 되풀이했다. 동기화 현상이 연결된 진동자의 내재적 특성임이 증명되는 순간이었다.

동기화된 상태는 진동자들의 가장 간단한 운동 상태지만 진동자들이 항상 동기화되는 것은 아니다. 연결된 진동자들 사이엔 다양한 패턴이 존재한다. 워릭대학교 수학과 교수인 이언 스튜어트Ian Stewart를 비롯해 많은 수학자들은 연결된 진동자의 풍부한 패턴들을 하나씩 밝혀냈다.

우선 위상이 반대가 되는 경우가 있다. 오스트레일리아 평원을 달리는 캥거루와 이를 뒤쫓는 원주민의 걸음걸이를 비교해보자. 캥거루는 뛸 때 두 발의 위상이 일치하게 움직인다. 그러나 원주민은 걸을 때 왼발과 오른발의 위상이 정반대다. 캥거루의 걸음걸이를 동기화synchrony되었다고 표현한다면, 원주민의 걸음걸이는 '반대 위상으로 동기화antisynchrony'되었다고 볼 수 있다.

만약 이때 원주민이 지팡이를 짚고 있었다면 어땠을까? 왼발이 아픈 원주민이라면 지팡이는 왼발과 같이 움직일 것이다. 오른발, 지팡이와 왼발, 오른발, 지팡이와 왼발…. 나이가 들어 지팡이를 짚는 경우라면 발을 옮길 때마다 지팡이에 의지할 것이다. 왼발, 지팡이, 오른발, 지팡이, 왼발, 지팡이, 오른발, 지팡이…. 이처럼 3개의 진동자의 경우 좀 더 복잡한 모드가 가능하다.

네발짐승의 걸음걸이는 더욱 재미있다. 토끼는 뛸 때 두 앞발끼리

네발짐승의 걸음걸이.

는 같은 위상으로 움직이고, 이 두 앞발의 움직임은 뒷발과 반대 위상이 된다. 반면 기린은 한쪽 앞발과 같은 쪽 뒷발이 같은 위상으로 움직인다. 왼쪽 앞발과 왼쪽 뒷발이 같이 움직이며 오른쪽 발들은 이와 반대 위상으로 움직인다. 말은 좀 더 특이하다. 대각선 발들이 같은 위상으로 움직인다. 왼쪽 앞발과 오른쪽 뒷발이 같은 위상으로 움직이며, 오른쪽 앞발과 왼쪽 뒷발이 같이 움직인다. 코끼리는 더욱 특이하다. 네발이 제각각 90도 위상 차를 갖고 다르게 움직인다. 같은 위상으로 움직이는 발이 하나도 없다. 재미있는 사실은 네발로 걷는 동물들의 걸음걸이가 '4개의 진동자를 연결한 시스템'과 유사하게 움직인다는 사실이다. 4개의 진동자 시스템의 기본 모드는 위에서 말한 네 경우와 정확히 일치한다.

그렇다면 동물들은 왜 연결된 진동자와 같은 방식으로 걷는 것일까? 아직 정확한 해석은 없지만, 근육과 뼈의 정교한 조합으로 이루어진 동물들의 발을 단순한 진동자로 보기엔 무리가 있다. 오히려 생물학자들은 운동을 관장하는 대뇌 신경망(시냅스로 연결된 신경세포들)이 '연결된 진동자'에 가깝다고 보고 있다. 대뇌 신경망의 동역학적 특징이 동물들의 걸음걸이를 진동자처럼 움직이게 하는 것이 아닐까 추정하고 있다. 이처럼 연결된 진동자를 연구하는 물리학자들은 다양한 조건에서 시스템이 보이는 특성을 수학적으로 혹은 시뮬레이션을 통해 연구하는 작업을 수행하고 있다. 실제 시스템을 간단한 '연결된 진동자 시스템'으로 모델링하여 현상을 설명하는 논문들이 물리학 저널에 종종 발표된다.

1998년 헝가리의 물리학자 터마시 비체크Tamás Vicsek는 부다페스트 음악 아카데미의 아름다운 음악회에서 동기화 현상을 발견했다. 그는 연주가 끝나고 3분간 이어진 청중의 열광적인 박수 세례를 들으며 재미있는 사실을 알아차리게 된다. 공연이 끝나자마자 박수 소리는 미친 듯이 무작위적으로 이어졌지만, 시간이 흐르면서 청중은 박자를 맞춰 박수를 치기 시작했다. 청중의 박수에 화답하기 위해 연주자들이 다시 무대에 등장하자 박수 소리는 순식간에 박자를 맞출 수 없을 만큼 열광적으로 바뀌었다. 박수 세례가 3분가량 이어지는 동안 열광적인 박수와 동기화된 박수가 여러 차례 되풀이됐다.

그는 그 후 콘서트홀 천장에 마이크로폰을 설치해 음악회 때마다 박수 소리를 녹음해 분석했다. 공연이 끝난 후 이어지는 박수 세례에는 열광적인 박수와 동기화된 박수가 대체로 6~7회 정도 되풀이된다는 사실을 알았다. 더욱 신기한 것은 그것이 서서히 일어나는 변화가 아니라 순식간에 다른 모드의 박수로 전환된다는 사실이다. 물리학자는 이것을 상전이 현상이라고 부른다.

그는 사람들의 박수 소리를 좀 더 자세히 연구하기 위해 73명의 학생들을 대상으로 개별적인 실험을 했다. 한 사람씩 실험실로 불러 마치 방금 위대한 연주자의 공연이 끝난 것처럼 박수를 치라고 지시했다. 그런 다음 마치 옆에 다른 청중이 있어서 호흡을 맞춰야 하듯 박수를 치도록 했다. 비체크 박사의 지시대로 피험자들은 옆에 다른 사람들이 있는 것처럼 박수를 치기 시작했다. 비체크 박사는 두 경우의 박수 속도가 서로 다르다는 사실을 발견했다. 열광적인 박수는 1초에 3~5회 정도 두 손이 맞부딪쳤는데 그 속도가 학생마다 제각기 달랐다. 반면 다른 청중과 호흡을 맞추려는 박수는 1초에 2회 정도로 사람들끼리 서로 속도가 일정했다. 그들은 의식하지 못했지만, 호흡을 맞추는 데 적당한 박수의 속도를 본능적으로 알고 있었던 것이다

미친 듯이 쳐대는 박수에는 열정적인 감정이 실려 있으며, 박자를 맞춰 치는 박수에는 다른 청중들과 하나가 된 듯한 편안함이 있다. 비체크 박사는 음악회에 자리한 청중이 이 두 감정 사이를 오가며 두 종류의 박수치기를 되풀이한다고 해석했다.

귀뚜라미들은 왜 한목소리로 노래할까? 반딧불이들은 왜 약속이나 한 듯 같은 박자로 깜빡거릴까? 혹시 그들도 약육강식의 살벌한 자연에서 하나 됨을 느끼기 위해 한목소리로 노래하는 것은 아닐까? 자연의 리듬에 귀 기울이기 시작한 물리학자들의 명쾌한 답을 기다려본다.

복잡한 세상, 그 안의 과학

인류에게 가장 큰 비극은 지나간 역사에서
아무런 교훈도 얻지 못한다는 데 있다.
— 아널드 토인비, 경제학자

복잡한 세상에 관한 과학자들의 길고 긴 연주가 끝났다. 그들의 그럴 듯한 연주에 청중이 열광적인(리드미컬한) 박수를 보내줄지, 아니면 영국 레스토랑을 방불케 할 만큼 시끄럽게 웅성거릴지는 이 책을 마무리하고 있는 지금의 나로서는 알 길이 없다. 다만 독자들이 과학 콘서트를 재미있게 관람하고, 콘서트가 끝난 후에도 그들의 연주를 흥얼거리기를 바랄 뿐이다.

이 책의 부제를 정하면서 '명쾌한'이란 수식어를 넣을지 말지를 고민했다. 평소에 궁금했던 사회 현상들을 과학의 시각으로 설명한다는 측면에선 어느 정도 일리 있는 표현이지만, 이 책은 때론 명쾌하기

는커녕 독자들을 당혹스럽게 만들 수도 있기 때문이다. 솔직히 그 부분이 이 책을 쓰는 내내 나를 혼자서 킥킥거리게 만들기도 했지만 말이다.

나는 어떤 장에선 여섯 다리만 건너면 다 아는 사이일 만큼 세상이 좁다고 이야기하면서, 다른 장에서는 산타클로스가 크리스마스이브에 온 세상 어린이들에게 선물을 나누어주는 것은 물리적으로 불가능하다는 계산을 해 보임으로써 아이들의 동심을 깨면서까지 '세상이 얼마나 거대한가'를 설파했다. 또 요즘 레스토랑들은 너무 시끄러워서 귀에다 대고 말을 해야 겨우 대화가 가능하다는 불만을 털어놓다가, 이내 '소음이 있어야 소리가 들린다'는 모순된 주장을 펴기도 했다. 백화점이 효율적이면서 편리한 진열과 배치를 하고 있는 것은 사람들에게 물건을 하나라도 더 팔려는 수작이라고 폭로하면서, 한편으론 비효율적으로 설계된 도로 때문에 사람들이 교통지옥에 시달리고 있다며 서울시 공무원의 심기를 건드리기도 했다. 프랙털 음악이나 잭슨 폴록의 그림이 아름다운 것은 그것이 1/f 구조를 가지고 있기 때문이라고 하면서 동시에 1/f 구조를 가진 파레토의 법칙은 불평등을 정당화하는 논리라며 바꿔야 한다고 주장했다.

일견 모순돼 보이는 이런 주장들을 한데 묶어놓은 것은 그것이 바로 우리가 살고 있는 세상의 모습이기 때문이다. 지구는 반지름이 6400킬로미터나 되는 거대한 행성이지만 그 안에 살고 있는 77억 명의 사람들은 서로 연결되어 있는 게 우리가 살고 있는 '세상'이다. 물리적으로는 멀리 떨어져 있지만 인간관계의 동역학적인 측면에서는 한없이 가까울 수도 있는 곳. 산타클로스가 하루 동안 돌면서 선물을 나눠주기엔 너무 크지만, 아끼고 사랑하는 친구들에게 선물을 건넨다면 온 세상 사람들이 모두 하루 만에 선물을 받을 수 있는 곳. 그곳이 바로 우리가 살고 있는 지구라는 행성이다.

세상은 지금 소음 공해로 중병을 앓고 있다. 하지만 소음이 없다면 세상은 삭막하고 심심할 뿐 아니라 사람을 미치게 만들 수도 있다는 사실을 영화 〈샤이닝〉에서 잭 니콜슨이 우리에게 보여주지 않았던가! 소음이 없으면 소리조차 들을 수 없게 된다는 사실은 우리에게 소음으로 가득 찬 세상에 대한 원망을 거두고 '적당한 소음'을 유지하기 위한 건설적인 노력을 하도록 만든다. 삭막한 자본주의 전시장인 백화점과 도시를 감싸고 있는 교통 도로망에 대해 서로 모순적인 주장을 하는 이유는 '사람을 가장 중요하게 생각해야 한다'는 하나의 잣대로 판단했기 때문이다. 1/f 구조를 가진 음악은 아름다우면서도 1/f 구조를 가진 계층 간 소득 분포는 결코 아름답지 않은 이유도 바로 그 때문이다. 복잡하고 다양한 세상의 여러 측면을 들여다보는 것. 그리고 그것을 하나로 통합해 설명할 수 있기를 바라는 것. 그것이 바로 물리학자들의 꿈이자 세상을 조금씩 알아가는 재미가 아닐까?

물리학자들은 우리가 살고 있는 이 사회를 전형적인 카오스 시스템이라고 생각한다. 카오스 시스템에서는 원인이 조금 달라졌다고 해서 결과도 조금만 변하라는 법이 없다. 나비 효과라고도 불리는 '초기 조건의 민감성' 때문에 작은 변화가 엄청난 결과를 초래할 수도 있다. 같은 행동이라도 누가 어디서 했느냐에 따라 전혀 다르게 받아들여질 수도 있고 그로 인해 역사가 송두리째 뒤바뀔 수도 있다. O. J. 심슨이 손에 든 칼은 아내를 죽음으로 몰아넣었지만 사라예보에서 울려 퍼진 총 한 발은 1차 세계대전을 일으키지 않았던가!

　사회 현상 곳곳에서 프랙털 패턴이 발견되는 것은 우리가 살고 있는 세상이 자연과 마찬가지로 카오스 시스템이기 때문이다. 유한한 공간을 무한한 궤적으로 채워나가는 프랙털 패턴은 주기를 반복하는 일 없이 복잡하게 운동하는 카오스 시스템에서 필연적으로 발견되는 패턴이다. 그리고 파워 스펙트럼의 모양이 $1/f$ 구조를 가지는 것은 프랙털 패턴의 전형적인 특징 중 하나다. 바흐의 음악에서, 여의도 증권거래소의 주가 곡선에서, 브라질 땅콩이 담긴 아이들 간식에서, 잭슨 폴록의 그림 〈Blue Poles〉에서, 우리의 몸이 만들고 있는 심장 박동과 뇌파의 파형에서, 심지어 사람들이 자주 사용하는 단어들의 도수 분포 모양에서 $1/f$ 패턴을 발견한다는 사실은 우리 사회가 카오스 시스템임을 보여주는 단적인 증거가 된다. 이것은 사회 현상 역시 자연의 법칙으로부터 자유로울 수 없으며, 그에 대한 과학적 접근이 우리 사회를 이해하는 데 도움을 줄 수 있다는 희망을 의미한다.

　방정식으로 기술될 수 있는 결정론적 시스템이라 하더라도 비선형 항이 포함돼 있으면 초기 조건에 민감해 복잡하고 혼란스러운 카오스 패턴을 만들어낼 수 있다는 사실은 우리에게 어떤 의미를 던져주는가? 카오스에 대해 잘 알고 있는 사람도 왜 우리가 카오스 시스템을 연구해야 하는지 선뜻 대답하지 못하는 경우가 많다. 자연이 초기 조건에 민감하고 그토록 혼돈스러운 패턴을 만들어낸다면 그 시스템을 아무리 자세히 기술한들 정확히 예측할 수 없는데 그 속에서 우리가 얻을 수 있는 지혜란 과연 얼마나 될까?

그러나 카오스의 진정한 의미는 그 정의를 반대로 뒤집는 데 있다. 자연과 사회는 복잡하고 혼돈스러운 패턴들로 가득 차 있다. 그동안 우리는 자연에서 발견되는 복잡하고 혼돈스러운 패턴들이 그 패턴의 복잡함만큼이나 많은 변수들에 의해 무작위적으로 만들어졌다고 믿었다. 따라서 자연과 사회의 복잡한 패턴은 확률적으로만 예측 가능하다고 생각했다. 그러나 카오스 이론은 굉장히 복잡한 패턴들도 몇 개의 변수만으로 이루어진 비선형 방정식으로 기술될 수 있다는 사실을 보여주었으며, 비록 초기 조건에 민감하기 때문에 긴 시간 후의 행동 패턴은 예측할 수 없지만 짧은 시간 스케일 안에서는 동역학적인 예측이 가능하다는 사실을 이론적으로, 또 실험적으로 보여주었다. 어쩌면 우리는 우리의 뇌가 어떻게 사고하는지, 도로 교통망을 어떻게 연결해야 가장 효율적인지, 주가 지수는 어떤 변수들에 영향을 받으며 변하는지를 이해할 수 있게 될지도 모른다.

복잡성의 과학에 관한 숱한 교양서적의 장밋빛 비전과 달리, 복잡성의 과학에는 넘어야 할 산이 많이 남아 있다. 아직 우리는 비선형 편미분 방정식을 풀 수 있는 체계적인 방법을 알고 있지 못할뿐더러 컴퓨터 계산으로 얻은 답의 의미를 이해하는 데도 많은 어려움이 있다. 실험의 경우 카오스 분석은 많은 데이터 수를 요구하지만 대부분은 많은 데이터 수를 얻는 것이 현실적으로 불가능하다. 또 실제 시스템, 특히 인간 사회는 10개 가까운 변수를 필요로 하는 고차원 시스템임에도 불구하고 아직 우리는 3차원 이상의 고차원 시스템을 효과적으로 다룰 만한 분석 방법을 가지고 있지 못하다. 복잡성의 과학을 연구하는 많은 과학자들은 지금 벽을 넘기 위해 무진 애를 쓰고 있는 것이다. 하지만 이 분야가 이제 겨우 20년의 짧은 역사를 가졌다는 사실을 감안한다면 아직 거대한 가능성을 품은 분야라고 자신 있게 말할 수 있다.

인간의 역사는 그 어떤 시스템보다도 복잡하고 카오스적이다. 앞으로 물리학자들은 이 혼돈스러운 사회에서 벌어지는 다양한 현상 속에 숨은 질서와 법칙을 찾아 우리가 살고 있는 이 세상에 관해 새로운 이야기들을 들려줄 것이다. 그리고 지금까지 사회과학자들이 얻은 사회에 대한 다양한 이해와 그들이 얻은 지식을 통합해 우리에게 '세상을 이해하는 새로운 눈'을 제시해주길 기대해본다. 과학 콘서트는 끝났지만 물리학자들의 세상 읽기는 이제 비로소 시작인 것이다.

10년 늦은 커튼콜

세상의 모든 경계엔 꽃이 핀다

여기 한평생 실패만을 거듭했으나,
한 번도 용기를 잃어본 적이 없는 사람이 잠들다.
– 《돈키호테》의 작가 세르반테스의 묘비명

관객의 열광적인 박수 소리에 감동해, 이렇게 10년이 지난 후 늦은 커튼콜에 응하게 되었다. 그동안 묵묵히 자리를 지켜주신 모든 관객, 아니 독자 여러분에게 진심으로 감사드린다. 세상은 얼마나 복잡한 가? 과연 인간은 세상이 왜 복잡한지, 또 얼마나 복잡한지에 대해 명쾌한 답을 해줄 수 있을까? 이 도전적인 질문에 대해 독자들이 이제 자신만의 해답을 찾으셨을지, 인간 사회의 다양한 사회 현상을 과학의 관점으로 들여다보는 과학 콘서트를 충분히 즐기셨는지 그저 궁금할 따름이다.

언제나 그렇듯, 물리학자들의 꿈은 '전혀 상관없어 보이는 복잡한 현상들을 하나의 이론으로 설명하는 것'이다. 사과나무에서 사과가 떨어지는 것과 달이 지구 주위를 도는 것을 만유인력의 법칙 하나로 멋지게 설명했던 것처럼 말이다. 과연 네트워크 과학은 생명체, 인터넷, 경제 네트워크, 인간 사회 등을 근사하게 하나로 묶어 설명할 수 있을까?

지난 10년간 과학은 참 빠르게 발전했고, 과학자들도 많이 성숙했다. 과연 과학은 '이 우주에서 가장 복잡한 세계' 중 하나인 인간 사회를 이해하는 데 얼마나 유용해졌을까? 이제 물리학자들은 사회 현상을 관통하는 과학적 원리를 찾아낼 만반의 준비가 되어 있을까? 이 질문에 답하기 위해 개인적인 에피소드 하나로 커튼콜을 시작해보려 한다.

현대 과학, 로또에 도전하다

2007년 무렵 매주 10만 원어치씩 20주 동안 로또를 산 적이 있다. 아니 무슨 과학자가 그런 비과학적인 행동을 하느냐고? 바로 이 글을 쓰기 위해서다. 사연인즉슨 이렇다.

미국에서 유학 생활을 하는 동안 중국집에서 식사를 할 때마다 포춘 쿠키를 꼭 받았다. 그 안에는 행운을 빌어주는 경구와 함께 행운의 숫자 6개가 적힌 포춘 종이가 들어 있었다. 대개 50 이하의 숫자로 이루어져 있어서 미국 사람들은 이 번호를 로또에 사용한다(흥미롭게도 정작 중국에선 음식점에서 포춘 쿠키를 주지 않는다. 포춘 쿠키는 미국인들에게 동양적으로 어필하는 중국식 상업 전략인 셈이다).

내가 모은 포춘 종이는 무려 200장. 나는 이 포춘 종이들을 평소 지갑에 넣고 다니면서 내 인생의 '승부 한 방'을 호시탐탐 노리고 있었다. 이 종이들을 지갑에 넣고 다니는 것만으로도 마음이 뿌듯했다.

다른 한편으로 나는 '중국 포춘 쿠키의 마력을 믿을 리 없는' 과학자다. 1부터 45까지의 숫자 중에 6개의 숫자를 모두 맞혀야 하는 로또는 특별히 어떤 숫자가 선호될 리 없으며, 당첨 확률은 누구에게나 814만 5060분의 1이다.

　2007년 무렵 내 눈을 사로잡은 책이 한 권 있었다. 미국인이 한 회차에 등장하는 로또 번호들 사이의 관계를 분석한 책이었는데, 흥미롭게도 내 전공인 복잡계 모델링 방법을 사용하고 있었다. 매회 당첨 로또 번호들끼리는 서로 '복잡성(엔트로피로 특정되는)'이 최대화되는 방식으로 정해지더라는 것이다. 즉 1, 2, 3, 4, 5, 6 같은 연속된 숫자 조합과 1, 6, 23, 27, 35, 43은 확률적으로 당첨 번호가 될 가능성은 같으나, 실제로는 1, 2, 3, 4, 5, 6 같은 연속된 숫자 조합이 나올 가능성이 더 적다는 얘기다. 꽤 그럴듯해 보였다.

　이 책은 내게 묘한 대결 심리를 부추겼다. 과연 현대 과학과 중국의 포춘 쿠키 중에 어떤 쪽이 더 로또 번호를 예측하는 데 뛰어날까? 과연 현대 과학은 중국의 미신이나 영험한 믿음보다 더 그럴듯하게 로또 번호를 예측해줄 수 있을까? 나는 현대 과학의 위용을 로또를 통해 느껴보고 싶었다.

　그래서 포춘 쿠키가 추천해준 숫자로 매주 10만 원어치씩 10주 동안 로또를 했다. 그다음 10주 동안에는 현대 과학이 추천해준 숫자들로 매주 10만 원어치씩 로또를 해보기로 했다. 과연 어떤 전략이 더 실적이 좋을까? 내겐 너무나도 궁금한 질문이었다.

현대 과학이 불러준 숫자들로 로또에 당첨될 수 있을까?

　컴퓨터 프로그램으로 임의의 수를 만든 후, 서로 간의 엔트로피가 최대화되도록 했다. 과학적으로 로또 번호를 예측할 때 '평균으로의 회귀' 이론도 적용했다. 우리나라에서 로또가 시작된 것은 2002년 12월, 회차가 많지 않아 아직 평균으로 수렴하기엔 부족한 시간이었다. 이 경우 자주 나오는 숫자는 오히려 다음 회차에서 잘 안 나온다는 것이 평균으로의 회귀 이론의 메시지다(첫해 타율이 좋았던 선수가 '2년차 징크스'를 겪는 것도 같은 이유에서다).

　흥미롭게도 포춘 쿠키의 예측력은 영험했다. 10주 동안 100만 원어치 1천 개의 로또 번호쌍 중에서 무려 65개가 3개 이상의 번호를 맞혔다. 4개의 번호를 맞힌 경우도 무려 일곱 번. 내가 번 돈은 90만

원 정도. 물론 100만 원을 투자했으니 손해긴 하지만, 생각보다 수익률이 높았다(참고로 우리나라 역대 최고 1등 당첨금은 407억 2295만 9400원이다).

반면 현대 과학의 예측력은 포춘 쿠키만 못했다. 3개 이상의 번호를 맞힌 경우가 54회, 4개의 번호를 맞힌 경우는 3회에 불과했다. 당첨금은 대략 60만 원. 농협 여직원이 매주 내 로또 용지를 확인하고 당첨금을 내주면서 '뭐하는 사람일까?' 신기해하며 쳐다보던 눈빛을 지금도 잊을 수 없다.

나는 이 로또 실험을 통해 현대 과학에 종사하는 사람으로서 겸손해지지 않을 수 없었다. 아무리 21세기가 '과학기술의 시대', '지식정보의 시대'라고 하지만, 중국 포춘 쿠키보다 제대로 예측하지 못하는 것을 보면서 아직 갈 길이 멀다고 느꼈다. 나는 이 책에서 현대 물리학으로 복잡한 사회 현상을 꽤 그럴듯하게 설명할 수 있을 것처럼 떠벌렸지만, 결국 비과학적인 '중국 포춘 쿠키'의 싸구려 예측에도 못 미치는 결과를 세상에 내놓고 있다는 사실에 절망했다. 어쩌면 이것이 오만한 과학자들이 붙들고 있는 현대 과학의 실상이리라.

하지만 아직 이야기는 끝나지 않았다. 기대하시라, 반전을. 그로부터 2년 후 어느 날 우연히 로또 사이트에 들어갔다가 지난 당첨 번호 리스트를 다시 보게 됐다. 그 순간 문득 이런 생각이 들었다. 내가 만약 20주가 아니라 아직도 계속하고 있었다면 과연 1등에 당첨되었을까? 그래서 포춘 쿠키 번호와 과학적으로 예측된 번호 리스트 중에

혹시 그동안 당첨된 번호쌍이 있는지 무심코 확인해본 것이다.

그런데 이런! 놀라운 일이 일어났다. 몇 달 전의 당첨 번호가 내가 과학적으로 예측한 번호들과 무려 6개 중 5개가 정확히 일치했다! 물론 한 자리 숫자만 달라도 당첨 금액은 수백만 원 수준으로 떨어진다는 사실을 알고 실망하긴 했지만, "그래, 아직 현대 과학은 죽지 않았어!", "충분히 실험을 반복하면 현대 과학이 포춘 쿠키를 이길 수 있어!" 하며 쾌재를 불렀다! 현대 과학이 그래도 믿을 만하다는 사실에 나 스스로 의지하고 싶었던 모양이다.

이 마지막 반전은 《과학 콘서트》의 결론이기도 하다. 복잡한 사회현상을 명쾌하게 설명하려면 아직 갈 길이 멀다. 우리의 수학은 너무 단순하고, 우리의 컴퓨터는 너무 느리며, 무엇보다 우리는 세상에 대한 통찰력을 갖지 못했다. 하지만 꾸준히 탐구하기만 하면, 오랫동안 깊이 연구하기만 하면, 언젠가는 가능하다는 희망과 열정적인 도전 정신이 바로 과학자들을 기다리는 운명이었으면 좋겠다. 그것이 결국 불가능하다는 사실을 알면서도 도전하는 불굴의 정신만으로 과학은 이미 위대하다고 자위하기엔, 인류는 아직 젊다.

학문의 융합에서 희망을 보다

인간의 사고와 행동의 중추인 뇌가 복잡하듯, 뇌들의 사회가 만들어내는 현상들 또한 복잡하기 이를 데 없다. '사회학'이라는 하나의 학문으로 탐구하기엔 사회는 너무 복잡하다. 다양한 학문으로 바라보고 탐구해 얻은 '통찰력의 총합'이 아마도 사회의 본질에 좀 더 가까울 텐데, 그러려면 열린 마음으로 학문이 만나고 때로는 융합하고 잡종 되기를 거부해서는 안 된다. 두 학문이 만나는 곳에 '창의적인 눈'이 태어나기 때문이다.

한 가지 예로, 전혀 어울리지 않은 두 학문의 만남에 대해 얘기하려고 한다. 그 역사의 시작을 말하려면 소개해야 할 인물이 있는데, 미국의 면역학자 조너스 소크Jonas Edward Salk(1914~1995)다. 그는 소아마비 백신을 개발해 전 세계 어린이들이 척수성 소아마비로부터 자유로울 수 있게 해준 장본인이다. 척수성 소아마비(폴리오)는 어린이의 척수신경에 폴리오 바이러스가 침범해 수족 마비 증세를 일으키는 전염병인데, 20세기 초까지 소아마비는 치사율이 5퍼센트가 넘을 정도로 매우 치명적인 질병이었다(성인도 소아마비에 걸릴 수 있다. 미국의 32대 대통령인 프랭클린 루스벨트도 성인이 된 후 이 병에 걸려 고통을 겪기도 했지만, 대통령직을 충실히 수행한 것으로 유명하다).

조너스 소크 박사가 소아마비 백신을 개발하던 1940년 말 무렵에 있었던 일이다. 실험실에서 밤 12시까지 실험을 하고 주말에도 연구실에 나와 논문을 뒤적이며 수년 동안 거의 하루도 쉬지 않고 연구에 매진했지만, 소아마비 백신 개발의 꿈은 요원해 보였다. 폴리오 바이러스의 활동이 너무 강력해서 백신으로서 적절한 수준의 활동으로 억제할 방안이 도무지 떠오르지 않았던 것이다.

어느 날 그는 가방 하나만 메고 연구실을 나와 2주간 이탈리아 수도원으로 여행을 떠났다. 너무 오랫동안 한 가지 생각에만 몰두하다 보니, 해결책도 안 나오고 삶도 황폐해지는 것 같아 휴식이 필요하다고 느꼈다. 그는 소아마비 백신은 잊은 채, 13세기에 지어진 오래된 성당들을 찾아 몸과 마음의 휴식을 취했다.

그러던 중 불현듯 그는 원숭이의 신장세포에서 얻은 폴리오 바이러스의 활동을 억제할 방안을 생각해냈다. 약간의 글리세린과 포르말린을 이용하면 바이러스 활동성을 줄일 수 있을 거라는 아이디어가 머릿속에 스친 것이다. 그것도 아주 오래된 성당에서 말이다.

그는 여행을 중단하고 바로 돌아와 동물실험을 통해 자신의 아이디어를 테스트했다. 결과는 대성공! 마침내 그는 이 아이디어로 소아마비 백신을 개발하는 데 성공했다. 여러 제약회사에서 거액의 제안을 해왔지만 그는 '누구도 태양에 특허를 걸 권리는 없다. 세상의 모든 어린이들은 소아마비로부터 자유로울 권리가 있다'는 신념으로 이 백신 아이디어를 세상에 공개하기로 했다. 그 덕분에 어느 제약회사나 백신을 만들 수 있게 됨에 따라 전 세계 어린이들이 값싼 백신을 접종할 수 있게 되었다.

그 후 그는 수많은 기부금과 정부의 지원으로 미국 캘리포니아 샌디에이고 옆 라 호야La Jolla에 자신의 이름을 딴 연구소를 지었다. 그는 당시 최고의 건축가인 프린스턴대학 건축학과 루이스 칸 교수에게 건물 디자인을 의뢰하면서 한 가지 부탁을 했다. 천장 높이를 3~4

미터 정도로 높게 해달라
는 것이었다. 수년간 씨름하
던 소아마비 백신 아이디어
가 연구실에선 안 나오더니
13세기 오래된 성당 안에서
불현듯 떠오른 것으로 보아,
'천장이 높은 곳에서 창의적
인 아이디어가 나오는 것 같
다'고 느꼈기 때문이다.

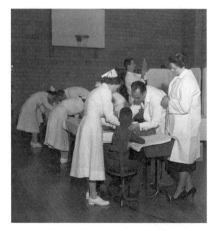

어린 환자를 살피고 있는 조너스 소크 박사.

우리나라 집들을 포함해 실내 공간의 천장 높이는 2.4미터 정도이
며, 조금 높다고 해도 2.7미터 정도밖에 안 되는데, 소크 박사는 루이
스 칸 교수에게 3미터의 높이를 제안한 것이다. 물론 루이스 칸 교수
는 흔쾌히 그의 부탁을 들어주었고, 샌디에이고에 위치한 소크연구
소는 세상에서 가장 천장이 높은 연구소 중 하나로 자리하게 된다.

1965년에 설립된 소크연구소는 생명과학과 생명공학을 집중적으
로 연구하는 곳으로, 현재 700여 명의 연구원과 300여 명의 스태프들
이 상주하는 작은 연구소지만 노벨상 수상자만 다섯 명이 나오고 스
무 명의 수상자들이 거쳐 간 세계 최고의 생명과학 연구기관이다. 그
런데 흥미로운 사실은 이곳에서 연구하는 과학자들 사이에선 오랫동
안 '그들만의 미신urban myth'이 있었는데, 이곳 연구실에선 하버드나
MIT에 있을 때보다 창의적인 아이디어가 더 많이 나온다는 것이다.

소크연구소의 외관.

아마도 천장이 높기 때문이라는 것이 그들의 미신이었다.

　그런데 그들이 누구인가? 미신을 미신으로 남겨둘 사람들이 아닌, 바로 과학자들이 아닌가? 몇몇 신경과학자들과 소비자 행동을 연구하는 경영학자들이 실제로 이 사실을 증명해보기로 마음먹었다. 미네소타대학 경영학과 조앤 메이어스-레비Joan Meyers-Levy 교수와 그의 동료들은 천장의 높이를 달리하면서 그 안에 있는 사람들이 창의적인 문제와 집중력을 필요로 하는 문제들을 얼마나 잘 푸는지를 테스트해보았다. 실험 결과 천장 높이가 3.3미터인 방에서 문제를 풀 때 창의적인 문제(2개의 서로 다른 개념을 자연스럽게 연결하는 문제)를 두 배 이상 더 잘 풀었으며, 2.4미터 높이에선 창의적인 문제는 잘 못 풀었지만 집중력을 필요로 하는 문제(단순하지만 실수를 용납하지 않는 연산 문제)는 잘 푸는 것으로 나타났다.

2008년 8월 세계적인 과학 저널 〈소비자 행동 저널Journal of Consumer Behavior〉에 실린 이 연구 결과가 시사하는 바는 명확하다. 천장의 높이가 사람들의 창의적인 사고와 집중력에 영향을 미친다는 결과를 넘어, 건축물이 그 안에 있는 인간의 인지 과정에 막대한 영향을 미칠 수 있음을 보여주는 최초의 연구 결과인 것이다.

이 연구 덕분에 그전까지 한 번도 대면한 적이 없던 신경과학자들과 건축가들의 만남이 잦아졌다. 세상의 모든 인간들이 건축물 안에서 생활하고 있는 오늘날, 신경건축 분야만큼 중요한 분야도 드물다. 집에서 자고, 학교에서 공부하고, 직장에서 일하고, 식당에서 밥을 먹을 때 인간의 사고가 그 공간으로부터 어떤 영향을 받는지를 알면 건축가들이 더 적절한 건축물을 설계할 수 있기 때문이다.

지난 20세기까지 과학자들은 이런 질문을 제기할 생각조차 하지 못했다. 건축 분야에서 이런 식의 질문은 매우 중요한 이슈지만, 그 답은 뇌를 연구하는 신경과학자들이 찾아야 하기 때문이었다. 인간의 사고 과정에 대한 연구가 불가능한 건축가들이 이런 질문을 제기하는 건 부질없는 일이었고, 건축에 대한 이해가 부족한 신경과학자들은 이런 질문이 얼마나 중요한지 몰랐다.

2005년에 미국 캘리포니아 샌디에이고에서 연구하는 신경과학자들과 건축가들을 중심으로 '건축을 위한 신경과학 아카데미Academy of

Neuroscience for Architecture'가 조직되면서, 이 주제에 대한 연구가 활기를 띠기 시작했다. 이른바 신경건축neuroarchitecture이라는 분야가 탄생한 것이다.

실제로 신경건축 분야에서 탐구하는 과학자들의 연구 주제는 매우 다양하다. 치매 환자가 거주하는 요양원을 어떻게 설계해야 그들의 인지 기능 향상에 도움이 될지, 초등학교 교실은 어떻게 디자인해야 학생들의 집중력을 높이고 창의적인 사고를 키울 수 있는지 등을 연구한다.

예를 들어 우리의 상식과는 달리, 정신과 의사들은 치매 환자들이 거주하는 공간에 포커게임 테이블이나 오락기계를 놓아두는 것보다 운동시설을 침실 가까이 배치하는 것이 인지 기능 향상에 더 효과적이라는 사실을 발견했다. 또 환자들이 물건을 놓아둔 곳을 자주 잊어버리기 때문에 침대 가까운 곳에 물건을 한데 모아둘 수 있도록 방을 설계하는 것도 중요하다.

기업의 업무 공간을 어떻게 설계해야 부서 간 커뮤니케이션이 늘고 정보 전달이 원활해져 매출이 오르고 영업이 수월해질까, 우울증 환자들이 긍정적인 생각을 갖게 하려면 실내공간을 어떻게 구성해야 할까 등도 신경건축 분야의 중요한 연구 주제다. 요양원에서 TV 같은 오락 장치는 우울증 치료에 그다지 도움이 되지 않기 때문에 거실에 TV를 배치하는 것보다 다른 환자들과 더 자주 소통할 수 있도록 방을 배치하는 것이 중요하다는 연구 사례 보고도 신경건축 분야의 연구에 해당한다.

세상의 모든 경계에선 꽃이 핀다고 하지 않았던가! 이처럼 자연과학은 인문·사회과학과 만나서 새로운 학문으로 거듭 태어나고, 사회과학적 주제에 자연과학적 도구를 사용하는 접근이 활발하게 일어나야 한다. 자연과학자들의 연구 주제를 전 사회적 범위로 확장해야 하며, 인문·사회과학자들의 손에 테크놀로지의 연장을 쥐어주어야 한다. 그들의 진지한 협업과 사려 깊은 융합 연구가 '우리 사회는 왜 지금과 같은 모습이 되었는가?'에 대해 멋진 답을 제공해줄 것이다. 거기에 희망이 있다.

복잡계 네트워크 과학, 약진하다

어느 누구도 그 자체로서 온전한 하나의 섬은 아닐지니
모든 인간은 대륙의 한 조각이며, 대양의 한 부분이리라.

영국의 시인 존 던은 자신의 기도문 〈누구를 위하여 종은 울리나〉에서 인간은 고립된 존재가 아니라 대륙의 한 조각으로서 서로 이어져 있으며, 따라서 어떤 이의 죽음은 곧 나의 감소를 의미한다고 읊조렸다. 왜냐하면 나는 인류라는 거대한 네트워크 안의 한 점이기 때문이다.

20세기 현대 과학자들은 300년 전 한 시인이 깨달았던 평범한 진리를 제대로 이해하지 못했다. 그들은 자연을 쪼개고 분해해 구성요소들을 나열하는 데에는 성공했으나, 그것을 어떻게 다시 결합해야 할지에 대해서는 해결책을 찾지 못했다. 20세기 후반에 등장한 '복잡성의 과학'은 환원주의자들이 흩뜨려놓은 퍼즐을 맞춤으로써 전체적인 틀 안에서 자연을 이해하려는 첫 본격적인 시도를 하고 있다.

2001년 《과학 콘서트》가 출간된 이후, 지난 10년간 가장 큰 학문적 발전이 있었던 분야는 단연 '복잡계 네트워크 과학'이다. 18세기 레온하르트 오일러Leonhard Euler(1707~1783)가 개발한 그래프 이론graph theory에서 방법론을 도입하고, 에르되시와 레니Alfréd Rényi(1921~1970)의 '무작위 네트워크 이론'을 토대로 발전해오던 네트워크 과학은 최근 10년 사이 비약적인 발전을 거듭했다. 지난 250년간 연구해 얻은 것보다 훨씬 더 많은 사실들을 불과 10년 만에 알게 되었다고나 할까.

우리 주위에는 단위 구성 인자들과 그것들의 상호작용으로 기술될 수 있는 것이 많다. 웹페이지들은 URL을 통해 서로 연결돼 월드와이드웹이라는 거대한 망을 이루고, 인체는 물이나 ATP 같은 분자들이 화학반응의 형태로 이어진 신진대사 네트워크를 형성한다.

네트워크 과학자들에겐 모두가 하나의 거대한 그물망처럼 보인다. 이러한 네트워크에서 점들 사이에 선은 어떻게 이어져 있는지, 두 지점을 잇는 가장 빠른 경로는 무엇인지, 네트워크의 모양이나 구조를 지배하는 법칙은 무엇인지를 밝히는 것이 네트워크 과학자들의 핵심 연구 주제다.

지난 10년 동안 과학자들은 세상의 많은 복잡계는 그 자체로 거대한 네트워크이며, 임의로 연결된 연결망이 아니라 정교하게 연결되어 독특한 특성을 지닌 구조체라는 사실을 알게 됐다. 인터넷, 세포내 화학반응 네트워크, 항공 노선편, 예쁜꼬마선충의 세포 등 실제 네트워크를 분석해 공통적인 속성을 끄집어냈으며, '주변의 점들과 비정상적으로 많이 링크된 점(허브Hub)'들이 항상 존재한다는 것과, 스케일이 다른 작은 네트워크들이 무수히 연결돼 거대한 네트워크를 이룬다는 것도 알아냈다. 미국 내 항공편을 보면 뉴욕을 지나는 노선이 다른 도시에 비해 월등히 많은데, 이 경우 뉴욕이 바로 허브가 된다. 인터넷에선 네이버나 다음 같은 인기 포털사이트가 이에 해당한다. 거대 네트워크에는 이처럼 허브가 대개 존재한다.

네트워크 과학은 인터넷이 '공평하고 민주적'이라는 통념과 달리, 소수의 사이트가 링크를 독점하는 '부익부빈익빈 시스템'이라는 사실도 밝혀냈다. 이에 대해 노스이스턴대학 물리학과 앨버트-라슬로 바라바시 교수는 "네트워크가 끊임없이 성장하며, 새로 생긴 점들은 이미 링크가 많이 돼 있는 기존 점들에 링크하려는 경향이 있기 때문"이라고 설명했다. 이른바 선점 효과preferential attachment인데, 이것은 많은 네트워크에서 보편적으로 발견되는 현상이다. 즉 '끊임없이 성장하고 변화하는 동적인 시스템'인 실제 네트워크들이 가질 수밖에 없는 보편적인 현상이라는 얘기다.

네트워크 과학자들에겐 모든 것이 하나의 그물망처럼 보인다.

　그러니 그런 허브를 공격하면 네트워크에 미치는 타격도 훨씬 클 것이다. 9·11 테러가 왜 미국 내 항공편의 허브인 뉴욕에서 일어났는지 이제 짐작이 가능하며, 병원균의 생체 네트워크의 허브를 공격하는 신약을 개발하면 효과적일 거라고 예측할 수 있게 됐다. 구글 사이트를 다운시키면 수억 명의 네티즌들이 곤란해지는 것처럼 말이다.

　무엇보다도 인간의 뇌가 과연 작은 세상small world인가도 중요한 관심사다. 약 100억 개의 신경세포로 구성된 뇌가 고등한 인지 사고를 수행하기 위해 정보를 처리하려면 처리 속도가 매우 빨라야 하며, 그 많은 신경세포들을 다 거쳐 정보를 전송하려면 무척 오랜 시간이 필요하다. 그런데 신경세포 간 정보 전달 속도는 겨우 초속 수십 미터 수준. 따라서 작은 세상이 아니고서는, 즉 정보가 다른 신경세포로 (여섯 다리 이내로) 효율적으로 전달되지 않고서는 이렇게 고등한 뇌가 나올 수 없기 때문이다. "뇌가 작은 세상인가 아닌가"는 여전히 논쟁 중이다. 아직 우리는 모든 신경세포의 연결 정도를 담은 연결망인 커넥텀connectome을 갖고 있지 못하기 때문에 증명이 불가능하다.

호기심으로 시계를 분해했다가 다시 조립하지 못해 쩔쩔매는 어린아이처럼 20세기 현대 과학은 자연을 쪼개고 분해해 구성요소들을 나열해놓는 데에는 성공했으나 그것을 다시 어떻게 조립해야 할지에 대해서는 해답을 주지 못했다. 그런 점에서 네트워크 과학은 20세기 현대 과학이 풀어 헤쳐놓은 부품들을 조립해 이 세계가 어떻게 작동하는지를 이해하는 실마리를 제공해줄 돌파구로 주목받고 있다.

인간 게놈 지도가 완성되자 많은 사람들이 생명 현상에 관한 설계도를 얻은 것처럼 열광했지만, 네트워크 과학자들은 아직은 시기상조라고 말한다. 유전자는 단백질을 만들고 다음 세대에게 유전 정보를 전달하는 기능뿐만 아니라 세포의 다른 구성 성분들과 복잡한 상호작용을 한다. 그러나 우리는 그 유전자 네트워크에 대한 정보는 거의 가지고 있지 않다. 다시 말하면 지금의 게놈 지도는 건물만 잔뜩 표시되어 있을 뿐, 건물 사이를 오가는 도로가 전혀 표시되어 있지 않은 것이다. 이런 지도로 어떻게 여행을 할 수 있단 말인가!

그런 점에서 앞으로 네트워크 과학은 할 일이 많다. 물리학뿐만 아니라 생물학, 경제학, 컴퓨터공학, 사회학 등의 전문가들이 함께 만나 인간 사회라는 네트워크의 특성을 공동 연구해야 한다. 네트워크 과학자들에게 남겨진 숙제는 그들이 얻은 이론적 지식을 경제나 생물 시스템 등에 구체적으로 적용해봄으로써 자신의 이론을 검증받는 일이다. 좀 더 길게 보자면, 환원주의 물리학(입자)과 복잡성의 과학(네트워크)이 하나가 되어 자연을 총체적으로 이해하는 일이다. 그것이 이번 세기에 과학자들이 해야 할 일이다.

"사람들 사이에 섬이 있다. 그 섬에 가고 싶다"라는 짧은 시에서 시인은 사람들 사이에 가로놓인 섬에 가고 싶다고 노래했지만, 그 섬에 가고 싶은 것은 시인만이 아니다. 사람들 간의 관계에서 단절과 연결을 매개하는 '섬'의 역할과 특성을 이해하는 것. 그것은 네트워크 과학자들의 꿈이기도 하다.

복잡 적응계는 안전하면서도 위험하다

지난 10년간 가장 주목해야 할 과학자 중 한 명이 바로 미시간대학교 컴퓨터과학과 존 홀랜드John Henry Holland(1929~2015) 교수다. 그는 겸손하고 소탈한 성격을 가졌지만 학문적 야심으로는 가장 '오만한 과학자'라는 평을 듣는다. 그는 생태계와 면역계, 신경계, 배아 발생, 경제 활동 등 아무런 연관이 없어 보이는 시스템에서 '복잡 적응계'란 단어로 요약되는 몇 가지 공통점을 발견했다. 이들 시스템은 모두 복잡한 패턴을 보이면서도 변화하는 외부 환경에 끊임없이 적응하도록 진화하면서 시스템의 일관성을 유지하려고 노력한다는 것이다.

따라서 이들이 보이는 보편적인 특성들을 법칙화할 수 있다면 자연과 인간 사회를 하나로 아우르는 일반적인 원리를 찾을 수도 있지 않을까 조심스럽게 주장한다. '복잡한 현상' 자체에 주목하고 있던 산타페연구소의 물리학자들에게 홀랜드는 복잡성의 근원에 대한 물음을 던지면서 그 해답으로 '적응과 진화'를 제시한 것이다.

뉴욕이라는 복잡한 도시가 어떻게 아무 탈 없이 잘 굴러가는 걸까? 다양한 인종들이 모여 사는 뉴욕에서는 온갖 생활용품에 대한 수요가 날마다 요동치듯 변하는데도 공급의 불안정 따위가 전혀 걱정거리가 안 되는 이유는 무엇일까?

식품 공급이 2주만 끊겨도 틀림없이 아비규환이 될 뉴욕의 경제 흐름이 일정하게 유지되는 것은 '보이지 않는 손' 덕분이겠지만, 홀랜드는 '어떻게' 그런 일이 가능한가에 주목한다. 그는 중앙의 통제 없이 경제의 흐름을 원활하게 유지하는 것은 구성인자들의 끊임없는 '교정과 재배열'에 의한 것이라고 주장한다.

홀랜드에게 도시는 개인, 가정, 혹은 회사라는 구성 단위가 층을 이루며 서로 얽혀 있는 네트워크와 다르지 않다. 유기체가 돌연변이나 유전자 교차 과정을 통해 진화를 거듭하면서 환경에 적응해 살아남은 것처럼 도시를 이루는 구성 단위들도 내부 모형을 갖고 비선형적인 상호작용과 피드백을 통해 진화와 적응을 거듭한다는 것이다. 개인은 전날의 수요를 감안해 다음 날의 공급량을 결정하고, 회사는 일

뉴욕이라는 복잡한 도시가 어떻게 아무 탈 없이 잘 굴러가는 걸까?

잘하는 사원을 승진시키고 때로는 더 나은 효율을 위해 조직을 개편하고, 국가는 새로운 무역 아그레망agrement을 채택하는 방식으로, 변하는 환경에 맞춰 도시의 일관성을 유지한다는 것이다.

홀랜드는 이것을 생체 내의 가장 복잡한 시스템인 면역체계가 새로운 침입자에 맞서 싸우는 것에 비유했다. 모양과 특성이 제각각인 바이러스와 박테리아에 맞서 적절하게 대응해 싸워나가야 하는 항체들이 홀랜드에게는 바쁘게 움직이며 살아가는 뉴요커들처럼 보였던 모양이다.

미국의 가장 복잡한 도시 '뉴욕'과 생체 내의 가장 복잡한 시스템인 '면역체계.' 전혀 연관이 없어 보이는 두 시스템이 유사한 특징을 보인다는 것도 신기한 일이지만, 오사마 빈 라덴이 항공기 테러와 탄저균으로 이 두 시스템을 교란시키려 했다는 점도 '흥미로운 우연'이다. 과연 뉴욕이 테러라는 외부의 엄청난 충격에 대처해 지금의 혼란스러운 상황을 거쳐 어떻게 '적응기'로 나아갈지 그의 과학은 흥미롭게 예측한다. 결국 잘 적응할 것이라고. 이처럼 이제 자연과학은 뉴욕이라는 거대한 도시의 '숨은 질서'를 파악하는 일에도 관심을 갖게 되었다.

복잡계 과학, 경영의 새로운 패러다임을 제시하다 ——

소호와 함께 예술의 거리로 통하는 뉴욕의 그리니치빌리지에 가면 코넬리아 거리에 '포'라는 레스토랑이 있다. 샘 셰퍼드의 재즈가 늘 흘러나오는 이 레스토랑에 가면 맛있는 이탈리아 요리를 먹을 수 있고, 운이 좋으면 알 파치노나 해리슨 포드 같은 유명인사와 마주칠 수도 있다.

몇 년 전 친구들과 포에 식사를 하러 간 적이 있는데, 예약도 하지 않고 갔기에 자리가 없었다. 그곳 지배인은 우리에게 근처 레스토랑을 추천해주었다. 포만큼 맛있는 요리와 멋진 음악을 즐길 수 있다면서 말이다. 경쟁 상대라 할 만한 근처 음식점을 추천해준 포의 자신감에 잠깐 언짢았지만, 그가 추천해준 카페에서 우리는 식사를 했고 아주 근사한 저녁을 보냈다.

컨설팅 회사를 운영하는 로저 르윈Roger Lewin과 버루트 레진Birute Regine이 쓴 복잡계 과학 경영서 《컴플렉소노믹스》(2002)에 따르면, 포 지배인이 근처 카페를 추천한 것은 '가진 자의 여유'가 아니다. 코넬리아 거리는 다양한 종류의 레스토랑들이 신뢰와 화합을 바탕으로 레스토랑 공동체를 유지해 성공한 사례로 유명하다고 한다. 이곳에선 부족한 재료가 있으면 서로 빌려주고 때론 손님의 요구에 맞게 다른 카페를 추천해주기도 한단다.

15년 전 코넬리아 거리에 식당 수가 어느 정도 늘어나자 그 지역으로 손님들이 몰리기 시작했다. 그에 따른 이익은 모든 식당에 골고루 돌아갔으며, 식당들 간의 상호 지원과 식자재 공급자들의 연결망에 의해 이득의 총합은 더욱 커졌다. 그 후 코넬리아 거리는 강자만이 살아남는 살벌한 약육강식의 정글이 아니라, 생물학적 다양성과 공생의 미덕이 빛을 발하는 평화로운 호숫가 생태계로 자리 잡았다.

물리학자가 보기에, 명령과 통제의 문화가 지배하는 대한민국의 기업은 아직도 '뉴턴의 시대'에 살고 있다. 산업화의 틀이 만들어지던 20세기 초, 프레더릭 테일러Frederick Taylor같은 경영 전문가들은 뉴턴의 운동 법칙과 열역학에 매료되었다. 그들은 우주를 거대한 시계 장치로 이해했던 기계론적 패러다임을 경영의 세계로 끌어들여 '기업'이라는 톱니바퀴를 어떻게 맞물리게 해야 효율성을 극대화할 수 있는지에 몰두했다.

포드사에서 개발한 모델 T의 조립 라인이 사상 최고의 효율성을 자랑하며 대성공을 거두자 '과학적 관리'라는 이름의 기계론적 경영 방식이 20세기 후반까지 맹위를 떨쳤다. 세계를 이해하는 과학자들의 패러다임은 최근 수십 년 동안 급격한 변화를 거듭했지만, 기업 경영자들은 여전히 시대에 뒤진 과학적 사고방식을 고수하고 있었던 것이다.

　경영자들은 현대 물리학의 새로운 패러다임인 '복잡계 과학'이 전하는 메시지에 주목해야 한다. 다시 말해 기업도 '복잡 적응계'라는 사실을 인식하라는 것이다. 복잡 적응계란 구성요소들 간의 간단한 상호작용을 통해 창조적 질서를 스스로 만들면서 주어진 환경에 적응하며 진화하는 시스템을 말한다. 이런 시스템은 초기 조건에 민감해서 작은 변화가 전혀 다른 결과를 초래할 수 있고, 덕분에 예측과 통제는 불가능하다. 하지만 스스로 창발적인 능력을 발휘하게 할 때 창조력은 최대가 된다.

　복잡계 과학의 전문가들은 경영자들에게 창의성이 꽃필 수 있는 조건을 만들기 위해 너무 간섭하지 말 것을 주문한다. 경영자가 '통제'에 대한 유혹과 환상을 버린다면 무언가가 창발한다—무엇이 창발할지는 알 수 없지만—는 사실만은 확실하다고 주장한다. 처음에는 혼란스러운 시기가 있겠지만, 이때를 지나면 직원들은 당면한 문제를 해결하기 위해 그들 자신을 스스로 조직할 것이다.

　무엇보다 인간관계의 중요성은 아무리 강조해도 지나치지 않다.

복잡 적응계의 능력은 결국 구성요소들 간의 상호작용에 의해 결정되기 때문에 상호 신뢰를 존중하는 경영은 단지 '훌륭한' 경영 전략이 아니라 실질적인 이윤 창출로 이어질 수 있다. "필요한 것은 노동력인데, 도대체 왜 '인간'을 고용해야 하는가?"라고 외쳤던 헨리 포드 같은 기업주나, "필요한 것은 두뇌인데 왜 '마음'까지 고용해야 하느냐?"며 핏대를 세웠던 정보화 시대의 고용주들은 새겨둘 만한 통찰이다.

"진정한 발견은 새로운 땅을 찾는 것이 아니라 새로운 눈으로 보는 것"이라고 프랑스의 작가 마르셀 프루스트는 말하지 않았던가. 상명하달식 경영 방식에 익숙한 우리 기업들이 새로운 눈으로 자신들의 경영 방식을 되돌아보아야 한다.

롱테일 법칙, 80:20 법칙에 도전하다 ───

통계청에서 2000년 11월을 기준으로 성씨와 본관에 대한 인구주택총조사 결과를 발표한 바 있다. 집계 결과에 따르면, 우리나라에는 286개의 성씨와 4179개의 본관이 존재한다고 한다. 그중 김金씨가 가장 많으며, 이李, 박朴, 최崔, 정鄭 등 상위 20대 성씨의 비중이 전체의 78.2퍼센트를 차지한다고 한다. 다섯 명 중 한 명이 김씨라고 하니, "남산에서 돌을 던지면 김 서방이 맞는다"는 옛말이 21세기에도 여전히 유효한 모양이다.

특히 이번 통계에서 총 286개 성씨 중 20대 성씨, 그러니까 상위 7 퍼센트의 성씨가 전체 인구의 80퍼센트 가까이를 차지한다는 사실이 눈에 띈다. 백화점 매출의 80퍼센트를 20퍼센트의 단골 고객이 올린다는 80:20 법칙(파레토의 법칙)을 연상시키기 때문이다. 이번 통계에선 전체 성씨의 20퍼센트, 그러니까 57개 성씨가 전체 인구의 95퍼센트를 차지하니, 80:20 법칙이 아니라 95:5 법칙이라고 해야 맞을 정도로 우리나라 성씨 분포는 몇몇 성씨에 집중적으로 몰려 있다.

이 같은 성씨 분포 패턴은 비단 우리나라에서만 나타나는 것은 아니다. 사람 많기로 소문난 중국의 경우, 1억 명이 넘는 성이 이李, 왕王, 장張, 조趙, 진陳 등 5개나 되며, 인구 1천만 명이 넘는 성씨도 30개에 이른다. 13억 인구 중에 8억 명 이상이 상위 30개의 성씨를 가졌다고 하니, 우리보다 성씨 쏠림 현상이 더 심해 보인다.

이 책에서 독자들로부터 가장 주목받은 내용 중 하나인 80:20 법칙, 혹은 지프의 법칙은 한국인의 단어 사용 빈도 통계에서도 나타난다. 사용 빈도 상위 1천 개의 단어만 알면 한국어의 75퍼센트를 이해할 수 있다는 것이다.《표준국어대사전》에 실린 단어 30만 개 중에서 우리가 주로 사용하는 단어는 0.3퍼센트에도 못 미친다는 얘기다.

왜 80:20 법칙, 아니 그보다 더 심한 불균형 분포가 여러 통계에서 그토록 자주 발견되는 것일까? 이 문제는 사회학자나 통계학자뿐만 아니라 물리학자들에게도 아주 흥미로운 주제다. 인기 웹사이트에 조회 수가 집중적으로 몰리는 현상이나 고소득 20퍼센트가 전체 소득의 80퍼센트를 차지하는 종합소득 분포, 서울에 4분의 1의 인구가 밀집돼 있는 도시별 인구 분포 등에서 80:20 법칙의 원인을 찾아내는 것이 사회물리학을 탐구하는 학자들의 꿈이다.

그들은 80:20 법칙이 발생하는 이유를 선점 효과로 생각해왔다. 돈이 있는 사람은 그 돈으로 인해 더 많은 돈을 모을 수 있고, 인기 웹사이트들은 새로운 웹사이트가 생길 때마다 링크를 해놓기 때문에 상대적으로 더 많은 조회 수를 기록할 수밖에 없다는 것이다.

하지만 단순히 선점 효과만으로 우리나라의 성씨 분포가 상위 20개 성에 몰려 있는 이유를 설명할 수는 없을 것 같다. 김씨나 이씨가 특별히 더 많은 자손을 퍼뜨리는 것도 아닐 텐데 말이다. 모든 성씨가 평균적으로 비슷한 수의 남자 자손을 만들어낸다고 가정하면, 어쩌면 이런 분포는 처음부터 그렇게 정해졌는지도 모르겠다.

한국이나 중국에서 나타나는 쏠림 현상이 다른 나라에서도 일어나는 보편적인 현상인지도 좀 더 알아봐야 할 것이다. 13만 2천여 개의 성씨가 있는, 그래서 세상에서 가장 많은 성씨가 있는 나라로 손꼽히는 일본에서는 어떤 분포가 나타날지 무척 궁금하다. 여러모로 '성씨 분포'에 관한 통계는 물리학자들에게 흥미로운 연구 주제 하나를 던져준 것 같다.

여기에 덧붙여, 새롭게 주목해야 할 법칙 중 하나가 롱테일 법칙이다. 롱테일 법칙은 파레토 법칙과 사뭇 다른 현상이다. 2004년 IT 잡지 〈와이어드Wired〉의 편집장인 크리스 앤더슨Chris Anderson이 1만여 종의 앨범을 보유한 인터넷 음악 사이트에서 분기당 한 곡 이상 팔린 곡이 전체의 90퍼센트에 달한다는 사실을 발견하고 처음 연구를 시작했다. 크리스 앤더슨은 아이튠스에서 제공하는 100만여 곡이 적어도 한 번씩은 판매된다는 점, 아마존의 10만여 종에 달하는 서적 중 90퍼센트가 매 분기 한 권 이상 판매되었다는 사실을 잇달아 발견하고 롱테일 법칙을 세상에 내놓았다.

롱테일long tail이란 말 그대로 '긴 꼬리', 즉 수요곡선 그래프를 그렸을 때 왼쪽부터 판매량이 높은 제품 순으로 배치하면 오른쪽에 긴 꼬리 모양의 선이 나타난다고 해서 붙여진 이름이다. 소수의 80퍼센트가 전체 매출의 반 이상을 만들어낼 수도 있다는 점에서 80:20 법칙과는 배치되는 주장이다.

예를 들어 아마존의 핵심 매출은 한두 종의 베스트셀러에서 나오는 것이 아니라 큰 서점의 좋은 자리에 잘 진열되지 않는 비인기 도서에서 나온다. 시장에서 히트하는 20퍼센트도 의미가 있지만, 과거 주목받지 못했던 80퍼센트의 다수를 간과해선 안 된다고 역설하고 있는 셈이다. 롱테일 법칙은 무한한 진열 공간을 확보할 수 있고, 유통 비용이 거의 들지 않는 인터넷과 온라인의 등장으로 가능해진 현상이다.

롱테일 법칙을 확장하면 "소수의 지식 전문가보다 다수의 아마추어 지식인이 더 큰 힘을 발휘할 수 있다"는 주장도 가능하다. 집단 지성의 힘을 가장 극적으로 보여준 사례는 단연 위키피디아Wikipedia다. 위키피디아의 기원은 지미 웨일스Jimmy Wales와 래리 생어Larry Sanger가 무료 온라인 백과사전 뉴피디아Nupedia를 만든 20세기 말로 거슬러 올라간다. 당시만 해도 뉴피디아는 누구나 특정 항목에 대한 내용을 제출할 수 있도록 하되, 전문 편집자들이 그 내용을 검토해 최종 결정을 하는 방식으로 운영됐다. 그러다가 누구나 웹페이지에 접속하면 편집에 직접 참여할 수 있는 '위키'와 접목해 위키피디아가 탄생하게 되었는데, 2001년 1월 15일의 일이다.

이후 위키피디아는 상상을 초월하는 고속 성장을 거듭했다. 2001년 1월 위키피디아가 처음 시작됐을 때만 해도 이 무료 백과사전에 들어 있는 단어는 겨우 31개였다. 그 후 인터넷 사용자들의 자발적인 참여를 통해 각종 언어로 표현된 항목은 2007년에 총 600만 개를 넘어섰고, 2009년에 1천만 단어를 돌파했다. 위키피디아는 '자발적인 참여가 무엇인지'를 보여주는 단적인 예다.

위키피디아의 사용률 또한 브리태니커를 크게 앞지른다. 사이트 이용자 수의 비율을 추적 계산한 결과에 따르면, 2007년 3월 브리태니커 온라인 백과사전의 이용자는 0.03퍼센트인 데 반해, 위키피디아는 5.87퍼센트로 무려 195배나 더 높다. 방문자 수를 기준으로 한 웹사이트 순위에서도 위키피디아가 11위에 오른 데 반해, 브리태니커 백과사전은 4449위에 머물렀다. 여담 하나. 누구나 한 번쯤 위키피디아를 사용한 경험이 있겠지만, '위키'가 무슨 뜻인지를 아는 사람은 많지 않다. 위키wiki란 'What I know of it'(이것에 관해 내가 아는 것)의 앞 글자를 조합한 것으로, 하와이 원주민어로 '빠르다'라는 뜻이기도 하다.

위키피디아에 대한 인터넷 사용자들의 애정은 유달리 깊다. 지미 웨일스가 위키피디아 프로젝트에 투자한 금액은 대략 5억 원 정도. 하지만 《집단 지성이란 무엇인가》(2009)의 저자 찰스 리드비터Charles Leadbeater에 따르면, 일반인이 위키피디아 재단에 기부하는 금액은 갈수록 늘어나 현재 20억 원을 넘어섰다고 한다.

복잡계complex system를 연구하는 과학자가 보기에 위키피디아는 '복잡계 네트워크의 승리'라고 해석할 수 있다. 사용자들의 자발적 참여로 이루어지는 위키피디아의 성장은 전형적인 자기조직화 시스템self-organized system의 발로다. 서로 쉽게 연결되고 모이면 새로운 형질이 창발되는 복잡계 시스템의 특징이 위키피디아를 탄생시켰을 뿐만 아니라 급속한 성장을 이끌었던 것이다.

위키피디아에 대한 비판이 없는 것은 아니다. 이 무료 백과사전에 쏟아지는 칭찬과 비난은 얼핏 엇비슷한 수준으로 보인다. '협업을 통한 창조성과 집단 지성이 이룬 기적'이라며 상찬을 아끼지 않는 예찬론자도 많지만, 누구나 제멋대로 지식에 접근할 수 있도록 허용해 '지식의 권위'를 떨어뜨렸다는 비판론자도 만만치 않다. 비판론자들에 따르면, 위키피디아는 "아마추어들이 전문가들의 자리를 대신하기 위해 발급한 무료 승차권"이라는 것이다.

위키피디아가 가장 공격받는 대목은 '검증받지 않은 품질.' 비판론자들은 비전문가들이 작성했으며 쉽게 수정할 수 있는 위키피디아는 정확도가 크게 떨어진다고 주장한다. 그렇다면 정말 위키피디아는 양적으론 크게 성장했지만 '품질' 면에서는 문제가 많을까?

영국의 저명한 과학 저널 〈네이처〉는 전문적인 검토자들에게 42개 항목에 대해 위키피디아와 브리태니커 백과사전의 설명을 비교해달라고 요청했다. 그 결과 사실관계 오류와 누락, 잘못된 설명에 대해 위키피디아에서는 162건, 브리태니커에서는 123건이 발견되었다. 이처럼 위키피디아는 완벽하지 않다. 출판사들이 실수를 하듯, 위키피디아도 실수를 한다. 그러나 〈네이처〉는 위키피디아와 브리태니커의 정확도가 '크게 다르지 않다'고 결론 내렸다.

위키피디아가 소중한 이유는 다음 세대에게 "공유할수록 서로 부유해진다"는 인생의 놀라운 진실을 가르쳐주었다는 데 있다. 위키피디아는 우리에게 지식을 운반해주었을 뿐만 아니라, 참여와 공유의 습관을 가르치고, 그 중요성을 일깨워주었다.

롱테일 법칙의 근간은 현대 사회가 히트 상품이나 주력 상품에 집중하는 획일적 사고에서 벗어나 다양한 가능성에 눈뜰 수 있는 계기를 마련해주었다는 데 있다. 실제로 롱테일 법칙은 소수의 히트 상품, 영향력 있는 소수를 넘어, 80퍼센트의 다양한 다수가 만들어내는 새로운 세상과 그 다양성의 힘에 주목하고 있다. 80:20 법칙에 매몰되지 않는 '균형 잡힌 시각'이 필요하다.

리먼브라더스 사태 이후, 물리학자들 반성하다 ——

카오스를 연구한 물리학자 노먼 패커드와 도인 파머는 프레딕션 컴퍼니라는 회사를 차려 주식시장에서 주가를 예측해 엄청난 돈을 벌었다고 알려져 있다. 그들이 주가 변동을 비선형 동역학과 카오스 이론, 복잡계 과학적 방법론 등을 이용해 예측한다는 사실은 잘 알려져 있지만, 구체적으로 어떤 방법을 사용하는지에 대해서는 영업 비밀이라 일절 언급하지 않고 있다.

어쨌든 그들은 물리학자들 사이에 신화가 되었고, 현재 그들의 회사는 스위스의 금융기업 UBS에 팔려 안정적으로 운영되고 있다. 지난 10년 동안 이론물리학자들은 뉴욕 월스트리트에 고용돼 자신들의 천재적인 수학 재능, 물리학 지식, 컴퓨터 방법론 등을 한껏 활용해 금융산업에 기여해왔다. 그들의 연봉은 최소 10만 달러에 이른다. 40만~50만 달러 이상을 버는 물리학자도 꽤 많아졌다. 이른바 퀀트Quant, Quantitative analyst라 불리는 그들은 '정량 금융quantitative finance'에 종사하는 금융 공학 전문가들이다. 각종 금융상품을 기획·보강·관리하는 금융 공학의 천재를 말한다. 지루하고 정체된 연구소 생활에 비해 월스트리트는 그들에게 짜릿한 지적 오르가슴을 제공해줄 정글이었다.

그들은 금융시장 안팎에 상존하는 여러 가지 위험 가능성을 정량화한 후에 이를 파생상품으로 만든다. 리스크 관리를 통해 투자 활동에 안정을 도모하고, 각종 금융 관련 솔루션을 제공하기도 하며, 개인

및 기업 고객 대상의 투자 컨설팅 회사를 창업하는 등 다방면에서 금융시장의 성장을 이끌어왔다.

금융산업의 수익 구조를 획기적으로 개척한 퀀트들은 금융계에서 지난 10년간 가장 중요한 역할을 해왔다. 이른바 '금융 혁신', '증권 혁명'을 통해 전대미문의 호황을 누린 금융의 최근대사에서 그들은 가장 핵심적인 인재들이었다. 불과 2007년까지만 해도 그랬다.

2008년 미국의 투자은행인 리먼브라더스가 파산하는 사태가 벌어지고 미국 경기가 극도로 침체되면서, 세상은 퀀트들에게 저주를 퍼부었다. 겁 없는 물리학자들이 빚을 상품화하고 위험자산을 증권화해 미국발 금융위기를 초래했다는 것이다. 지금 물리학자들은 자신들이 뭘 잘못했는지 꼼꼼히 따지고 월스트리트에서 다시 무엇을 할 수 있는지 고민하고 있다. 경기가 회복되면서 그들의 얼굴에도 미소가 돌아왔다.

인간은 원래 합리적 의사 결정자가 아니다. 주식 투자에 관심이 있는 개미군단 병사들도 예외는 아니다. 그들은 쉽게 번 돈은 과감히 투자하는 경향이 있고, 같은 금액을 투자하더라도 후회를 최소화하려는 방식으로 투자한다.

예를 들어 우크라이나의 인구가 몇 명인지 모르는 사람에게 "한 2억 명쯤 될까요?" 하고 물어보면 "1억 5천 명쯤 될 것 같아요"라고 대답하지만, "한 500만 명쯤 될까요?" 하고 물어보면 700만 명쯤 될 것 같다는 답이 돌아온다고 한다.

다시 말해, 사람들은 예측을 할 때 미리 제시된 숫자에 의존해 어림셈을 하는 경향이 있다는 것이다. 이런 경향 때문에 사람들은 1년 전 최고 상한가를 기억하고 이 수치에 얽매여 미래 예상치를 잘못 어림셈한다. 사람들은 주식시장에 떠도는 긍정적인 자료는 쉽게 받아들이고 부정적인 분석은 애써 외면한다. 주가가 30퍼센트 가까이 떨어지면 평균 매입 가격을 낮추기 위해 주식을 더 사야 한다는 유혹에 빠지고, 결국은 발을 뺄 수 없게 된다.

투자 심리의 맹점이나 투자 위험을 줄이는 방법을 안다고 해서 해결되는 것도 아니다. 그들을 합리적 투자자라 가정하고 분석하는 퀀트들의 연구 방법론에도 근본적인 변화가 필요하다. 입자들로 가득 찬 물리학자들의 머릿속에 이제는 '인간들'이 들어와야 하는 것이다.

자기조직화하는 세상이 궁금하다

2000년 새해, 새로운 밀레니엄이 시작되면서 영국의 잡지 〈타임〉은 저명한 학자들이 뽑은 '지난 천 년 동안 인류가 내놓은 최악의 발명품'을 발표했다. 최악의 발명품 목록은 세상에서 마땅히 사라져야 할 다양한 제품들로 빼곡히 들어차 있었는데, 비닐봉지, 총, 마약, 스팸메일 등이 포함돼 있었다. 누군가의 머릿속에서 착상돼 세상에 등장했고 널리 사용되었으나, 우리의 삶을 황폐하게 만든 제품들! 이 목록 속에는 '인류의 어리석음'이 고스란히 담겨 있었다.

만약 시간생물학chronobiology을 연구하는 생물학자들에게 '인류 최악의 발명품'이 뭐라고 생각하느냐고 묻는다면, 그들은 1초도 머뭇거리지 않고 '자명종'이라고 답할 것이다. 현대인의 수면을 방해하고, 낮의 일상을 피곤하게 만든 발명품, 인간의 하루 일주기 리듬circadian rhythm을 전혀 고려하지 않은 이 무자비한 발명품이야말로 침실에서 몰아내야 할 제품이라 믿는다.

우리 뇌에는 시교차상핵이라는 생체시계가 있어 자고 깨는 리듬을 만든다. 빛에 의해 영향 받고 수면과 각성을 조절하는 이 뇌 영역은 제대로 깨우지 않으면서 소리로 '대뇌피질'만 깨우는 자명종은 사람의 일주기 리듬을 망가뜨리고 하루 종일 피곤하게 만드는 주범이다 (그런 의미에서 세상의 모든 자명종은 '자명등'으로 바뀌어야 한다!).

이 리듬이 망가지면 판단도 흐려지고 업무 실수도 잦아진다. 응급실에서 벌어지는 판단 실수의 많은 경우가 의사와 간호사들의 일주기 리듬이 망가졌기 때문이며, 인도의 보팔 화학공장 사고, 옛 소련의 체르노빌과 미국 스리마일 섬의 원자력 발전소 대형 사고는 모두 밤 12시부터 새벽 4시 사이, 일주기 리듬을 거슬렀던 직원들의 판단 착오로 벌어진 것이었다. 이렇듯 '깨어 있는 삶의 질을 결정한다'는 점에서 생체시계의 특징을 정확히 이해하는 일은 무엇보다 중요하다.

이 책의 마지막 장을 장식하는 '반딧불이 콘서트에서 발견한 과학'은 동기화(주기적인 운동을 하는 진동자들의 위상이 서로 일치하는 현상)에 관한 글이다. 최근 10년간 동기화 연구에서 가장 주목받는 시스템은 인간의 '생체시계'다. 생체시계와 동기화는 무슨 관련이 있을까? 도대체 무엇이 서로 동기화돼 있다는 말일까?

지난 50년 동안 시간생물학을 연구하는 과학자들의 최대 성과는 생체시계의 위치를 정확히 찾은 것이다. 때가 되면 깨고, 일정한 시간이 되면 배가 고프고, 비슷한 시간에 맞춰 잠이 쏟아지는 경험을 누구나 하듯이, 우리 몸에는 '시간을 측정하는 시계 같은 기관'이 있다는 것은 오래전부터 경험적으로 알려진 사실이다. 이런 현상은 행동 수준에서만이 아니라, 각 신체기관의 생리적 운동 수준에서도 관찰된다. 하루 시간 변화에 따라 호르몬 분비량도 달라지고 체온도 변화를 겪는다. 우리 몸의 신체기관들에 작용하는 생체시계의 위치를 찾기 위해 지난 100년 동안 과학자들은 많은 노력을 기울여왔다.

모든 신체기관이 주기적인 운동을 하니 그 자체로 시계일 수 있지만, 대부분은 생체시계를 따라 움직이는 것일 뿐 생체의 일주기 운동을 관장하는 생체시계가 어딘가에는 있을 것이다. 이를 중앙통제시계master clock라고 부른다(모든 신체기관은 이 주인 시계에 맞춰 생리적 변화를 일으킨다는 점에서 부수적인 시계slave clock인 셈이다). 주인 시계를 찾는 가장 좋은 방법은 신체기관의 각 영역을 망가뜨려보면서, 그래도 일주기 운동이 지속되는지를 관찰하는 것이다. 그래서 결국 찾아낸 것이 바로 뇌 속 '시교차상핵'이다(빛이 눈으로 들어와 좌우 신경이 교차하는 곳 위에 위치해 있어 시교차상핵이라 불리는데, 생체시계가 빛의 영향을 받다 보니 오랫동안 가장 그럴듯한 후보로 간주됐었다).

시교차상핵은 약 2만여 개의 신경세포로 구성돼 있다. 살아 있는 쥐의 시교차상핵에 전극을 꽂아 신경세포들의 전기신호local field potential를 측정해보면, 24시간을 주기로 사인sine파에 아주 가까운 파형을 그린다. 이곳을 망가뜨리면 체내 대부분의 기관이 보이던 24시간 주기적 양상이 사라진다. 진정한 의미의 중앙통제시계인 셈이다!

그런데 흥미로운 사실은 시교차상핵의 신경세포들을 모두 꺼내 접시 위에 놓고 적절한 체액과 영양분을 공급하며 이들의 일주기 리듬을 측정해보았더니 시교차상핵의 2만여 개 신경세포들이 서로 다른 주기를 보이더라는 것이다. 그 범위는 20시간에서 28시간 사이. 하지만 놀랍게도 서로 다른 주기의 신경세포들이 체내에서 활동할 때에는 정확히 24시간에 맞춰 리듬을 만들어냈다. 시교차상핵이라는 생체시계 내의 신경세포들은 서로 다른 주기의 리듬을 가지고 있으면서 어떻게 체내에서 24시간이라는 동기화된 리듬을 만들어낼 수 있을까?

인도네시아 맹그로브숲의 반딧불이들이 어느 순간 같은 박자로 깜빡이는 현상, 가을밤에 귀뚜라미들이 박자를 맞춰 합창하는 현상, 같은 기숙사 방을 사용하는 여학생들의 생리 주기가 일치하는 현상 같은 일이 생체시계 안의 신경세포들 사이에서도 벌어진다는 얘기다.

시교차상핵 신경세포들 사이의 동기화 현상의 메커니즘을 이해하는 것, 이것이 시간생물학을 연구하는 과학자들에게 최대 이슈가 되고 있다. 아마도 시교차상핵에서 매개물질은 신경전달물질인 가바

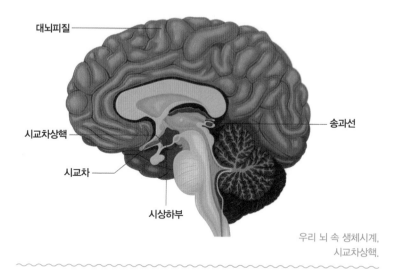

대뇌피질

송과선

시교차상핵

시교차

시상하부

우리 뇌 속 생체시계,
시교차상핵.

gamma-aminobutyric acid(GABA)일 텐데, 흥미로운 사실은 가바가 억제성 inhibitory 신경전달물질이라는 점이다. 억제성 매개물질이 어떻게 동기화 현상을 만드는지 전혀 밝혀진 게 없어 과학자들도 난감한 형국이다. 최근 가바가 시간에 따라 흥분성excitatory 역할을 할 수 있다는 연구 보고도 나와 이 문제는 더욱 미궁에 빠지고 있다. 한 신경전달물질이 같은 영역에서 시간에 따라 흥분성과 억제성을 모두 갖는 현상은 뇌 속 어느 곳에서도 관찰된 바가 없어 신경과학자들의 이목이 더욱 집중되고 있다.

그렇다면 이 현상을 이해하는 것이 과학자들에겐 어떤 의미일까? 생체시계의 작동 원리와 특히 신경세포 간의 동기화 메커니즘을 이해하는 것이 왜 중요할까? 우선 물리학자들에겐 이 문제가 '동기화

현상을 이해하는 데 중요한 실마리를 제공할 수 있다'는 점에서 흥미
롭다. 반딧불이나 귀뚜라미처럼 개체 수준이 아니라, 한 신체기관 내
에서 벌어지는 동기화 현상은 실험적으로 조작이 용이해서 동기화
메커니즘을 제대로 밝히는 데 기여할 것으로 여겨진다. 사실 우리는
어떤 상황에서 동기화가 일어나는지, 그 필요충분조건을 정확히 알
지 못하는 상태다. 서로 다른 주기와 위상의 진자운동이 순식간에 동
기화가 되는 현상을 설명할 수 있다면, 자연이라는 복잡 적응계를 이
해하는 데 중요한 단서가 될 것이다.

하나의 세포를 수십 분 동안 관찰하면 그들이 만들어내는 활동전
위 양상spike trains of action potential이 매우 복잡하다는 것을 알 수 있다.
그런데 어떻게 완전히 다른 시간 스케일인 일日 단위로 보면 24시간
이라는 주기를 정교하게 가질 수 있을까? 시간 유전자들은 어떻게 작
동해 하나의 일주기 리듬을 세포 내에서 발생하게 하며, 이것은 신경
세포들 사이에서 서로 어떻게 영향을 미칠까? 수면과 각성을 관장하
는 송과선은 멜라토닌을 통해 어떻게 시교차상핵에 영향을 미칠까?
이 역시 쉽게 설명할 수 없는 문제다. 이 모든 현상을 관장하는 중앙
통제 시스템이 존재하는 것인지, 아니면 스스로 알아서 이 리듬을 만
들어내는 것인지, 과학자들은 궁금해 미친다.

인간은 자연이 선물해준 '자명등'을 하나씩 뇌 속에 가지고 있다.
태양으로 관장되는 시간의 흐름을 몸으로 느끼고, 때에 맞는 행동양
식을 갖는 것, 우주와 자연이 만들어내는 빛의 조화와 운동의 흐름 속

에 인간의 삶을 녹아들게 하는 것이다. 이 평범한 진리를 실천하기 참 어려운 시간을 복잡한 도시의 현대인들은 관통하고 있다. 생체시계의 동기화 현상을 파악하는 수준을 넘어, 불야성의 도시를 살아가는 현대인들이 이 시계와 행복하게 공존하는 법을 배우는 것이 인류가 풀어야 할 가장 중요한 난제일 것이다.

과학자들의 서재에서 목격한 '과학의 종말' ─────

과학 저널리스트 존 호건John Horgan은 《과학의 종말The End of Science》(1996)에서 우주의 궁극적인 원리를 찾겠다는 입자물리학자의 오만함도 복잡계 과학을 연구하는 과학자들의 야망에 비하면 겸손한 편이라고 말했다. 복잡계 과학자들은 자신들의 이론이 우주뿐 아니라 생명과 의식, 심지어 우리가 살고 있는 사회가 만들어내는 운동과 패턴까지도 명쾌하게 설명할 수 있다고 믿는데, 이는 오만방자한 태도라는 것이다.

'과학의 종말', 과학자에게는 무시무시하기까지 한 이 테제는 우리가 과학을 통해 '자연에 대한 궁극의 답theory of everything'을 얻을 수 있는가에 대해 끊임없이 회의하게 한다. 우주는 어떻게 탄생했으며, 생명의 기원은 무엇이고, 의식은 언제 시작되었는가? 과학은 사회 현상에 대해 어떤 해답을 줄 것인가? 아직 남아 있는 이 문제들에 대해 과학은 얼마나 답할 수 있을까? 아니 과연 답을 줄 수 있기는 할까?

　회의주의자들은 '과학으로 궁극의 답을 얻겠다는 것은 순진한 몽상'이라고 말한다. 인문학 전공자나 사회과학 전문가들에게서도 흔히 듣는 말이다. 아직 우리는 인간이나 사회 같은 복잡한 대상을 연구할 과학적 지식과 도구가 부족하다는 것이 그들의 설명이다. 게다가 과학은 이미 오래전에 방법론적 한계를 드러냈으며, 검증 불가능한 수준이 되었다는 주장도 덧붙인다. 사회과학과 자연과학의 방법론적 차이가 사실상 없다는 얘기다.

　탐구할 만한 가치가 있는 지식들은 대부분 과학에 의해 이미 밝혀졌다고 볼 수도 있다. "오늘날의 과학은 하찮은 문제들의 해결과 기존 이론의 세부사항 추가에 그치고 있는 것은 아닌가?" 하고 누군가 물어오면, 딱히 해줄 변명이 없다. 이제 남아 있는 문제는 과학이 손대기에는 너무 거창한 문제들인 걸까?

　우리가 궁극의 진리에 도달하기 위해서는 우주 전체에 대한 인간 인식의 한계와 자연과 사회 자체의 복잡성을 극복해야만 한다. 그런데 그것은 도무지 가능해 보이지 않는다. 최소한 우리는 과학의 종말을 선언하진 않더라도, '과학에 대한 믿음의 종말'에 가까이 와 있는 건 아닌지 의심해본다.

　분자생물학이 장밋빛 게놈 시대를 열었고, 나노과학과 신약 개발 분야가 이토록 약진하고 있는데, 무슨 비관적인 소리냐고 반론할 수도 있겠다. 21세기는 그 자체로 '과학기술의 시대'가 될 거라고 다들 예측하고 있는데 말이다. 그러나 복잡계 과학이나 사회물리학만 들여다봐도, 우리의 바람과 믿음은 참 순진하게 여겨진다. 아직 우리는 시스템이 조금만 복잡해져도 속수무책인 것이 사실이다. 지금까지의 연구 결과들이 만족스럽지 못한 것도 사실 아닌가!

2008년 사람들이 블랙 스완Black Swan이라는 개념에 주목했던 것도 과학에 대한 믿음의 종말과 관련이 깊다. 경험주의적 사고에 바탕을 둔 과학은 기본적으로 귀납적 방법론을 따른다. 무수한 사례들을 통해 그 안에서 공통점을 찾고 보편적인 법칙을 이끌어내는 것이다. 날마다 예외 없이 아침에 태양이 뜨는 한 '지구는 태양의 주위를 돈다'는 것은 진리다.

그러나 단 하나의 사례가 지금까지의 믿음을 송두리째 날려버릴 수 있다. '백조는 하얗다'라는 명제는 어제까지 과학적으로 '참'인 명제였으나, 오늘 발견된 '검은 백조' 한 마리가 순식간에 이 과학적 명제를 거짓으로 만들어버린다. 그렇다면 과연 과학을 통해 알게 된 사실들을 우리는 정말 신뢰할 수 있을까?

2010년 프랙털 개념을 세상에 내놓은 위대한 수학자 브누아 망델브로가 세상을 떠났다. 이 책의 주요 부분을 장식해준 그의 이름이 역사 속으로 사라지는 순간이었다. 지난 10년 동안 프랙털은 많은 세상 속에서 발견되었고, 아름다움의 기원이 되기도 했다. 미국에서는 프랙털 패턴을 분석해 이 곡이 히트할지 아닌지 예측해주는 서비스를 제공하는 회사까지 등장했다. 히트한 노래에는 공통점이 있다는 사실을 비즈니스에 활용한 것이다.

그럼에도 불구하고 프랙털은 많은 과학자들에게 조롱의 대상이기도 하다. 프랙털이 도처에 산재해 있다는 연구 결과는 "그래서 뭐 어쨌다는 거야?"라는 질문으로 되돌아왔다. 어떻게 프랙털이 만들어질 수 있는가에 대해서도 우리는 아직 좋은 가설을 가지고 있지 않다. '자기조직화'라는 우리 시대의 가장 중요한 과학적 화두에 대해 아직 작은 실마리조차 잡지 못하고 있는 실정이다. 그의 죽음은 복잡계 과학의 장엄한 레퀴엠이기도 했다. 일견 자기모순적이면서 독단적이지만 '과학에 대한 확신'으로 빛나던 별 하나가 세상에서 사라지자, 살아남은 자들의 슬픔이 시작된 것이다.

이제 다시 10년의 길을 떠나야 하는 《과학 콘서트》는 '인간 사회에 대한 과학적 탐구'와 늘 함께할 것이다. 10년 후에 다시 쓰게 될 《과학 콘서트》의 '20년 늦은 커튼콜'에는 다시 10년의 성과가 덧붙여질 것이다. 과학자들은 과연 인간 사회에 대해 어떤 질문을 던지고, 얼마나 근사한 해답을 찾아낼 수 있을까? 위대한 석학들이 하나둘씩 사라진 후에도 우리는 얼마나 또 명석한 두뇌를 가진 연구자들을 만나게 될까?

과학에 대한 믿음이 사라진 시대에도 과학은 묵묵히 제 역할을 해야 한다. 겸손하고 열린 마음으로 다른 분야와 만나서 인간적 가치를 높이는 일에 몰두해야 한다. 앞으로 10년 동안 세상에 등장할 과학자들은 끊임없이 알고 있는 것들을 융합하고, 여러 분야를 넘나들며, 우리에게 인간 사회에 대한 유쾌한 통찰력을 제공해주리라 믿는다. '생

애 한 번도 용기를 잃어본 적이 없는 사람'마냥 나는 오늘도 돈키호
테처럼 무모하리만치 도전적인 과학자들의 등장을 꿈꾼다.

두 번째 커튼콜

복잡계 과학,
이제 인간에 대해 성찰하다

복잡함의 가장 큰 수수께끼는
그것이 단순함에서 잉태되었다는 사실이다.
— 더글러스 호튼, 신학자

나는 행복한 작가다. 한결같이 따뜻하게 울려 퍼지는 관객의 박수소리에, 이렇게 책이 출간된 지 20년 만에 다시 불려 나와 두 번째 커튼콜에 응하고 있으니 말이다. 책을 내고 독자를 만나는 작가에게 20년째 사랑받는 것보다 더 큰 기쁨이 어디 있으랴. 그동안 꾸준히 《과학 콘서트》를 사랑해주시고 부드러운 손으로 책장을 넘기며 진지한 뇌로 꼼꼼히 읽어주신 모든 관객들, 아니 독자들에게 진심으로 감사드린다. 그리고 다시 한번 여쭙는다. 세상은 얼마나 복잡한가? 세상을 이렇게 복잡하게 만든 원인은 무엇이며, 우리는 그것을 궁극적으로 이해할 수 있을까? 이 야심 찬 질문들에 자신만의 답을 찾으셨는지. 우주와 자연, 물질과 운동을 다루던 물리학적 도구들로 인간 사회의 다양한 현상을 설명하려 애썼던 복잡계 물리학자의 콘서트를 충분히 즐기셨는지 궁금하다.

　나는 행복한 과학자다. 내가 연구하고 있는 복잡계 과학이 우리가 살아가는 세상과 우리가 품고 있는 생명에 대해 날마다 더 깊은 이해

345

를 더해주고 있어, 연구하는 과정이 곧 세상을 배우는 과정이니 말이다. 청소년들에게 학교가 가르쳐야 할 단 하나의 학문이 있다면, 인간이 평생 배워야 할 단 하나의 학문이 있다면, 단언컨대 그것은 '인간에 대한 이해'다. 나는 도대체 누구이며, 평생 함께 살아가야 할 타인들이 어떤 존재인지를 배우지 않고, 어떻게 이 험한 세상을 헤쳐 나간단 말인가! 나를 더욱 행복하게 해주는 것은 이제 복잡계 과학이 사회 현상을 설명하려는 데 그치지 않고, 인간의 내밀한 사고와 행동을 이해하고자 애쓰고 있으며 그에 대한 새로운 지평을 열어주고 있다는 사실이다. 이제 나는 복잡계 과학을 연구하는 과정에서 내 삶과 인간에 대해서도 배우게 됐으니 더없이 행복하다.

새로운 생각은 어떻게 탄생하는가?　——

《과학 콘서트》가 출간된 지 20년이 지나는 동안, 복잡계 과학 분야에서 가장 흥미로운 변화는 뇌에서 창의적 아이디어가 떠오르는 과정을 복잡계 현상으로 설명하려는 노력이다. 통계물리학을 공부하고 바이오테크 기업을 창업한 최고경영자 사피 바칼Safi Bhacall은 자신의 저서 《룬샷》에서 이른바 '미친 아이디어'라고 손가락질 받던 '룬샷loonshots'이 어떻게 전쟁, 질병, 비즈니스의 위기 등을 승리로 이끌었는지 과학자와 경영자의 눈으로 탐구한 바 있다. 그런데 이런 관점은 이미 복잡계 과학 분야에선 익숙한 접근이다.

아이디어가 떠오르지 않아 고통스러운 밤을 보내본 사람이라면, '유레카!'의 순간이 어떻게 탄생하는지 절실히 알고 싶을 것이다. 창의적이고 혁신적인 아이디어가 좀처럼 떠오르지 않는다는 것은 그 자체로 우울한 일이다. 그 어느 때보다 정보의 양이 많아졌고 경험도 많이 축적돼 좋은 아이디어를 판단할 능력이 상당히 향상됐건만, 정작 좋은 아이디어가 만들어지진 않는다는 건 비극이다.

게다가 요즘은 좋은 아이디어라고 해도 수명이 짧아졌다. 기발한 아이디어 하나로 인정받아 남은 인생이 순탄했던 호시절은 끝났다. 아이디어가 돋보이는 독창적인 제품이나 서비스 하나만 있어도 10년은 회사의 안정과 성장이 보장되던 시절도 지나갔다. 추격자들이 금방 혁신을 따라 하기 때문이다. 기발한 아이디어의 열매를 즐길 수 있는 시간이 점점 짧아지고 있는 것이다.

이제 우리는 끊임없이 창의적인 아이디어가 만들어지는 과정, 그러니까 내 삶에 혁신을 위한 토양을 마련하고 거름을 주고 영양제도 공급하면서 창의적인 아이디어를 꾸준히 만드는 프로세스를 장착하지 않으면 안 된다. 그러기 위해서는 혁신이 탄생하는 과정의 본질을 들여다봐야 한다.

복잡계 과학자들은 창의적인 아이디어가 뇌 안에서 동기화를 만들어내는 방식에서 탄생한다고 설명한다. 풀어야 할 문제를 제대로 이해하기 위해 많은 정보를 수집하고, 낡은 아이디어들을 조합하고 연결해서 새로운 아이디어를 찾아내는 노하우가 마치 반딧불이들이 동시에 같은 박자로 깜빡이는 것처럼, 뇌의 여러 영역들이 동시에 일정한 신호를 주고받으면서 연결되는 현상과 유사하다는 얘기다. 그렇다! 바로 그거다. 기발한 아이디어는 무에서 유를 창조하는 것이 아니라, 문제의 본질을 정확히 꿰뚫어본 후에, 기존의 아이디어들을 조합하고 연결해서 문제에 딱 맞는 해결책을 마련하는 것이다. 그리고 그 실마리는 종종 엉뚱한 곳에 있다.

그런데 그 과정은 점진적으로 이루어지지 않는다. 오히려 물질이 한순간에 다른 상태로 바뀌는 '상전이' 현상과 같이 불현듯 일어난다. 상전이는 물질이 온도, 압력, 외부 자기장 등 일정한 외적 조건에 따라 한 상태phase에서 다른 상태로 바뀌는 현상을 말한다. 예를 들어 기체가 액체로 전이하는 응축condensation 현상이나, 액체가 고체로 전이하는 응고solidification 현상처럼 말이다.

어떤 물리계가 한 상태에서 다른 상태로 바뀌는 상전이는 두 상태 중 어느 하나가 더 질서화된 상태ordered state에 해당하기 때문에 일어난다. 상전이가 일어날 때 보통 물리계의 상태는 큰 요동fluctuation을 보이는데, 요동이 크다는 것은 그 계가 아주 작은 외부 작용에 대해서도 큰 반응을 보인다는 뜻이다. 예를 들어 물과 수증기의 임계점인 끓는점에서는 액체에서 기체로 상전이가 일어나는데, 이때 물(수증기)의 밀도가 매우 불안정해 요동이 커진다. 즉 냄비의 물이 끓고 있을 때 물의 밀도가 부분별로 큰 차이가 나게 된다.

복잡계 과학에 따르면, 얼음이 물이 되거나 수증기가 되는 현상처

창의적 아이디어가 탄생하는 과정은 물질의 상태가 한순간에 바뀌는 상전이 현상과 닮았다.

럼 물의 상태가 바뀌는 물리학적 법칙이 우리가 주변에 흩어진 단서들을 바탕으로 새로운 아이디어를 만들어내는 과정과 유사하다는 것이다. 물리학자들은 잘 알고 있다. 상전이야말로 얼마든지 다양한 상태로 이동할 수 있는 자연의 가장 창조적인 혼돈상태라는 것을. 이곳에서는 물리량들이 절묘한 균형을 통해 놀랍도록 경이로운 자연 현상들을 만들어낸다. 그래서 물리학자들은 상전이 개념을 이용해 창의적인 발상이 기업 경영 환경에서 적절한 동적 균형을 이루며 결국 창조적인 결과물로 만들어지는 과정을 설명한다. 그들은 역사 속에서 창조적인 상전이의 순간들을 종횡무진 포착하고, 쓸모없어 보이는 아이디어가 놀라운 발견으로 변모하는 과정에서 상전이 현상을 발견한다.

고대 그리스의 철학자 아리스토텔레스에게 "예술이 가진 창조성의 근원은 무엇입니까?"라고 물었을 때, 그는 그것을 '은유'(메타포 metaphor)라고 대답했다. '그녀의 눈동자는 맑은 호수다'처럼, 전혀 상관없어 보이는 눈동자와 호수를 등식으로 연결하는 능력 말이다. 하지만 우리는 전혀 상관없는 두 개념을 이은 이 문장을 읽는 순간, 바로 그 의미를 알아챈다. 처음 등식으로 연결하는 건 어렵지만, 연결된 등식을 보면 무슨 의미인지 바로 알 수 있다. 'A는 B이다'에서 훌륭한 은유일수록 A와 B가 멀리 떨어져 있다고 아리스토텔레스는 말했다.

마찬가지로 혁신은 엉뚱한 두 개념을 연결해 창조적인 결과물을 만들어내는 과정이다. 멀리 떨어져 있는 것을 연결해서 문제를 해결하는 능력, 이것이 바로 아이디어가 생산되는 과정이다. 마치 반딧불이들이 서로 멀리 떨어져 있어도 신호를 포착해 어느 순간 같은 박자로 깜빡이는 것처럼 뇌가 무질서한 상태에서 멀리 떨어져 있는 영역까지 질서정연하게 같은 박자로 상전이가 되는 현상, 그것이 바로 창의적인 아이디어를 발견하는 유레카의 순간인 것이다.

실제로 뇌과학 분야에서도 '창의적인 사람의 뇌에서 무슨 일이 벌어지는가'를 탐구해서 유사한 결론에 도달한 바 있나. 몇몇 신경과학자들은 기발한 아이디어가 떠오르는 순간 뇌에서 어떤 현상이 벌어지는지 살펴보기 위해 fMRI를 이용해 실험 참가자들의 발상의 순간을 포착했다. 예를 들어 수학 영재들이 어려운 수학 문제를 풀 때, 창

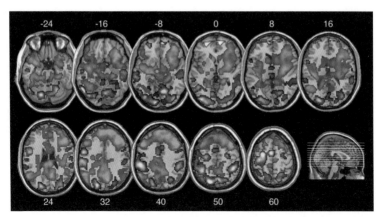

재즈 피아니스트의 뇌. 창의적 즉흥 연주를 펼치는 순간 뇌의 여러 영역(붉은색으로 표시된 부분)이 동시에 활성화되는 모습을 볼 수 있다.

자료 : Limb CJ, Braun AR, "Neural Substrates of Spontaneous Musical Performance: An fMRI Study of Jazz Improvisation", *PLOS ONE* 3(2): e1679, 2008.

의적인 해법이 떠오르는 순간 그들의 뇌에선 무슨 일이 일어나는지 촬영했다. 또 택시 운전사가 일방통행 길이 많은 런던 시내에서 목적지까지 가기 위해 어떤 식으로 상황을 판단하는지 살펴보았다. 다시 말해 간단하면서도 어려운 문제를 제시해 풀어보게 하면서 '아하! 모멘트'를 포착해 측정한 것이다.

그 결과 창의적인 아이디어가 만들어지는 순간, 멀리 떨어져 있어 평소에는 신경신호를 주고받지 않던 뇌의 영역들이 활발하게 신호를 주고받더라는 것이다. 전두엽과 후두엽이, 측두엽과 두정엽이 신호를 주고받으면서 정보를 처리할 때 창의적인 아이디어가 나온다. 과학자들의 추론과 달리 창의성은 전전두엽prefrontal cortex 같은 가장 고등한 영역에서 만들어지는 것이 아니라, 뇌 전체를 두루 사용할 때 만들어진다.

평소엔 연결되지 않는, 멀리 떨어져 있는 영역이 신호를 주고받고 연결된다는 것은 어떤 문제를 다른 각도로 바라보거나, 관련 없는 개념들을 서로 연결하고, 추상적인 두 개념을 잇는 활동이 그들의 뇌에서 벌어지고 있다는 얘기다. 우리가 창조의 신 뮤즈로부터 영감을 받을 때, 우리 뇌에서는 온갖 영역들이 한데 연결되는 광란의 파티가 벌어지는 모양이다. 아리스토텔레스가 2천 년 전에 얻은 통찰처럼, 우리의 뇌가 상관없는 것을 이리저리 연결할 때 기발한 아이디어가 나온다는 것이다.

정리해보자면, 창의적인 아이디어는 가장 고등한 능력을 담당하는 전전두엽이나, 논리 언어 및 추상적인 생각을 담당하는 좌뇌 측두엽 언어 중추만이 아니라, 인지, 주의집중, 감정, 패턴 인식, 사회성 등을 관장하는 뇌 영역들이 동시에 활성화될 때 만들어진다. 창의적 발상은 특정 영역의 국소적인 기능이 아니라, 다른 영역들이 서로 신호를 주고받으며 연결될 때 이루어지는 전뇌적인 현상인 것이다.

이 연구는 우리에게 어떤 통찰을 제공해줄까? 기업의 마케터나 연구원이 기발한 생활용품을 개발하려 한다고 가정해보자. 아마 그는 욕실이나 화장실과 관련된 개념이나 어휘들을 떠올릴 것이다. 생활용품과 관련된 책을 읽고, 생활용품 관련 인터넷 사이트를 돌아다니면서 발상을 하려 애쓴다. 그렇게 해서는 경쟁자들도 떠올리는 평범한 아이디어밖에 나오지 않을 것이다. 반면 생활용품이란 단어가 저장된 뇌 영역과 동떨어진 다른 뇌 영역과 신호를 주고받으며 개념을 이을 때, 즉 상관없는 개념들을 연결할 때 창의적인 아이디어가 나온다는 것은 뇌과학자들의 연구 결과가 보여준다. 그러니 혁신의 실마리를 찾으려면 생활용품이 아닌, 전혀 엉뚱한 개념에서 출발해야 한다. 전혀 상관없어 보이는 자료나 책에서 아이디어의 실마리를 찾아보라는 뜻이다. 물론 쉽지는 않겠지만 결국 기발한 아이디어는 거기에서 만들어진다.

물론 상관없는 두 개념을 연결한다고 해서 반드시 좋은 아이디어가 나오는 것은 아니다. 당연히 이상한 아이디어도 나올 것이다. 그래서 혁신의 길은 멀고도 험하다. 상전이는 그렇게 쉽게 찾아오지 않으므로. 가끔 찾아오는 상전이의 순간을 잘 포착해야 하는데, 확률이 낮다 보니 많은 시도를 하는 수밖에 없다.

그러기 위해서 우리는 때로 '퍼스트 펭귄the first penguin'이 되어야 한다. 혹독한 겨울을 남극 빙하의 한가운데서 보낸 펭귄들은 봄이 되면 먹을 것을 찾아 빙하의 끝으로 온다. 그러나 펭귄들은 바다 속으로 선뜻 들어가지 못한다. 펭귄을 잡아먹으려는 물개가 기다리고 있기 때문이다. 이때 처음 바다 속으로 뛰어드는 펭귄을 '퍼스트 펭귄'이라고 부른다. 이 도전적인 퍼스트 펭귄은 마음껏 물고기를 잡아먹는 호사를 누릴 수도 있지만 물개에게 잡아먹히기도 한다. 매우 위험하지만 그만큼 보상도 큰 리더를 우리는 퍼스트 펭귄이라 부른다. 그러면 곧

재빠른 추종자들이 그 뒤를 따를 것이다. 그들은 좀 더 안전하지만 적은 보상을 얻게 된다.

항상 퍼스트 펭귄으로 살 순 없지만, 때론 위험을 감수하고 모험의 기회를 포착해야 한다. 그전에 평소 작은 아이디어들을 만드는 법을 꾸준히 연습해야 한다. 부디 창조의 신 뮤즈가 여러분의 뇌에 살고 있는 반딧불이들에게 생기를 불어넣을 수 있기를, 그래서 여러분의 창조적인 뇌가 날마다 상전이를 경험하길 기원한다.

사회적 성취는 어떻게 이루어지는가?

대학에 입학해 물리학을 전공하겠다고 했을 때 선배들이 이런 얘기를 들려주었다. "물리학은 천재들의 학문이라 서른 살 이전에 위대한 업적을 내지 못하면 그만둬야 해. 그 후엔 머리가 굳어서 희망이 없어!" 잔뜩 겁을 먹고 입학했지만, 물리학은 '성실하고 끈질기게 질문에 천착하는 학자들이 결국 좋은 성과를 내는 학문'이라는 걸 곧 깨달았다. 그래서 아직 희망을 버리지 않고 연구하고 있다.

한참 후에 흥미로운 사실을 알게 되었다. 과학사회학자들이 노벨상 수상자들이 노벨상을 탄 연구의 아이디어를 몇세 치음 떠올렸는지 조사했는데, 물리학상은 평균 36세, 화학상은 37세, 생리의학상은 38세였다. 최근 50년 동안 받은 수상자들로만 한정한다면, 그 시기는 40세를 훌쩍 넘어간다고 한다. 학문의 역사가 깊어질수록, 연구자들이 그 분야의 지형도를 이해하고 중요한 문제를 발견해 그 해답을 찾는 데 상당히 오랜 시간이 걸린다는 얘기다. '언제 위대한 업적을 이룰지 예측할 수 없지만, 조급해할 필요는 없다'는 이 조사 결과는 내게 큰 위로가 되었다.

《링크》라는 책의 저자로 유명한 네트워크 연구의 대가 앨버트-라슬로 바라바시 교수는 학자들이 훌륭한 논문들을 언제 어떻게 만들어냈는지를 추적해 〈사이언스〉와 〈네이처〉 같은 저명한 학술지에 일련의 논문들을 발표한 바 있다. 그의 연구는 늘 흥미롭지만, 과학자들의 연구 업적에 관한 논문들은 과학자의 한 사람으로서 더없이 흥미로웠다. 그의 논문이 나올 때마다 꼭꼭 챙겨 읽으면서 이런 생각이 들었다. '과학자들의 연구 업적도 복잡계 네트워크 과학자의 연구 주제가 되다니! 게다가 이건 과학자들만의 얘기가 아니라고! 많은 사회적 성취에 보편적으로 적용될 수 있는 법칙이라고!'

바라바시의 연구에 따르면, 성공하기 위해서는 뛰어난 업적을 내는 것도 중요하지만, 무엇보다 인간관계 네트워크가 중요하다. 물론 그 네트워크는 더없이 기묘한 복잡계 네트워크다. 한 사람의 업적이란 대개 측정하기 어렵기 때문에, 업적 자체보다 그가 가진 사회적 연결망이 중요한 역할을 할 때가 많다. 그렇게 어렵사리 성과를 내면 큰 보상이 따르는데, 특히 슈퍼스타가 되는 순간 성공의 보상은 무한대로 늘어난다. 한번 성공하고 나면, 그다음 업적은 쉽게 주목받게 되며, 그 분야의 신참자가 뭔가를 성취했을 때보다 훨씬 유리한 위치에서 자신의 성취를 인정받을 수 있다. 대개 사회적 성취는 협동의 산물이지만, 그 공은 맨 앞에 있던 한 사람이 모두 차지한다는 불편한 진실도 그의 논문에 담겨 있다. 하지만 바라바시 교수가 자신의 오랜 탐구를 통해 밝히고자 했던 것은 '성공의 공식'이라기보다는, 한 사회가 사회적 성취를 인정하고 받아들이기까지의 과정이다.

무엇보다도 그의 연구가 강조하는 것은 '부단히 노력하면 성공은 언제든 찾아온다'는 것이다. 창의적인 성취는 나이와 상관이 없으며, 언제나 우리는 성취할 가능성을 가지고 있다. 그렇다면 결국 성취를 이루는 사람들은 누구인가? 바로 '부단히 시도하는 자들'이다. 생산성이 높은 사람들이 사회적 성취를 이룰 확률이 높다는 뜻이다. 물리학자가 우리에게 희망을 주기도 하다니!

결국 이 연구가 우리에게 들려주는 메시지는 무엇일까? 물리학자들이 바라본 우리 사회는 거대한 인간 그물망이다. 그 안에서 우리는 서로 협력하며 성취를 이루어간다. 바라바시는 우리가 사회적 성취를 이루기 위해서는 타인과 함께 노력하는 '협력'을 게을리 해서는 안 되며, 그들의 인정이 당신의 성취를 크게 도울 것이며, 한번 성취를 경험하고 나면 세상이 당신을 더 크게 도울 것이라는 교훈을 전하고 있다. 나이와 상관없이 더 많이 시도하는 자가 결국 사회적 성취를 이룬다는 것은 우리에게 작은 위로와 희망을 준다. 나이 들어가는 뇌를 탓하지 말고, 실행에 굼뜬 게으름을 탓하라는 얘기이니 말이다.

초연결 사회, 미래 사회는 다시 복잡계인가? ——

최근에 가장 많이 회자되는 말을 꼽으라면 단연 4차 산업혁명이 아닐까 싶다. 이 단어를 설명하는 과정에서 빼놓을 수 없는 말이 초연결, 초융합이다. 서로 연결되고 융합하는 세상. 아니 그렇다면 미래 사회는 더욱 복잡계로 간다는 말인가? 이에 대한 대답은 '그렇다'이다.

테크놀로지가 이끄는 21세기 사회는 어디로 가고 있는가? 이 질문에 대한 답은 명쾌하다. '우리를 둘러싼 세상을 고스란히 디지털화해서 엄청난 양의 빅데이터를 인공지능으로 분석해, 저비용 고효율을 넘어 새로운 차원의 서비스를 제공하는 시대로 향해가고 있다'는 것이다.

우리가 살아가는 오프라인 세계인 아톰 세계atom world(실제 시공간을 점유하는 현실 세상)는 고전적인 경제 패러다임의 지배를 받는다. 아톰 세계에서 무언가 생산하려면 물질을 담을 공간이 필요하고, 그것을 처리하는 데 에너지가 들며, 사람의 노동력이나 대량생산 기계설비가 필요하다. 그래서 학교에서 배웠듯이 아톰 세계에서 생산의 세 요소는 토지, 자본, 노동이다.

그러나 인터넷으로 연결된 클라우드 시스템 안의 온라인 세계인 비트 세계bit world에서는 완전히 다른 경제 패러다임이 통용된다. 비트 단위로 저장된 데이터는 물리적 공간이 필요하지 않으며, 처리하는 속도는 (컴퓨터의 기하급수적인 발전으로!) 거의 무한대로 빠르고 처리 시간은 거의 제로에 가깝다. 무엇보다도 놀라운 현상은 데이터를 추가적으로 처리하는 데 필요한 비용이 거의 제로라는 것이다. 이것을 한계 비용 제로marginal cost zero라고 부른다.

다시 말해 고전적인 경제 패러다임으로는 설명하기 어려운, 완전히 새로운 경제 패러다임이 비트 세계를 지배하고 있다. 아톰으로 이루어진 '물질'은 원본과 복제본 사이에 뚜렷한 차이가 있고, 원본의 희소성이 경제적 가치를 만들어내며, 확대 재생산하는 데 그만큼의 비용과 시간, 노동이 필요하다. 그러나 비트로 구성된 '데이터'는 원본과 복제본 사이에 차이가 없으며, 적은 추가 비용으로 확대 재생산이 가능하며, 데이터가 모였을 때 얻게 되는 시너지 효과는 기하급수적으로 늘어난다.

따라서 현명한 기업이라면 아톰 세계의 공장을 고스란히 디지털화해서 온라인상에도 가상의 공장을 만들 것이다. 즉 디지털 트윈digital twin을 만들어 공장의 전체 공정 과정을 온라인상에 그대로 옮겨놓는다면, 인공지능을 이용해 저비용 고효율로 제품과 공정 과정을 관리할 수 있다. 어디 그뿐이랴! 심지어 그렇게 만들어진 제품이 매장에서 팔려 고객의 손에 들어가더라도, 고객이 제품을 어떻게 사용하는지 꾸준히 모니터링해서 업데이트를 제공하거나, 고객의 사용 패턴에 맞는 새로운 제품을 추천해줄 수도 있다.

아톰 세계에서 벌어지는 실제 현상을 비트 세계로 옮겨놓는 일은 인터넷이 등장한 이래 지난 30년 동안 꾸준히 이루어져 왔다. 그래서 이런 비전이 그다지 새로울 것이 없다고 생각할지 모른다. 하지만 현실 세계의 현상 일부를 디지털 데이터로 저장하는 것과 디지털 트윈이라 부를 만큼 아톰 세계와 비트 세계를 일치시키는 것은 완전히 다른 얘기다. 그저 실제 현상을 옮겨놓는 수준이라면 데이터 분석 후에도 여전히 사람이 해야 할 일이 많으며, 비트 세계 분석만으로 문제를 해결하기도 어렵다. 하지만 두 세계가 일치하는 세상이 된다면, 새로운 서비스가 가능해지고 사람이 개입할 여지가 크게 줄어든다.

그렇다면 아톰 세계와 비트 세계가 일치하는 세상이 도대체 어떻게 만들어진다는 것인가? 여기서 결정적인 역할을 하는 기술이 바로 사물인터넷internet of things(IoT)이다. 사물에서 모니터링하는 모든 데이터를 인터넷을 통해 공유하는 이 시스템은 우리를 둘러싼 아톰 세계의 모든 사물들에 적용될 것이다. 최근 사물인터넷 센서의 가격이 현저히 떨어져 어디에나 장착할 수 있게 되면서 그것을 통해 얻은 데이터들을 인공지능으로 분석할 수 있는 토대가 마련되었다. 사물인터넷과 빅데이터, 인공지능은 아톰 세계와 비트 세계가 일치하는 초연결 사회에서 가장 중요한 핵심 기술이 될 것이다.

지금은 이런 현상이 내 손 안의 스마트폰에서만 경험되고 있지만, 스마트홈과 스마트카로 서서히 확장되고 있으며, 결국 '스마트시티'라 불리는 도시 규모로 확장될 것이다. 우리는 도시 전체에서 벌어지는 현상을 디지털 트윈 위에 고스란히 옮겨놓음으로써 시민들에게 행복을 선사하고 도시의 지속 가능성을 높이는 서비스를 제공할 수 있을 것이다. 모빌리티가 늘어나고 에너지를 많이 사용하는 곳에 에너지를 효율적으로 제공할 수 있고, 사람들의 이동을 고려해 대중교통의 노선이나 배차 간격을 조정할 것이며, 각 병원들의 응급실 상황을 공유해 응급차가 골든아워를 놓치지 않고 환자를 이송할 수 있도록 도시를 설계하게 될 것이다.

기능이 융합되고, 사람이 연결되며, 온라인과 오프라인이 일치하는 세상, 초연결 초융합 사회는 새로운 현상들을 쏟아내고 빚어낼 복잡계이며, 이를 제대로 이해하기 위해서는 도시를 바라보는 새로운 패러다임이 필요하다. 지난 10년 동안 복잡계를 연구하는 학자들이 도시를 대상으로 연구를 수행한 것도 그 때문이다. 나 역시 예외가 아니다. 물리학자이자 뇌과학자가 왜 도시를 탐구하고 스마트 도시를 짓고자 하냐고? 사실은 도시를 짓는 것이 아니라 삶을 짓는 것이다. 스마트 도시가 아니라 스마트 라이프를 구현하고 싶은 것이다. 도시는 그저 그것을 담아내는 그릇이다. 그리고 삶은 바로 복잡계다.

도시는 창조적인 복잡계다   ——

왜 바다생물들은 그 넓은 바다에서 산호 근저에 집중적으로 모여 살까? 바다 속 산호 면적은 2퍼센트에 불과하지만 바다생물의 30퍼센트가 산호 근처에 살고 있다. 이것을 '다윈의 역설'이라 부른다. 찰스 다윈이 갈라파고스 군도를 항해할 때 우연히 발견한 사실인데, 아직도 그 이유를 잘 모르기 때문이다. 경쟁이 덜 치열한 넓은 바다로 나가 살면 더 안전할 것 같은데, 왜 바다생물들은 산호 근처로 모여드는 것일까? 이런 다윈의 역설은 인간들의 세상에도 나타난다. 전 세계 도시 면적은 육지의 1퍼센트에 불과하지만, 지구 인구의 54퍼센트가 도시에 모여 살기 때문이다.

문명을 담아내는 그릇인 도시는 지난 100년 동안 현대 문명을 '창조적 엔진'으로서 강력하게 추동해왔다. 대체 도시는 왜 성장하며 어떻게 창조적 역량을 만들어왔을까?

복잡계 과학 분야의 세계적 석학으로 샌타페이연구소 소장을 지낸 제프리 웨스트는 도시의 인구가 늘어나면 그 도시의 창조적 역량은 기하급수적으로 증가(즉 인구 증가 속도보다 훨씬 빠르게 증가)한다는 사실을 발견했다. 도시의 창조적 역량은 도시가 만들어내는 논문, 특허, 발명품, 제품, 예술 작품, 기술 이전 등으로 평가하고, 그것이 인구수에 비례하는지 살펴본 것이다.

그의 연구에 따르면, 도시의 크기가 10배 늘어나면 그 도시의 창조성은 17배 늘어난다. 많게는 31배까지 늘어난 경우도 있었다. 왜 그런 걸까? 한 도시의 생산성과 창조성은 사람 수나 면적에 비례해 커지는 것이 아니라, 사람들 사이의 상호작용을 통해 만들어지기 때문이다. 덕분에 도시는 20세기 문명의 창조 엔진으로 작동해왔다. 농촌은 도시로 변모하고, 작은 도시는 큰 도시로 성장한다. 그의 연구는 '말은 제주로 보내고, 사람은 서울로 보내라'는 옛말을 과학적으로 증명한 최초의 보고다. 그의 연구는 도시, 인터넷, 교통, 생태계 등 무엇이든 간에 '사이즈'가 얼마나 중요한지를 일깨워준다.

도시가 바뀌어야 시민이 행복하다 ──

현대 도시인들이 출퇴근에 소모하는 시간은 하루 평균 100분이 넘는다. 출근 시간은 평균 48.1분, 퇴근 시간은 53분이며, 서울 거주 직장인들의 경우에는 무려 134.7분이나 된다. 전국 1등은 물론, OECD 국가 중에서도 1등이다.

직장생활을 30년이라 어림잡으면 무려 1만 4400시간(600일)을 길에서 보내고 있는 셈이다. 출퇴근길 지하철과 버스에서 몸은 녹초가 되고 정신은 한없이 피폐해지는 걸 생각하면, 정말 구제불능의 도시다. 평균 수면 시간(6시간)의 3분의 1을 직장과 집을 오가는 데 쏟고 있는 시민들에게 그 시간을 돌려주려면, 도시는 어떻게 바뀌어야 할까?

우선 교통 시스템이 지금보다 훨씬 똑똑해져야 한다. 인공지능이 보행자와 자동차의 흐름을 관찰하면서 신호등을 조절해, 사람이나 차가 멈춰 기다리는 시간을 최소화해야 한다. 자율주행 자동차가 일상화된다면, 출퇴근 시간에 차 안에서 숙면을 취하거나 일을 할 수도 있다. 자율주행 택시가 나오면, 출퇴근 시간에만 그 수를 대폭 늘릴 수도 있다.

네트워크 연결이 쉬워지고 보안은 강화되어 직장 컴퓨터를 집에서도 쓸 수 있다면, 일주일에 며칠은 재택근무도 가능해진다. 5세대 이동통신이 보편화되어 동영상 회의가 지금보다 훨씬 원활해진다면, 직장인은 물론 1인 회사나 프리랜서들의 재택 활동은 크게 늘어날 것이다.

더 근본적으로 주거 지역과 상업 지역, 일터가 모여 있는 도심이 분리되지 않고 직주근접 환경으로 도시가 설계된다면, 출퇴근 시간은 현저히 줄어들게 된다. 유럽의 구도시들이 그렇듯이, 삶터와 일터가 가깝게 연결되고, 문화 공간과 쇼핑 공간이 삶터에 인접해 있다면, 총 600일에 해당하는 출퇴근 시간을 낭비하지 않아도 된다.

실제로 핀란드 헬싱키에서 짓고 있는 유명한 스마트 도시 칼라사타마Kalasatama에서는 4차 산업혁명 기술을 활용해 도시의 효율성을 높여 시민들에게 '매일 한 시간의 여유를 돌려주자'는 캠페인이 벌어지고 있다. 2008년까지만 해도 버려진 항구였던 칼라사타마는 사물인터넷과 인공지능으로 교통 시스템을 획기적으로 개선했으며, 소흐요아Sohjoa라는 자율주행 버스가 주택 단지를 운행하며 시민들의 안전한 이동을 돕고 있다. 2018년 3월, 인텔의 후원을 받아 발표된 주니퍼 리서치Juniper research 보고서는 스마트 도시가 시민들에게 한 해 125시간을 돌려줄 것이라고 분석했다.

도시의 지속 가능성 문제 또한 시급한 화두다. 40억 인구가 살고 있는 도시들은 전 세계 온실가스의 80퍼센트를 배출하고 있고, 교통 체증과 환경오염, 쓰레기 배출, 지나친 물 소비 등으로 몸살을 앓고 있다. 범죄와 사건사고도 도시에서 압도적으로 많이 발생한다. 누군가 다치거나 폭행을 당해도 그냥 지나칠 뿐 도와주는 이 없는 '낯선 이들과의 동거 사회', 이 익명의 공간에서 도시는 병들어간다.

교육은 또 어떤가! 과도한 경쟁 탓에 다양성과 개성을 존중하는 교육은 포기할 수밖에 없는 '교육 백화점'이 되었다. 편리한 정량평가를 '공정함'이라 믿고 줄 세우기식 교육을 '차악'이라 위안하며, 청소년들을 경쟁주의에 희생시키는 교육지옥으로 도시는 변해가고 있다.

이 모든 것들이 우리의 행복을 망가뜨리고, 삶의 질을 떨어뜨린다. 도시는 더 이상 우리의 삶과 행복을 지탱해줄 지속 가능한 공간이 못 된다. 우리의 문명을 행복하게 담아낼 수 있는 안전한 그릇이 더 이상 아니다. 따라서 이렇게 도시가 마냥 커지고 성장하기만 해서는 안 된다. 하지만 유엔 보고서는 도시화가 더욱 가속화되어 2050년에는 전 세계 인구의 3분의 2인 66억 명이 도시에 거주할 것으로 예상하고 있다.

새로운 문명을 담아낼, 지속 가능한 도시는 어떻게 만들 수 있을까? 사람들이 모여 사는 대도시를 어떻게 재생시킬 수 있을까? 21세기 들어 공학자들은 그 답을 스마트 도시에서 찾고 있다.

4차 산업혁명의 근원지, 스마트 도시

스마트 도시란 도시에서 벌어지는 모든 현상과 움직임, 시민들의 행동을 전부 데이터화하고 인공지능을 통해 분석해 도시인들의 삶의 질을 높이는 맞춤형 예측 서비스를 제공하는 플랫폼으로서의 도시다. 다시 말해 4차 산업혁명 기술을 이용해 도시를 '시민들을 보듬는 공간'으로 만들겠다는 뜻이다.

이런 발상이 가능한 것은 정보기술의 급속한 발전과, 이를 제조업과 유통업 현장에 접목하는 융합기술의 발전이 때맞춰 이뤄진 덕분이다. 예를 들어 사물인터넷으로 사람들의 행동을 데이터화할 수 있기에 다양한 디지털 기술이 적용 가능한 사회가 되었다.

의료 서비스만 보더라도 앞으로 10년 안에 획기적인 변화가 예상된다. 집에서도 환자의 상태가 모니터링되어 병원으로 전송되니, 직접 병원에 가지 않더라도 주치의가 원격진료를 해줄 수 있다. 현재 종합병원에서 5분 남짓 받는 진료보다 더 나은 진료가 가능하다.

지역 이슈들에 대해 시민들의 의견을 빠르게 모아 행정 처리를 하는 스마트 거버넌스도 가능하다. 시민들을 위한 앱을 개발해서 그곳에서 여론을 묻고, 시의회나 시청, 지역구 국회의원이 시민들의 의사를 반영한 행정 활동을 할 수 있다. 이전까지는 본인 확인이 어렵고 해킹의 위험이 있어 구현하기 어려웠지만, 앞으로는 생체 인식과 블록체인 기술로 가능해질 것이다.

실제로 '스마트 도시 1위'로 꼽히는 바르셀로나는 시민들의 의견을 즉각 반영하는 스마트 거버넌스에 역점을 두고 있다. 특히 도시 전체를 공유경제 플랫폼으로 바꾸려는 시도를 하고 있다. 예를 들어 자전거 공유 시스템을 운영하고 있는데, 공유경제 서비스가 보편화되기 위해서는 도시 스케일에서의 변화가 필요하다.

도시 문제를 해결하기 위해 가상의 도시를 컴퓨터상에 만들어 도시에서 벌어지는 현상을 고스란히 그 안에 담아 해법을 찾을 수도 있다. 이 시뮬레이션 프로젝트는 싱가포르가 시도해 전 세계적으로 주목을 받았다. 싱가포르 정부는 프랑스 다쏘시스템Dassault Systèmes의 플랫폼 위에 싱가포르 도시를 그대로 담은 디지털 트윈을 만들었다. 3D 가상현실로 구현한 이 버추얼 싱가포르Virtual Singapore에는 도로, 빌딩, 아파트, 육교 등 주요 시설과 구조물의 상세한 정보가 수록돼 있다. 이를 바탕으로 도시의 소음, 대기 흐름, 교통량 등을 예측하여 도시 계획에 활용하고 있다.

새로운 문명을 담아내는 그릇 ──

이제 도시는 수많은 장점들에도 불구하고 지구 문명을 위협하는 존재가 되고 있다. 지금과 같은 속도로 도시 가속화가 이루어진다면, 언젠가 지구는 재앙을 맞을 수 있다. 스스로 자생할 수 없고 지속 가능하지 않은 도시는 '문명의 종말'을 뜻한다.

현대 문명이 대도시로 모일수록 창의적이고 생산적인 '허브 문명'이었다면 다음 시대는 '분산 문명'으로 돌아서야 한다. 인터넷 네트워크가 정보를 공유하고 사람들을 연결함으로써 권력과 인구를 분산시

(위) 싱가포르 도시 전체를 그대로 옮긴 디지털 트윈인 버추얼 싱가포르의 모습.
(아래) 가스 누출 사고 발생에 대비한 시뮬레이션 장면.

켜줄 거라 믿었지만, 오히려 허브 사회가 강화됐다.

21세기 스마트 도시를 기획하면서 블록체인에 주목하는 것도 바로 그 때문이다. 블록체인의 탈중앙화 철학을 도시에 접목하려는 이상을 실현하기 위해 각국이 노력 중이다. 데이터를 제공하는 주민들에게 지역화폐를 암호화폐로 지불함으로써, 데이터를 만들어내는 주민들에게 혜택이 돌아가는 경제 구조도 가능하다. 개인 간 거래가 활성화되고 중앙 통제 사회로부터 벗어나게 된다면, 스마트한 '행복 강소 도시'가 가능할 것이다.

인구 500만 명, 천만 명의 메가시티는 이제 행복한 문명을 담아내기 어려운 그릇이 되어가고 있다. 그렇다고 인구 10만 명 이하의 소도시가 좋은 교육, 다양한 일자리, 믿을 만한 의료 환경을 제공하기도 힘들다. 그렇다면 가장 적절한 크기의 도시, 생산성과 창의성을 극대화하면서도 시민들의 다양성과 행복을 존중하는 도시를 구현하는 것은 가장 중요한 시대적 화두가 될 것이다.

스마트 테크놀로지가 도시 문제를 말끔히 해결하고 우리에게 행복을 보장해주진 못할 것이다. 지난 2천 년 동안 인간이 앓아온 도시 문제를 기술로 해결할 수 있다는 생각은 지나치게 순진한 생각이거나 기술 중심적인 발상일 수 있다. 다만 중요한 건, 우리에겐 남아 있는 카드가 몇 장 없고, 그중 하나가 스마트 테크놀로지라는 사실이다.

행복을 위한 경제 성장 ——

행복한 사람의 뇌에선 잠시 즐거울 때보다 훨씬 다양한 현상이 벌어진다. 우선 보상중추에서 도파민이 분비되면서 즐거움을 만들어낸다. 사랑하는 연인과 맛있는 저녁을 먹을 때 우리 뇌에선 도파민 파티가 열린다. 즐거움이나 쾌락은 행복감을 만들어내는 데 가장 중요한 요소 중 하나다.

하지만 행복은 즐거움 그 이상이다. 편도체를 비롯해 변연계에서 분비되는 세로토닌은 삶의 만족감을 높여준다. 우울감에 빠지지 않고 삶을 긍정적으로 바라보게 하며, 우리를 적극적으로 행동하게 이끈다. 고통을 이겨낼 수 있도록 도와주는 엔도르핀 역시 행복감에 기여한다. 열심히 일하고 나서 흘리는 땀과 함께 엔도르핀은 우리에게 힘든 순간을 잊게 하는 진통제 역할을 한다.

옥시토신도 제 몫이 있다. 사랑하는 사람들과 함께 편안하고 안정적인 시간을 보낼 때 옥시토신은 관계의 의미를 되새기게 해준다. 타인의 간섭 없이 스스로 결정하거나 상황을 통제한다는 느낌도 행복에 중요하지만, 사람들과의 관계 맺기 없이는 행복에 도달하기 힘들다. 행복은 나에게 집중하는 시간과 타인과의 건강한 관계 맺기 모두를 필요로 한다.

인간은 복잡한 존재이고, 행복은 즐거움이나 안정보다 훨씬 복잡한 개념이다. 지난 10년 동안 신경과학 연구자들은 행복이라는 추상적인 개념을 과학적으로 해부하고 분석하는 데 많은 노력을 기울여왔다. 이유는 하나다. 인간 삶의 가장 중요한 목표인 행복에 체계적으로 접근하기 위해서다.

국가의 존재 이유도 국민 행복에 있다. 뜻 맞는 사람들끼리 모여 살지 않고 국가라는 체제를 운영하는 건 그것이 우리의 안녕과 행복에 더 크게 기여하리라 믿어서다.

오랫동안 대한민국의 가장 중요한 목표는 경제 성장이었다. 물질적인 풍요로움이 우리를 행복하게 해줄 거라 믿었기 때문이다. 덕분에 대한민국은 전 세계에서 가장 빠르게 가난을 탈출한 나라가 되었다. 그러나 이스털린의 역설Easterlin paradox이 말해주듯, 물질적 풍요로움이 행복을 보장해주진 않는다. GDP(국내총생산)가 낮을 때에는 소득이 늘어날수록 행복감도 늘어나지만, 어느 정도 생활수준에 도달하면 더 이상 경제 성장이 국민 행복을 보장해주지 못한다.

게다가 한국은 비슷한 수준의 GDP를 가진 나라들 중에서 가장 불행한 나라 중 하나다. 국민 행복을 저해하는 방식으로 경제 성장을 이루어왔기 때문인지도 모른다. 직장인들은 사회적 자아로만 생활하다가 일과 삶의 균형을 잃어버렸다. 건강도, 가족관계도, 지인들과의 따뜻한 우정도, 왜 사는지에 대한 건강한 실문도 책상 위에 쌓인 일 더미 속에 묻혀버렸다. 그래서 직장이라는 우산에서 나오면, 혼자서 세상이라는 모진 폭풍우를 이겨내기가 어렵다. 그런 능력을 제대로 키우지 못했기 때문이다. 치킨집이나 편의점을 차리는 것 외에는 다른 대안을 생각하기 힘든, 얼마든지 대체 가능한 존재가 되어버렸다.

경제가 성장한다 해도 그 과정이 양극화와 불평등을 심화한다면 결국 경제 성장에 방해가 된다. 사회적 갈등이 심화되면 타인에 대한 혐오와 분노가 커지며 신뢰 같은 사회적 자산이 망가진다. 결국 경제 성장도 어떤 방식인지가 중요하며, 그 판단 기준과 최종 목표는 국민 행복이어야 한다. 국민이 행복한 방식으로 경제도 성장하고 정책들도 집행돼야 한다.

그렇다면 왜 우리는 '경제 성장보다 국민 행복이 우선'이라는 이 자명한 명제를 간과해왔던 것일까? 아메리칸 익스프레스의 마케팅 책임자 존 헤이스가 말한 것처럼, 우리는 측정할 수 있는 것을 과대평가하고 측정할 수 없는 것을 과소평가하는 경향이 있다. 경제 성장은 GDP라는 수치로 표시 가능하며, 측정 가능하기 때문에 강력한 목표가 된다.

1930년대 국민소득계정을 확장하면서 만들어진 GDP는 한 나라에서 가계, 기업, 정부 등 모든 경제 주체가 생산 활동에 참여해 창출한 부가가치 또는 최종 생산물을 시장 가격으로 평가해 산출한다. 하지만 그것은 우리 행복에 매우 중요한 쾌적한 환경이나 창의적인 교육, 국민 건강, 민주주의 같은 요소들은 거의 고려하지 않는다. 그러다 보니 이 소중한 가치들을 희생하면서 경제 성장을 해왔는지도 모른다.

국민총행복 같은 행복지수는 부탄 같은 작은 나라의 독특한 시도가 아니라, 유럽에서도 주목하는 개념이 되었다. 사르코지 전 프랑스 대통령은 조지프 스티글리츠, 아마르티아 센, 장-폴 피투시 같은 경제학자들의 도움을 받아 경제 성장과 사회 발전을 제대로 측정할 수 있는 새로운 지표 개발에 나선 바 있다.

그 경제학자들은 《GDP는 틀렸다》라는 책에서 개발도상국이 적절한 규제 없이 환경 훼손이 심한 광산 개발권을 저가의 사용료를 받고 허가하는 상황처럼, GDP는 증가하겠지만 국민 복지는 저하되는 예들을 끊임없이 제시한다. 만약 우리나라가 재화를 소비하는 대신 여가를 즐기면서 지식을 발전시키고 그것을 바탕으로 생산성을 높여보겠다고 하면, 지금의 GDP 계산 방식은 이를 성장에 도움이 안 되는 행위로 간주할 것이다.

GDP를 중심으로 한 경제 성장은 우리 삶을 행복하지도, 지속 가능하지도 않게 만들 위험이 있다. 물질적 풍요도 국민 행복이나 국가의 지속 가능성을 훼손하면서까지 얻어내야 할 목표는 아니다. 측정되지 않는다고 해서 그 소중함을 알아채지 못하는 어리석음을 범해선 안 된다. 물리학자들과 신경과학자들이 행복을 해부해보기 위해 첫 발걸음을 내딛는 것도 그 때문이다.

물리학자들의 세상 탐구는 끝나지 않는다 ——

머릿속에서 벌어지는 창조적인 생각에서부터 거대한 도시 문명에 이르기까지, 이제 복잡계 과학자들이 관심을 갖지 않는 분야는 없다. 우주와 자연을 넘어 인간 사회의 아주 깊고 내밀한 영역까지, 그들의 탐구심의 촉수는 언제 어디서나 열려 있다. 그들이 새로운 도구를 통해 얻은 결론들은 늘 기존의 사회학자들이나 인문학자들의 그것들과는 다르면서도 유익하고 새로운 관점을 제시한다. 우리는 이런 이해들을 더해가며 더 성숙한 시선으로 세상을 바라보게 된다. 그것이 자연과학과 인문학, 사회과학과 공학이 빚어내는 놀라운 콘서트를 지속하는 이유다.

"물리학자는 뭘 하는 사람들인가요?" 누군가 이렇게 물었을 때, '물리학자는 이 우주의 물질이 형성되고 운동하는 법칙을 탐구하는 연구자들이야'라고 대답하지 않고, '신경세포 하나에서부터 도시 문명에 이르기까지, 작은 원자 하나에서 거대한 우주까지, 세상에 대한 애정으로 호기심의 촉수를 평생 뻗고 있는 못 말리는 탐험가들이야'라고 대답해주고 싶다. 이 책이 바로 그 증거다.

코로나 바이러스를 물리치기 위해서 RNA 바이러스의 대사 네트워크를 면밀히 조사해 바이러스가 가장 치명적인 피해를 입을 수 있도록 허브를 공격하려는 학자들이 바로 물리학자들이다. 남들이 웃으면 나도 따라 웃게 되는 현상을 설명하기 위해서 뇌 속 거울 뉴런들(타인의 행동을 따라 하고 머릿속으로 그것을 시뮬레이션하는 기능을 맡은 신경세포들. 인간이 모방을 통해 학습하고 친밀감을 표시하는 데 도움을 준다)의 존재를 밝히고, 컴퓨터 안에서 가상의 거울 뉴런들을 만들어 인간의 공감 행동을 시뮬레이션하는 연구자들도 바로 물리학자들이다. '소음 공명' 현상을 이용해 깔창이 끊임없이 작게 흔들리는 슬리퍼를 만들어 몸의 균형을 잡게 하는, 그래서 어르신들의 낙상을 방지하려고 애쓰는 존재들도 바로 물리학자들이다. 빌보드 차트를 휩쓴 히트곡들의 공통점을 찾아내서, 인간이 열광하는 음악의 본질을 꿰뚫고자 애쓰는 이들도 바로 물리학자들이다.

독자들에게, 10년 후 세 번째 커튼콜에서 다시 인사드리겠다고 약속한다. 이 책이 앞으로도 오랫동안 사랑을 받을 것이라고 자만해서가 아니라, 물리학자들의 세상 탐구가 계속 이어질 것임이 확실하기에 드리는 약속이다. 그들의 탐구가 멈추지 않는 한 과학자이자 작가로서 세 번째, 네 번째, 다섯 번째 커튼콜에 기꺼이 응할 것이다. 커튼콜을 통해 그사이 물리학자들이 밝혀낸 세상에 대한 놀라운 법칙들을 독자들에게 즐거이 소개해드리고 싶다. 커튼콜 무대에 다시 서기 위해서 연구를 게을리 하지 않을 것이다. 그것이 물리학자의 가장 행복한 바람이자 책무다.

케빈 베이컨 게임

1　Duncan Watts and Steve Strogatz, "Collective dynamics of 'Small-world' networks", *Nature* 393 (1998), pp.440~442. 작은 세상 이론에 관한 컴퓨터 시뮬레이션 결과가 들어 있는 오리지널 논문.

2　Duncan Watts, *Small worlds: The dynamics of networks between order and randomness*, Princeton University Press (1999). '작은 세상 이론'에 관한 설명과 다양한 적용이 자세히 기술되어 있다.

3　J. Guare, *Six degrees of separation: A play*, Vintage, New York (1990).

4　M. Kochen (ed.), *The Small world*, Norwood: Ablex (1989).

5　http://www.oracleofbacon.org. '케빈 베이컨의 6단계' 사이트. 배우의 이름을 넣으면 International Movie Data Base 자료(http://www.imdb.com)를 근거로 케빈 베이컨으로 가는 가장 빠른 연결을 알려준다. 다양한 통계 자료도 볼 만하다.

6　http://www.oakland.edu/enp. 에르되시 프로젝트에 관한 설명과 수학자들에 대한 '에르되시 수' 통계 결과가 잘 정리되어 있다.

7　A.-L. Barabasi and R. Albert, "Emergence of scaling in random networks", *Science* 286 (1999), pp. 509~512; A. Albert, H. Jeong, and A.-L. Barabasi, "Diameter of the World Wide Web", *Nature* 401 (1999), pp.130~131; A.-L. Barabasi, R. Albert, H. Jeong, and G. Bianconi, "Power-law distribution of the World Wide Web", *Science* 287 (2000), p. 2115. 던컨 와츠와 스트로가츠 교수가 제안한 '작은 세상 모델'과는 다소 다른 바라바시-앨버트 네트워크는 거리가 멀어짐에 따라 도달하는 데 필요한 단계가 멱법칙으로 줄어드는 특징을 보인다. 인터넷에서 두 웹페이지 간의 관계나 에르되

시 수처럼 과학자 사회에서 논문으로 연결된 관계를 이 모델로 잘 설명할 수 있다.

8 엄밀한 의미에서 'six degrees of separation'은 '다섯 다리만 건너면 지구 위에 사는 사람들은 모두 아는 사이'라고 번역하는 것이 옳다. 우리나라에서 한 다리 건너 아는 사이란 '다른 한 사람을 거쳐 아는 사이'라는 뜻이기 때문에 미국식으로 표현하면 '2단계' 떨어진 관계와 같다. 그러나 이 책에선 '다섯 다리'와 '여섯 단계'의 혼동을 피하기 위해 모두 '여섯 다리'로 통일했다.

머피의 법칙

1 http://www.robertmatthews.org. 로버트 매슈스의 개인 홈페이지. 머피의 법칙을 과학적으로 분석한 연구 자료와 논문들, 그 밖의 다른 연구 주제에 관한 정보들도 얻을 수 있다.

2 "The Science of Murphy's Law", *Scientific American*, April (1997), pp. 72~75. 머피의 법칙을 과학적으로 분석한 로버트 매슈스의 연구 결과를 본인이 직접 알기 쉽게 리뷰한 논문이다. 이 논문에는 머피의 법칙이 어떻게 탄생했는가부터 여러 가지 머피의 법칙들에 관한 과학적 증명이 수록돼 있다.

3 Letter to the Editor, *Scientific American*, August (1997). 〈사이언티픽 아메리칸〉에 실린 '머피의 법칙에 관한 과학' 논문을 읽고 에드워드 머피의 친아들인 에드워드 머피 3세가 잡지사로 보낸 편지. 만약 아버지가 살아 있었다면 이 논문을 흥미롭게 읽고 저자와 토론했을 것이라며, 에드워드 머피 박사가 머피의 법칙을 제안한 이유를 들려준다. 머피의 법칙은 일상사의 불운을 다룬 법칙이 아니라, 혹시 벌어질지 모르는 만약의 사태에 철저히 대비하자는 뜻에서 제안된 것이라고 아들은 말한다. 이들의 회고에 따르면 항공 엔지니어였던 에드워드 머피는 조종사의 안전을 위해 아주 낮은 확률의 사고라도 막기 위해 최선을 다했던 완벽주의자였다고 한다.

4 로버트 매슈스가 쓴 머피의 법칙에 관한 연구 논문들.

  • "Odd Socks: a combinatoric example of Murphy's Law", *Mathematics Today*, March/April (1996), pp. 39~41.

  • "Base-rate errors and rain forecasts", *Nature* 382 (1996), p. 766.

  • "Why are weather forecasts still under a cloud?", *Mathematics Today*, Nov/Dec (1996), pp. 168~170.

- "Knotted rope: a topological example of Murphy's Law", *Mathematics Today*, June (1997), pp. 82~84.
- "Murphy's Law of maps", *Teaching Statistics* 19, pp. 34~35 (1997).
- "The Science of Murphy's Law", *Proc. Roy. Inst. Lond* 70, pp. 75~95 (1999).

어리석은 통계학

1 http://www.letsmakeadeal.com. TV 게임쇼 〈Let's make a deal〉의 공식 홈페이지.

2 데보라 J. 베넷, 박병철 옮김,《확률의 함정》, 영림카디널 (2000). 확률에 관한 재미있는 이야기들이 많이 나오며, 특히 몬티 홀 문제(188~190쪽)를 흥미롭게 다루고 있다. 몬티 홀 문제에 대한 자세한 내용은 메릴린이 직접 쓴 *Power of logical thinking*, St Martins Press (1996)에 자세히 나와 있다.

3 http://law2.umkc.edu/faculty/projects/ftrials/simpson/simpson.htm. O. J. 심슨 사건에 대한 홈페이지. 사건 전후의 사생활 및 사건에 대한 내용을 다루고 있다.

4 http://www.math.temple.edu/~paulos/. 존 앨런 파울로스 교수의 약력과 그가 쓴 책에 대한 소개를 볼 수 있다.

웃음의 사회학

1 https://provine.umbc.edu/. 로버트 프로빈 교수의 홈페이지.

2 Robert R. Provine, *Laughter: A scientific investigation*, Viking Penguin (2000).

3 Daniel Wickberg, *The senses of Humor: Self and laughter in modern America*, Cornell University Press (1998).

4 Meredith F. Small, "More than the best medicine", *Scientific American*, August (2000), p. 24. 조-앤 바코로프스키 교수의 연구가 소개된 기사.

5 I. Fried, C. L. Wilson, K. A. MacDonald, and E. J. Behnke, "Electric current stimulates laughter", *Nature* 391 (1998), p. 650. 왼쪽 전두엽에 전기 자극을 주었더니 웃음이 유발됐다는 내용의 연구 논문.

6 Robert R. Provine, "Laughter: Why it's not funny", *Psychology Today*, Nov/Dec (2000), pp. 58~62. 로버트 프로빈 교수가 쓴 웃음에 관한 쉬운 논문.

7 Robert R. Provine, "Contagious laughter: Laughter is a sufficient stimulus for laughs

and smiles", *Bulletin of the Psychonomic Society* 30 (1992), pp. 1~4. 웃음이 전염될 수 있다는 내용의 논문.

8 "과학으로 풀어본 희로애락 – 웃음", 〈과학동아〉, 2001년 3월.

9 https://www.urmc.rochester.edu/news/story/-232/finding-the-brains-funny-bone. aspx. 시바타 교수의 연구가 소개된 글.

아인슈타인의 뇌

1 https://web.archive.org/web/20151024193222/http://fhs.mcmaster.ca/psychiatryneuroscience/ witelson_sandra.html. 아인슈타인의 뇌를 연구한 샌드라 위틀슨 교수의 홈페이지.

2 S. F. Witelson, D. L. Kigar, & T. Harvey, "The exceptional brain of Albert Einstein", *Lancet* 353 (1999), pp. 2149~2153.

3 Arnold L. Lieber, *The Lunar effect : Biological tides and human emotions*, Doubleday (1978).

4 Arnold L. Lieber, Jerome Agel, *How the moon affects you*, Hastings House Pub (1996).

5 http://www.nytimes.com/1995/08/22/science/q-a-585095.html?scp=1&sq=biological+tides&st=nyt. 〈뉴욕 타임스〉에 실린 생명 조류 이론과 이 이론의 허구성에 대한 친절한 소개.

6 http://www.psych.utoronto.ca/users/reingold/courses/intelligence/cache/ 1198gottfred.html. 일반적인 지적 능력과 지능지수와의 관계, 뇌 크기와 지능지수 등 지능에 관련된 흥미로운 사실들을 쉽게 설명한 논문. 〈사이언티픽 아메리칸〉에 실린 글이다.

잭슨 폴록

1 잭슨 폴록의 작품 세계
http://www.artcyclopedia.com/artists/pollock_jackson.html. 잭슨 폴록에 관한 웹페이지들을 정리해놓은 사이트.
http://www.kaliweb.com/jacksonpollock/. 잭슨 폴록의 작품들을 감상할 수 있는 갤러리 사이트.

2 Richard Taylor, Adam Micolich and David Jonas, "Fractal analysis of Pollock's drip

paintings", *Nature* 399 (1999), p. 422. 잭슨 폴록의 그림이 프랙털 구조를 가졌다는
사실을 증명한 최초의 논문.

3 Richard Taylor, Adam Micolich and David Jonas, "Fractal expressionism", *Physics
   world*, October (1999), pp. 25~28. 리처드 테일러가 쓴 '잭슨 폴록과 프랙털'에 관한
   글. 누구나 쉽게 이해할 수 있는 말과 표현으로 설명해놓은 논문. 관심 있는 독자들에
   게 추천할 만한 글이다.

4 http://plus.maths.org/issue9/news/pollock/. 폴록 작품의 프랙털 차원을 구하는 방법
   이 자세히 소개돼 있으며, 폴록의 작품을 프랙털과 카오스 이론 관점에서 쉽고 친절
   하게 설명해놓은 사이트.

5 Richard Taylor, "Splashdown", *New Scientist*, 25 July (1998), pp. 30~31. 리처드 테일
   러가 쓴 잭슨 폴록과 프랙털에 관한 또 다른 소개글.

6 https://blogs.uoregon.edu/richardtaylor/. 리처드 테일러의 홈페이지. 그의 논문 목록
   과 이력이 소개돼 있다.

7 월간 〈미술〉 1999년 1월호에는 뉴욕 현대미술관에서 열린 잭슨 폴록 회고전과 관련
   해 미술사가 정무정 씨가 쓴 잭슨 폴록의 작품 세계가 상세히 설명돼 있다. 이 글 앞
   부분의 잭슨 폴록 소개는 이 책을 참조했다.

아프리카 문화

1 Ron Eglash, *African fractals: modern computing and indigenous design*, Rutgers
   University Press (1999). 론 이글래시 교수가 '아프리칸 프랙털'에 관한 연구 내용을
   일목요연하게 정리해놓은 책. 컬러가 아닌 것이 다소 아쉽지만 매우 유용한 전문 서
   적이다.

2 https://roneglash.org. 론 이글래시 교수의 홈페이지에는 '아프리칸 프랙털'에 관한 다
   양한 사진과 논문, 관련 자료 등이 담겨 있다. 론 이글래시 교수의 책만큼이나 유용한
   사이트.

3 http://www.math.buffalo.edu/mad/PEEPS/gilmer_gloria.html. 글로리아 길머 박사에
   대한 개인 정보와 아프리카인들을 위한 '민족수학(Ethno-mathematics)' 연구에 대해
   간략하게 설명돼 있다.

4 아름다운 프랙털 사진들을 구할 수 있는 프랙털 갤러리 사이트들

http://sprott.physics.wisc.edu/fractals.htm.

http://www.willamette.edu/~sekino/fractal/fractal.htm.

http://www.fractaldomains.com/gallery.

http://home.inreach.com/mapper/.

프랙털 음악

1 R. F. Voss, J. Clarke, "1/f noise in music and speech", *Nature* 258 (1975), pp. 317~318.

2 R. F. Voss, J. Clarke, "1/f Noise in music", *Journal of Acoustic Society in America* 63 (1978), pp. 258~263.

3 M. Schroeder, *Fractals, chaos, power laws*, W. H. Freeman and Company (1991), pp. 103~160.

4 M. Gardner, *Fractal music hypercards and more*, W. H. Freeman and Company (1992), pp. 1~23.

5 N. Birbaumer, W. Lutzenberger, H. Rau, G. Mayer-Kress, C. Braun, *Perception of music and dimensional complexity of brain activity*, Center for complex systems research, The Beckman Institute, University of Illinois at Urbana-Champaign, Technical Report CCSR-94-28 (1994).

6 Jaeseung Jeong et al., "Quantification of emotion by nonlinear analysis of the chaotic dynamics of EEGs during perception of 1/f music", *Biological Cybernetics*, vol. 78, no. 3 (1998), pp. 217~225.
이 논문에는 1/f 음악에 관한 많은 참고문헌들이 수록돼 있다.

지프의 법칙

1 G. Zipf, *Human behavior and the principle of least effort*, Cambridge, MA: Addison-Wesley (1949).

2 Mark Buchanan, "That's the way the money goes", *New Scientist*, 19 August (2000), pp. 22~26.

3 John Casti, "Bell curves and monkey languages: When do empirical relations become a

law of nature", *Complexity*, vol. 4, no.1 (1995), pp. 12~15.

4   A. A. Tsonis, C. Schultz and P. A. Tsonis, "Zipf's law and the structure and evolution
    of language", *Complexity*, vol. 2, no. 5 (1997), pp. 12~13.

5   김흥규·강범모, 〈한국어 형태소 및 어휘 사용 빈도의 분석1〉. 컴퓨터와 인문학 시리
    즈 4, 고려대학교 민족문화연구원 (2000).

6   I. Peterson, "The shapes of cities: Mapping out fractal models of urban growth", *Science
    News*, 149 (1996), pp. 8~9.

7   H. A. Makse, H. E. Stanley, and S. Havlin, "Power laws for cities", *Physics World* 10
    (1997), pp. 22~23.

8   R. Perline, "Zipf's law, the central limit theorem, and the random division of the unit
    interval", *Physical Review* 54 (1996), pp. 220~223.

심장의 생리학

1   Arun Holden, "Nonlinearity in the heart", *Physics World*, November (1998), pp.
    29~33. 심장 질환에 대한 물리적인 설명과 그 치료에 대한 방법이 친절하게 설명되
    어 있는 논문.

2   Jaques Belair and others (ed), *Dynamical disease: Mathematical analysis of human
    illness*, American Institute of Physics (1996). 학회 발표 자료를 정리해 엮은 책. 다양
    한 질병에 대한 수학적 모델에 관한 연구가 일목요연하게 정리되어 있다.

3   A. V. Panfilov and A. V. Holden (ed), *The computational biology of the heart*,
    Chichester: Wiley (1997). 심장 질환의 수학적 모델링에 관해 정리해놓은 전문서. 이
    분야 전공자에게 매우 유익한 책이다.

4   Richard A. Gray et al., "Spatial and temporal organization during cardiac fibrillation",
    Nature 392 (1998), pp. 75~78 ; Francis X. Witkowski et al., "Spatiotemporal evolution
    of ventricular fibrillation", *Nature* 392 (1998), pp. 78~82. 심실 세동의 과정에서 나선
    패턴이 발생한다는 사실을 리처드 그레이 교수팀과 프랜시스 위코프스키 교수팀이
    각각 독립적으로 보고한 논문. 비선형 동역학 분야 중 '패턴 형성' 연구가 공학적·의
    학적 응용이 가능하다는 것을 보여준 좋은 선례가 된 연구들이다.

5   Costa M. Pimentel et al., "No evidence of chaos in the heart rate variability of normal

and cardiac transplant human subjects", *J. Cardiac Electrophysiology*, vol. 10, no. 10 (1999), pp. 1350~1357 ; J. K. Kanters et al., "Lack of evidence for low-dimensional chaos in heart rate variability", *J. Cardiac Electrophysiology*, vol. 5, no. 7 (1994), pp. 591~601. 에이리 골드버거 교수가 건강한 심장이 카오스적이라는 논문을 발표한 이후 이를 반박하는 논문도 계속 나오고 있다. 골드버거 교수의 분석 방법이 그다지 정교한 것은 아니었기 때문에 좀 더 정교한 분석법을 사용한 연구 결과들이 보고되고 있는데, 심장 박동이 카오스적이라는 증거는 없다는 내용의 논문도 상당히 많다. 최근 학계는 골드버거 교수의 연구 결과처럼 심장이 낮은 차원의 결정론 시스템이라는 주장에는 동의하지 않고 있으며 '높은 차원의 비선형 시스템'이라는 데 의견을 같이 하고 있다.

6 R. Pease, "Why chaos is best for hearts and minds", *New Scientist*, vol. 146, no. 18 (1995). 생체 내에서 카오스가 어떤 역할을 하는가에 대해 흥미롭게 써놓은 에세이.

자본주의의 심리학

1 파코 언더힐의 《쇼핑의 과학》(세종서적, 2000)은 한국어로도 번역 출간되었다. 이 책의 원제는 'Why We Buy: The Science of Shopping'이나, 'How We Sell: The Science of Marketing'이 좀 더 적절하고 솔직한 제목일 것 같다.

2 http://www.envirosell.com/. 파코 언더힐이 설립한 회사인 인바이로셀의 홈페이지.

3 https://www.newyorker.com/magazine/1996/11/04/the-science-of-shopping. 말콤 글래드웰이 〈뉴요커〉에 기고한 "쇼핑의 과학"에 관한 글. 흥미로운 구성과 문학적인 비유가 인상적인 글로 관심 있는 독자에게 추천한다.

4 최재필, 〈쇼핑의 과학: 백화점 엘리베이터는 왜 찾기 힘들까?〉, 《과학동아》, 2001년 1월호, pp. 171~173.

복잡계 경제학

1 브라이언 아서 외, 김웅철 옮김, 《복잡계 경제학 I》, 평범사 (1997) ; 폴 크루그먼 외, 김극수 옮김, 《복잡계 경제학 II》, 평범사 (1998). 복잡계 경제학을 연구하는 경제학자들이 쓴 전문 서적. 전공자들에게 매우 유용한 책이다.

2 시오자와 요시노리, 임채성·기술과 진화의 경제학 연구회 옮김, 《왜 복잡계 경제학인

가》, 푸른길 (1999). 복잡계 경제학을 이해하기 쉽게 기술한 개론서. 이 분야를 처음 접하는 사람에게 유용한 책이다.

3   Richard H. Day, *Complex economic dynamics*, The MIT Press (1994) ; R. N. Mantegna and H. E. Stanley, *Introduction to econophysics: Correlations and complexity in finance*, Cambridge, U.K.: Cambridge Univ. Press (1999). 복잡계 경제학과 경제물리학을 알기 쉽게 설명한 전공서.

금융 공학

1   R. N. Montegna and H. E. Stanley, *Nature* 376 (1995), p. 46.

2   E. Peters, *Fractal market analysis: Applying chaos theory to investment and economics*, John Wiley&Sons (1994).

3   B. B. Mandelbrot, *Fractals and scaling in finance: Discontinuity, concentration, risk*, Springer (1997).

4   J. D. Farmer, "Physicists attempt to scale the ivory towers of finance", *Computers in Science and Engineering* 26, November/December (1999).

5   J. P. Bouchaud and M. Potters, *Theory of financial risk: From statistical physics to risk management*, Cambridge Univ. Press (1999).

6   R. N. Mantegna and H. E. Stanley, *Introduction to econophysics: Correlations and complexity in finance*, Cambridge Univ. Press (1999).

7   미첼 월드롭, 김기식 외 옮김,《카오스에서 인공생명으로》, 범양사 (1995).

교통의 물리학

1   Milan Krbalek and Petr Seba, "The statistical properties of the city transport in Cuernavaca (Mexico) and random matrix ensembles", *Journal of Physics A: Mathematical and General*, vol. 33, no. 26 (2000), pp. L229-L234.

2   D. A. Redelmeier and R. J. Tibshirani, "Why cars in the next lane seem to go faster", *Nature*, vol.401, no.35 (1999), pp. 35~36.

3   D. L. Gerlough and M. J. Huber, *Traffic Flow Theory, Special Report* no.165 (Transportation Research Board, National Research Council, Washington, DC, 1975),

Revised Edition (1997).

4 B. S. Kerner and H. Rehborn, *Phys. Rev. Lett.*, 79(4030) (1997).

5 이현우·이하연·김두철, '교통 흐름 이론', 〈물리학과 첨단 기술〉 vol. 8, no. 1/2 (1999), p. 33.

6 이현우, "왜 내 차선이 제일 느릴까", 〈과학동아〉 2001년 2월호, pp. 178~181.

브라질 땅콩 효과

1 http://www.sandyfeet.com/index.html와 http://www.unlitter.com. 샌디 피트의 작품을 감상할 수 있는 사이트. 정교하고 아름답게 축조된 다양한 모래성들을 볼 수 있다.

2 http://www.granular.com. 알갱이들의 운동에 관한 친절한 설명과 자료, 컴퓨터 시뮬레이션과 실험으로 얻은 동영상이 많이 있다. 특히 '브라질 땅콩 효과'에 관한 동영상은 모래 알갱이들의 운동을 이해하는 데 큰 도움이 된다.

3 H. M. Jaeger, S. R. Nagel, and R. P. Behringer, *Rev. Mod. Phys.* 68 (1996), p. 1259 : L. Kadanoff, *Rev. Mod. Phys.* 71 (1999), p. 435 : P. G. de Gennes, *Rev. Mod. Phys.* 71 (1999), S374. 좀 더 깊은 설명을 원하는 사람들에게 도움이 되는 리뷰 논문들.

4 Heinrich M. Jaeger and Sidney R. Nagal, "Dynamics of Granular Material", *American Scientist* 85 (1997), pp. 540~545. '브라질 땅콩 효과'에 관한 자세한 설명과 그림이 포함되어 있다.

5 Per Bak and Kan Chen, "Self-Organized Criticality", *Scientific American*, January (1991), pp. 46~53. 자기조직화된 임계성에 관한 친절한 설명과 실험 과정에 관한 사진 자료 등을 얻을 수 있다.

소음의 심리학

1 *New Scientist*, no. 2238, 13 May (2000), pp. 38~40. 영국 레스토랑의 소음 공해에 대한 기사가 실려 있다.

2 소음이 인간 심리에 어떤 영향을 미치는지 궁금하신 분은 아래 논문을 참조하면 많은 정보를 얻을 수 있다.

   • Edward Donnerstein and David Wilson, *Journal of Personality and Social Psychology* 34 (1978), p. 774.

- G. Niebel and R. Hanewinkel, R. Ferstl, "Violence and aggression in schools in Schleswig-Holstein", *Zeitschrift für Padagogik* 39, p. 775.

- Karin Zimmer and Wolfgang Ellermeier, "psychometric properties of four measures of noise sensitivity: A comparison", *Journal of Environmental Psychology* 19 (1999), pp. 295~302.

소음 공명

1 R. Benzi, A. Sutera and A. Vulpiani, "The mechanism of Stochastic Resonance", *Journal of Physics A: Mathematics and General*, 14L (1981), pp. 453~467. 처음으로 소음 공명 현상을 도입한 벤치 박사의 논문.

2 Kurt Wiesenfeld and Frank Moss, "Stochastic resonance and the benefits of noise: From ice ages to crayfish and SQUIDs", *Nature*, 373(6509) (1995), pp. 33~36. 바닷가재가 포식자를 알아채기 위해 소음 공명 현상을 이용한다는 사실을 처음 학계에 보고한 논문.

3 Kurt Wiesenfeld and Frank Moss, "The benefits of background noise", *Scientific American* 273 (1995), pp. 66~69. 소음 공명 현상을 일반인들도 쉽게 이해할 수 있게 쓴 소개글.

4 Luca Gammaitoni, Peter Hanggi, Peter Jung, Fabio Marchesoni, "Stochastic Resonance", *Review of Modern Physics* 70, January (1998). pp. 223~288. 소음 공명 현상을 공부하려는 물리학자들에게 도움이 될 만한 리뷰 논문.

5 http://collinslab.mit.edu/. 제임스 콜린스 교수의 실험실 홈페이지. 콜린스 교수의 연구 내용이 잘 정리되어 있다.

사이보그 공학

1 Jaeseung Jeong, "Computational modeling of electroence phalogram in Alzheimer's Disease", Ph. D. Thesis, KAIST (1999). 뇌파를 통해 뇌의 물리적 성질을 어떻게 끄집어낼 것인가는 필자의 박사학위 연구 주제이기도 하다. 따라서 필자의 학위 논문이 다소나마 도움이 될 수 있다. 논문에는 많은 참고문헌이 인용되어 있으므로 참조하면 유익한 정보를 얻을 수 있다.

2 Jaeseung Jeong et al., "Tests for low dimensional determinism in EEG", *Physical Review E*, vol. 60, no. 1 (1999), pp. 831~837. 이 논문에는 뇌파가 결정론적인 카오스 신호인지 무작위적인 소음인지에 대한 지금까지의 연구 결과들과 필자가 수행한 비선형 분석법을 이용한 분석 결과가 정리되어 있다.

3 Hemai Parthasarathy, "Mind rhythms", *New Scientist*, 30, October (1999), pp. 28~31.

4 Wolf Singer, "Striving for coherence", *Nature* 397 (1999), p. 391.

5 Niels Birbaumer et al., "The thought translation device: A neuro physiological approach to communication in total motor paralysis", *Experimental Brain Research*, vol. 124, no. 2 (1999), pp. 223~232.

6 Hugh S. Lusted and Benjamin Knapp, "Controlling computers with neural signals", *Scientific American*, October (1996), p. 82~87.

7 J. R. Wolpaw et al., "An EEG-based brain-computer interface for cursor control", *Electroencephalography and Clinical Neurophysiology*, vol. 78, no. 3 (1991), pp. 252~259.

크리스마스 물리학

1 인터넷 검색 엔진에서 'Christmas Physics' 혹은 'The Science of Santa Claus'를 입력하면 2만여 개의 관련 사이트를 찾을 수 있다.

산타클로스가 하룻밤 동안 전 세계 어린이들에게 선물을 나누어주는 것이 불가능하다는 사실을 증명한 계산은 누가 처음 시작했는지는 알 수 없지만 1995년부터 인터넷에 떠돌기 시작했다고 한다. 영국 신문 〈데일리 텔레그래프〉 과학 기자인 로저 하이필드Roger Highfield는 크리스마스에 얽힌 과학 이야기를 모으고 있던 중 이 이야기에 흥미를 느끼게 되었고 이 이야기와 함께 지난 10년간 모은 자료를 《크리스마스의 물리학The Physics of Christmas》(1998)이라는 책으로 묶어냈다. 이 책은 미국과 유럽 등지에서 큰 화제가 됐으며, 우리나라에도 《예수도 몰랐던 크리스마스의 과학》(2000)이라는 제목으로 번역 출간되었다. 그러나 계산 결과는 제각기 다르다. 로저 필드는 착한 어린이냐 아니냐 혹은 종교가 무엇이냐에 상관없이 모든 어린이들에게 선물을 나누어주는 상황에 대해 계산했으나, 나는 어린이의 종교나 생활 태도를 고려해 좀 더 엄밀하게 계산하고자 했다. 로저 하이필드의 계산과 비교하자면, 나의 계산은 아이들에겐 다소 무정했으나 산타클로스에겐 더없이 인자한 계산이었다.

박수의 물리학

'위상 동기(Phase synchronization)' 혹은 '동기화(Synchronization)' 현상은 비선형 시스템을 다룬 물리학 분야에서 오랫동안 핫이슈였기 때문에 지금도 많은 논문이 발표되고 있다. 그중에서 아래 논문들은 일상생활이나 친숙한 자연 시스템에서 나타나는 동기화 현상을 쉽고 개괄적으로 설명하고 있다. 좀 더 관심 있는 사람들에게 좋은 글이 될 것이다.

1   Z. Neda et al., "The sound of many hands clapping", *Nature* 403 (2000), pp. 849~859.

2   J. J. Collins and Ian Stewart, "Coupled nonlinear oscillators and the symmetries of animal gaits", *Journal of Nonlinear Science*, vol. 3, no. 3 (1993), pp. 349~392.

3   Steven H. Strogatz and Ian Stewart, "Coupled oscillators and biological synchronization", *Scientific American*, December (1993), pp. 102~109.

4   Josie Glausiusz, "Joining hands: The mathematics of applause", *Discover* July (2000), pp. 32~34.

5   https://barabasi.com. '리드미컬한 박수 패턴'에 관한 연구를 하고 있는 앨버트-라슬로 바라바시Albert-László Barabási의 홈페이지에서 박수 패턴에 대한 흥미로운 내용들을 볼 수 있다. 바라바시는 터마시 비체크의 제자이기도 하다.

이 책에 사용된 사진 중 저작권자 표시가 없는 사진은 shutterstock.com, unsplash.com, freepik.com, dreamstime.com의 사진입니다. 이 밖에 퍼블릭 도메인을 제외하고 저작권자를 찾지 못하여 게재 허락을 받지 못한 일부 사진에 대해서는 저작권자가 확인되는 대로 게재 허락을 받고 통상의 기준에 따라 사용료를 지불하도록 하겠습니다.

정재승의 과학 콘서트 개정증보 2판

초판   1쇄 발행 2001년 7월 7일 (동아시아)
개정증보판   1쇄 발행 2011년 7월 7일
              41쇄 발행 2020년 4월 6일
개정증보 2판   1쇄 발행 2020년 7월 7일
              8쇄 발행 2025년 1월 7일

지은이 정재승
발행인 김형보
편집 최윤경, 강태영, 임재희, 홍민기, 강민영, 송현주, 박지연
마케팅 이연실, 송신아, 김보미   **디자인** 송은비   **경영지원** 최윤영, 유현

발행처 어크로스출판그룹(주)
출판신고 2018년 12월 20일 제 2018-000339호
주소 서울시 마포구 동교로 109-6
전화 070-8724-0876(편집) 070-8724-5877(영업)   **팩스** 02-6085-7676
이메일 across@acrossbook.com   **홈페이지** www.acrossbook.com

ⓒ 정재승 2020

ISBN 979-11-90030-54-0 03400

만든 사람들
편집 박민지   **교정** 오효순   **디자인** 오필민디자인   **조판** 성인기획